COMPUTER FUNDAMENTAL

CONCEPTS AND APPLICATIONS

大学计算机
应用基础

王云　郭梅　陈莲◎编著

中国政法大学出版社

2019·北京

图书在版编目（ＣＩＰ）数据

大学计算机应用基础/王云, 郭梅, 陈莲编著. —北京：中国政法大学出版社, 2019.8
ISBN 978-7-5620-9153-0

Ⅰ.①大…　Ⅱ.①王…②郭…③陈…　Ⅲ.①电子计算机-高等学校-教材　Ⅳ.①TP3

中国版本图书馆CIP数据核字(2019)第168698号

出　版　者	中国政法大学出版社
地　　　址	北京市海淀区西土城路 25 号
邮　　　箱	fadapress@163.com
网　　　址	http://www.cuplpress.com（网络实名：中国政法大学出版社）
电　　　话	010-58908435(第一编辑部)　58908334(邮购部)
承　　　印	固安华明印业有限公司
开　　　本	720mm×960mm　1/16
印　　　张	27.75
字　　　数	513 千字
版　　　次	2019 年 8 月第 1 版
印　　　次	2019 年 8 月第 1 次印刷
印　　　数	1～5000 册
定　　　价	59.00 元

前　言

　　人类社会已经步入信息化社会，计算机与网络技术的快速发展和普遍应用带给世界日新月异的变化，信息技术已经成为当今社会主要的生产工具，不断地推动着技术创新与经济发展，成为人们生活、学习和工作当中不可或缺的工具。

　　生活在信息化社会里的每个人，特别是青少年，只有很好地掌握了信息技术这门工具，才能适应现代社会的发展，为个人发展打下良好的基础。目前我国各高等学校均开设了计算机基础类课程，为保障教学质量，教育部高等学校计算机科学与技术教学指导委员会文科计算机基础教学指导分委员会专门制定了《关于进一步加强高等学校计算机基础教学的意见》和《高等学校文科类专业大学计算机教学基本要求》。根据该意见和要求的精神，结合作者多年的教学经验以及学生的学习需求，编写了本教材。

　　本书的作者都是从事计算机课程教学二十多年的教师，具有高级职称，对高校计算机基础教育的历史、现状与未来均有深刻的认识。他们具有丰富的教学实践经验，熟悉各种教学方法；他们使用过众多的教学素材，清楚最优内容的选择和设计；他们做过广泛的调查研究，最了解学生的兴趣和社会的需求。以此为基础，作者通过反复论证，最终选定5大部分作为大学文科类专业学生必须学习的内容，并对每个知识模块内容的深度与广度进行了合理安排。在编写过程中，注重从基础知识、基本能力和基本素质三方面来培养学生的信息意识和信息素养，锻炼学生的应用能力，引导学生形成创新意识。

　　本书具有以下主要特点：

　　1. 结构力求"简"。全书共分5章，分别是基础理论、操作系统、技术应用、网络技术、信息安全。既符合教指委的要求，又满足新时代背景下学生学习的需要。

　　2. 内容突出"新"。编写本书时，紧跟新技术，更新知识点，补充新内容，做到与时俱进。

3. 阅读体现"易"。本书用最简练的语言和丰富的图例撰写教材内容，追求易读性和易懂性。

4. 学习资源丰富。本书配套教学视频、实验和课件等电子资源。

本书由陈莲、郭梅、王云共同编写，其中，陈莲编写第1章和第3章第2节；郭梅编写第2章和第3章第1、3节；王云编写第4章和第5章。全书由王云统稿定稿。本书编写时参阅了相关文献资料，对这些资料的作者表示由衷的感谢！本书的出版得到中国政法大学出版社的大力支持与帮助，表示诚挚的谢意！

由于作者水平有限，书中难免有不妥与疏漏之处，恳请读者不吝赐教，邮箱地址：yunw@cupl.edu.cn。

编者

2019 年 7 月 1 日

目　录

第 1 章　计算机基础理论

本章学习目标

1. 了解计算机的发展历程和应用。
2. 掌握计算机系统结构及工作原理。
3. 掌握微型计算机的主要性能指标。
4. 掌握计算机的软、硬件系统。
5. 掌握计算机的基本配置和常见外部设备。
6. 掌握数值的基本概念即数制间的相互转换。
7. 掌握计算机中的数据表示与数据编码。
8. 了解计算机的发展方向。

计算机是 20 世纪最先进的科学技术发明之一，对人类的生产活动和社会活动产生了极其重要的影响，并以强大的生命力飞速发展。它的应用领域从最初的军事科研应用扩展到社会的各个领域，已形成了规模巨大的计算机产业，带动了全球范围的技术进步，由此引发了深刻的社会变革，计算机已普遍应用到社会的各个领域。

1.1　计算机的发展和应用

1.1.1　计算机发展简史

计算机科学技术是人类文明发展史的重要组成部分，它的发展也绝不是一帆风顺的，三百多年来，有众多科学先贤为计算机科学事业进行了艰苦卓绝的探索，甚至付出了毕生的心血。计算工具的演化经历了由简单到复杂、从低级到高级的不同阶段，例如，从结绳记事到算筹，从算盘到计算尺，从机械计算机到电子计算机等，它们在不同的历史时期发挥了各自的历史作用，同时也启发了现代电子计算机的研制思想。

1642 年，年仅 19 岁的法国科学家帕斯卡（Pascal）为了帮助做收税员的父亲，引用算盘的原理，发明了第一部机械式计算器，如图 1.1 - 1 所示。他的计算器中有一些互相联锁的齿轮，有八个可动刻度盘，最多可把八位长的数字加起来。

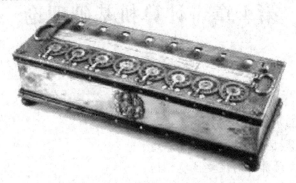

图 1.1 - 1　帕斯卡设计的机械计算器

1671 年，德国数学家和哲学家莱布尼兹（Gottfried Leibniz），设计了一架可以进行乘法、最终答案可以达到 16 位的乘法机械计算器，如图 1.1 - 2 所示。他在帕斯卡加减法机械计算器的基础上进行改进，使这种机械计算器能达到了进行四则运算的水平，是计算工具的又一进步。

图 1.1 - 2　莱布尼茨设计的机械计算器

1822 年，查尔斯·巴贝奇（Charles Babbage）发明了一种能够计算加减法的大型机械计算器，即差分机，如图 1.1 - 3 所示，并在 1830 年构想了分析机的结构，如图 1.1 - 4 所示，为现代计算机设计思想的发展奠定了基础。他认为可以使机器按照一定的程序去做一系列简单的计算，代替人去完成一些复杂、繁琐的计算工作。巴贝奇发明的计算器体现了计算机最早的程序设计，为现代计算机的发展开辟了道路。

图 1.1 -3　巴贝奇发明的差分机模型　　图 1.1 -4　巴贝奇发明的分析机模型

　　由于第二次世界大战期间一系列军事上复杂计算问题的需要，计算工具的改进成为燃眉之急。第一台电子计算机 ENIAC 是由二战期间美国设在马里兰州阿伯丁试验基地的弹道研究室与宾夕法尼亚大学莫尔电气工程学院在 1945 年合作研制成功的。其中，莫尔电气工程学院的教师约翰·莫克莱（John W. Mauchly）和硕士研究生约翰·艾克特（John Presper Eckert）为 ENIAC 的研制作出了巨大贡献。经过近 3 年的艰苦努力，在 1945 年底，这台标志着人类计算工具的历史性变革的电子计算机终于试制成功，并于 1946 年 2 月 14 日正式举行揭幕典礼。

　　ENIAC 主频 100kHz，加法时间 0.2ms，乘法时间 2.8ms，ENIAC 重达 30 吨，占地 170m^2，共用了 18 600 个电子管，运算速度达到每秒 5000 次，比当时的计算机快 1000 倍，如图 1.1 -5 所示。

图 1.1 -5　第一台计算机 ENIAC

从 ENIAC 的设计中可以看到，ENIAC 的设计思想大部分与巴贝奇的分析机是类似的，尽管存在着很多不足，但 ENIAC 在计算机的发展史上有着重要的地位，使人类在研制计算技术的历程中到达了一个新的起点。

由于 ENIAC 的不足，1945 年，一组工程师开始为美国军方的一个秘密项目工作，它们要研制"电子离散变量自动计算机"（Electronic Discrete Variable Automatic Computer，EDVAC）。美籍匈牙利数学家约翰·冯·诺依曼（John von Neumann）以"关于 EDVAC 的报告草案"为题，起草了长达 101 页的总结报告。报告广泛而具体地介绍了制造电子计算机和程序设计的思想。报告明确指出，EDVAC 计算机由运算器、逻辑控制装置、存储器、输入设备和输出设备五大部分组成，并阐述了这五大部分的功能及相互关系。冯·诺依曼的报告被视为"计算机科学的历史上最具影响力的论文"，它向世界宣告：电子计算机的时代开始了。

1952 年，冯·诺依曼等人完成了 EDVAC 计算机的建造工作，EDVAC 只用了 3600 只电子管，占地面积不足 ENIAC 的 1/3，几乎具备了现代电子计算机的一切特征。

基于冯·诺依曼提出的概念，我们可以把计算机定义为一个能接受数据输入、处理数据、存储数据并产生数据输出的设备。

现代计算机经历了半个多世纪的发展，其间的杰出代表人物有香农（Claude Shannon，1916—2001）、英国科学家艾兰·图灵（Alan Mathison Turing，1912—1954）和美籍匈牙利科学家冯·诺依曼（Von Neumann，1903—1957）。

香农是现代信息论的著名创始人，在他 1938 年发表的论文中，首次用布尔代数进行开关电路分析，并证明布尔代数的逻辑运算可以通过继电器电路来实现。他提出了计算机的三条原则：以二进制的逻辑基础来实现数字运算，以保证精度；利用电子技术来实现控制、逻辑运算和算术运算，以保证计算速度；采用将计算功能和二进制数更新存储功能相分离的结构。

英国科学家艾兰·图灵在计算机科学方面的贡献主要有两个：一是建立图灵机模型，奠定了可计算理论的基础；二是提出图灵测试，阐述了机器智能的概念。图灵机是一种抽象模型，基本思想是用机器来模拟人用纸笔进行数学运算的过程。图灵机由三部分组成：一个控制器、一条可以无限延伸的带子和一个在带子上左右移动的读写头。概念上如此简单的机器，理论上却可以计算任何函数。图灵机理论解决了数学基础理论问题，理论上证明了研制通用数字计算机的可行性。为纪念图灵对计算机的贡献，美国计算机博物馆于 1966 年设立了"图灵奖"。

冯·诺依曼对人类的最大贡献是对计算机科学、计算机技术和数值分析的开拓性工作，被誉为"计算机之父"。1945 年 6 月，冯·诺依曼与同事联名发表了一篇长达 101 页纸的报告，即计算机史上著名的"101 页报告"。直到今天，该文献仍然被认为是现代计算机科学发展里程碑式的文献。

1954 年，冯·诺依曼提出了更加完善的设计报告"电子计算装置逻辑结构初探"。报告中，冯·诺依曼对 EDVAC 中的两大设计思想做了进一步的论证，为计算机的设计树立了一座里程碑。

冯·诺依曼设计思想之一是二进制，他根据电子元件双稳工作的特点，建议在电子计算机中采用二进制。实践证明了冯·诺依曼预言的正确性。

程序内存是冯·诺依曼的另一杰作。把运算程序存在机器的存储器中，程序设计员只需要在存储器中寻找运算指令，机器就会自行计算，这样，就不必每个问题都重新编程，从而大大加快了运算进程。程序存储思想的提出标志着自动运算的实现，它已成为电子计算机设计的基本原则。

根据所使用元器件的不同来划分，电子计算机先后经历了四个发展阶段。

1. 第一代计算机（1946—1958 年）

人们通常把这一时期称之为电子管计算机时代。此时计算机的逻辑元件采用电子管，主存储器采用磁鼓、磁芯，外存储器采用磁带。软件使用机器语言，20 世纪 50 年代中期开始使用汇编语言，但没有操作系统。应用领域以军事和科学计算为主。

第一代计算机的特点是体积大、功耗高、可靠性差、速度慢（一般为每秒数千次至数万次）、价格昂贵，但为以后的计算机发展奠定了基础。

ENIAC 是第一台真正能够工作的电子计算机，但它还不是现代意义的计算机。ENIAC 能完成许多基本计算，如四则运算、平方、立方、三角函数等。但是，它的计算需要人的大量参与，做每项计算之前，技术人员都需要插拔许多导线，非常麻烦。

早期的计算机只是解决各种计算问题的设备，而要使计算机能够解决具体问题，必须由用户编写出有关的程序，这在当时是非常困难的。人们需要用二进制编码形式写程序，既耗费时日，又容易出错，这种状况大大地限制了计算机的广泛应用。

2. 第二代计算机（1959—1964 年）

人们通常称这一时期为晶体管计算机时代。此时计算机的逻辑开关元件是半导体晶体管，使用磁芯作为主存储器，辅助存储器采用磁盘和磁带。计算机软件在这一阶段有了很大的发展，出现了监控程序并发展为后来的操作系统，有了各种计算机语言。

在这一时期，计算机的应用已由军事领域和科学计算扩展到数据处理和事务处理，并开始进入工业控制领域。第二代计算机的特点是体积缩小、能耗降低、可靠性提高、运算速度提高（一般为每秒数十万次，可高达300万次），性能相比第一代计算机有很大的提高。

3. 第三代计算机（1965—1970 年）

人们通常称这一时期为集成电路计算机时代。此时的计算机使用中、小规模集成电路作为逻辑开关元件，开始使用半导体存储器，辅助存储器仍以磁盘、磁带为主。外部设备种类和品种增加，开始走向系列化、通用化和标准化。软件方面出现了分时操作系统以及结构化、规模化程序设计方法。

这一时期的计算机主要用于科学计算、数据处理以及过程控制。计算机的体积、重量进一步减小，运算速度和可靠性有了进一步提升。第三代计算机的特点是速度更快（一般为每秒数百万次至数千万次），而且可靠性有了显著提升，价格进一步下降，产品走向了通用化、系列化和标准化。应用领域开始进入文字处理和图形图像处理领域。

4. 第四代计算机（1971 年至今）

主要指从 1971 年开始，至今仍在继续发展的计算机，人们通常称这一时期为大规模和超大规模集成电路（LSI 和 VLSI）计算机时代。这一代计算机使用大规模、超大规模集成电路作为逻辑开关元件，主存储器采用半导体存储器，辅助存储器采用大容量的软、硬磁盘，并开始引入光盘。外部设备有了很大发展，扫描仪、激光打印机、绘图仪等设备的应用逐渐普及。软件方面出现了数据库管理系统、网络管理系统和面向对象语言等。

由于集成技术的发展，半导体芯片的集成度更高，每块芯片可容纳数万乃至数百万个晶体管，并且可以把运算器和控制器都集中在一个芯片上，从而出现了微处理器，还可以用微处理器和大规模、超大规模集成电路组装成微型计算机，就是我们常说的微电脑或 PC 机。1971 年，世界上第一台微处理器在美国硅谷诞生，开创了微型计算机的新时代。计算机的应用领域开始从科学研究和大企业应用的象牙塔中走出来，逐渐演化成为普通百姓身边的普通器具。

微型计算机体积小，价格便宜，使用方便，但它的功能和运算速度已经达到甚至超过了过去的大型计算机。另外，利用大规模、超大规模集成电路制造的各种逻辑芯片，已经制成了体积并不很大，但运算速度可达一亿甚至几十亿次的巨型计算机。

在这个时期，另一项有重大意义的技术发展是图形技术和图形用户界面技术。计算机诞生之初，使用的是字符命令形式，既复杂又不直观，不利于人机交互。Xerox 公司 Polo Alto 研究中心（PARC）在 20 世纪 70 年代末开发了基于窗口菜单按钮和鼠标器控制的图形用户界面技术，使计算机操作能够以比较直观、容易理解的形式进行，为计算机的蓬勃发展做好了技术准备。1984 年，Apple 公司完全仿照 PARC 的技术开发了新型 Macintosh 个人计算机，采用了完全的图形用户界面，取得了巨大成功。这个事件和 1983 年 IBM 推出的 PC/XT 计算机一起，开启了微型计算机蓬勃发展的大潮流。

从 20 世纪 80 年代后期开始，计算机发展进入了一个突飞猛进的时期。推动这种迅猛发展的动力是多方面的，包括技术进步导致计算机的性能飞速提高，与此同时，计算机的价格大幅度降低。在计算机领域有一条非常有名的定律，被称为"莫尔定律"，由美国人 G. Moore 在 1965 年提出。该定律说，同样价格的计算机核心部件（CPU）的性能大约 18 个月提高一倍。这个发展趋势已经延续了三十多年。20 世纪 60 年代中期是 IBM 360 诞生的年代，那时计算机的一般价格在百万美元的数量级，性能为每秒十万到一百万条指令。今天的普通微型机，每秒可以执行数亿条指令，价格还不到那时计算机的千分之一，而性能却超出大约一千倍。也就是说，在短短的几十年里，计算机的性能价格比提高了大约一百万倍。

5. 新一代计算机

从 20 世纪 80 年代开始，日本、美国以及欧洲共同体都相继开展了新一代计算机的研究。新一代计算机是把信息采集、存储、处理、通信和人工智能结合在一起的计算机系统，它不仅能进行一般信息处理，而且能面向知识处理，具有形式推理、联想、学习和解释能力，能帮助人类开拓未知的领域和获取新的知识。

新一代计算机的系统结构将突破传统的冯·诺依曼机器的概念，实现高度并行处理。

1.1.2　计算机的特点

1. 高速运算处理能力

由于计算机运算速度快，使得许多过去无法处理的问题都能得以及时解决。例如天气预报问题，其需要迅速分析大量的气象数据资料，才能作出及时的预报。若手工计算需十天半月才能发出，事过境迁，消息陈旧，失去了预报的意义。而现在用计算机只需十几分钟，就可完成一个地区内数天的天气预报。

2. 高精确度计算能力

计算机具有其他计算工具无法比拟的计算精度，一般可达十几位，甚至几十位、几百位有效数字的精度。这样的计算精度完全能满足一般实际问题的需要。1949 年，瑞特威斯纳（Reitwiesner）用 ENIAC 机把圆周率 π 算到小数点后 20 703 位，打破了著名数学家商克斯（W. Shanks）花了 15 年时间于 1873 年创下的小数点后 707 位的记录。这样的计算精度是任何其他工具所不可能达到的。

3. 记忆和逻辑判断能力

计算机的存储系统具有存储和"记忆"大量信息的能力，能存储输入的程序和数据，保留计算结果。现代的计算机存储容量极大，一台计算机能轻而易举地将一个中等规模的图书馆的全部图书资料信息存储起来，而且不会"忘却"。人用大脑存储信息，随着脑细胞的老化，记忆能力会逐渐衰退，记忆的东西会逐渐遗忘，相比之下，计算机的记忆能力是超强的。

计算机借助于逻辑运算，可以进行逻辑判断，并根据判断的结果自动地确定下一步该做什么，从而使计算机能解决各种不同的问题，具有很强的通用性。1976 年，美国数学家阿皮尔（K. Apple）和海肯（W. Haken）用计算机进行了上百亿次的逻辑判断，证明了很多个定理，解决了一百多年来未能解决的著名难题——四色问题（四色问题是指：对无论多么复杂的地图分区域着色时，为使相邻区域颜色不同，最多只需 4 种颜色）。

4. 自动控制能力

计算机是个自动化电子装置，在工作过程中不需要人工干预，能自动执行存放在存储器中的程序。程序是人经过仔细规划事先设计好的，程序一旦设计好并输入计算机后，向计算机发出命令，随后计算机便成为人的替身，不知疲倦地工作起来。利用计算机这个特点，既可以让计算机去完成那些枯燥乏味、令人厌烦的重复性劳动，也可以让计算机控制机器深入到人类躯体难以胜任的、有毒的、有害的场所作业。

1.1.3　计算机的类型

计算机按其功能可分为专用计算机和通用计算机。专用计算机功能单一、适应性差，但是在特定用途下最有效、最经济、最快速。通用计算机功能齐全、适应性强，目前所说的计算机都是指通用计算机。

在通用计算机中，又可根据运算速度、输入输出能力、数据存储能力、指令系统的规模和机器价格等因素，将其划分为巨型计算机、大型计算机、小型计算机、微型计算机、工作站等。

1. 巨型计算机

巨型计算机（Supercomputers）通常是指由数百数千甚至更多的处理器（机）组成的、能计算普通 PC 机和服务器不能完成的大型复杂课题的计算机。巨型计算机是计算机中功能最强、运算速度最快、存储容量最大的一类计算机，是国家科技发展水平和综合国力的重要标志。巨型计算机拥有最强的并行计算能力，主要用于科学计算。在气象、军事、能源、航天、探矿等领域承担大规模、高速度的计算任务。巨型计算机较多采用集群系统，更注重浮点运算的性能，可看作一种专注于科学计算的高性能服务器，而且价格非常昂贵。

2. 大型计算机

大型计算机通常用在企业和政府部门，为大量数据提供集中化的存储、操作和管理。大型计算机可以为许多用户提供处理服务，用户只需在自己的终端输入处理请求。大型计算机能为更多用户服务，有时可达数千人。为了处理大量数据，大型计算机通常有多个 CPU，每秒可执行数十亿条指令。当数据的可靠性、安全性和集中控制等因素非常重要时，就要考虑使用大型计算机。

3. 小型计算机

小型计算机是相对于大型计算机而言的，小型计算机的软件、硬件系统规模较小，但价格低、可靠性高、操作灵活方便，便于维护和使用。

4. 微型计算机

微型计算机又称个人电脑（Personal Computer，PC）。20 世纪 70 年代后期，微型计算机的出现引发了计算机硬件领域的一场革命。如今微型计算机家族中"人丁兴旺"。微型计算机由微处理器、半导体存储器和输入输出接口等组装而成，它较之小型计算机体积更小，价格更低，灵活性更好，可靠性更高，使用更加方便。如无特殊性说明，本书所指计算机均为微型计算机。

5. 工作站

工作站是一种以个人计算机和分布式网络计算为基础，主要面向专业应用领域，具备强大的数据运算与图形、图像处理能力，为满足工程设计、动画制作、科学研究、软件开发、金融管理、信息服务、模拟仿真等专业领域而设计开发的高性能计算机。工作站最突出的特点是具有很强的图形交换能力，因此在图形图像领域（特别是计算机辅助设计领域）得到了迅速应用。典型产品有美国 Sun 公司的 Sun 系列工作站。

随着大规模集成电路的发展，目前的微型机与工作站乃至小型机之间的界限已不明显，现在的微处理器芯片速度已经达到甚至超过十年前的一般大型机 CPU 的速度。

1.1.4 计算机的应用

计算机的应用已渗透到人类社会的各个领域。从航天飞行到海洋开发，从产品设计到生产过程控制，从天气预报到地质勘探，从疾病诊疗到生物工程，从自动售票到情报检索，等等，都应用了计算机。计算机就像一台"万能"的问题解答机器，任何问题，只要能够精确地进行公式化，都可以放到计算机上加以解决。因此，各行各业的人都可以利用计算机来解决各自的问题。

1. 科学计算

科学计算是计算机最早的应用领域，是指利用计算机来完成科学研究和解决工程技术中提出的数值计算问题。在现代科学技术工作中，科学计算的任务是大量的和复杂的。利用计算机的运算速度高、存储容量大和能够连续运算的特点，可以解决人工无法完成的各种科学计算问题。例如，工程设计、地震预测、气象预报、火箭发射等都需要由计算机承担庞大且复杂的计算工作。

2. 信息管理

信息管理是以数据库管理系统为基础，辅助管理者提高决策水平，改善运营策略的计算机技术。信息处理，是指计算机对信息进行记录、整理、统计、加工、利用、传播等一系列活动的总称。信息处理具体包括数据的采集、存储、加工、分类、排序、检索和发布等一系列工作，是现代化管理的基础。据统计，80% 以上的计算机主要应用于信息管理，并成为计算机应用的主导方向。信息管理已广泛应用于办公自动化、企事业计算机辅助管理与决策、情报检索、图书馆、电影电视动画设计、会计电算化等各行各业。

所谓信息，是指可以被传递、传播、传达，以可被感受的声音、图像、文字形式所表征，并与某些特定的事实、主题或事件相联系的消息、情报、知识。信息可以以数值、文字、图像、动画等多种形式的数据为载体。信息处理是目前计算机应用最广泛的领域。

3. 自动控制

自动控制亦称过程控制或实时控制，是指用计算机及时采集检测数据，按最佳值迅速对控制对象进行自动控制或自动调节。利用计算机进行过程控制，不仅大大提高了控制的自动化水平，而且大大提高了控制的及时性和准确性，从而能改善劳动条件，提高工作质量，节约能源，降低成本。实时控制系统是一种实时处理系统，对计算机的响应时间有较高的要求。实时处理系统是指计算机对输入的信息以足够快的速度进行处理，并在一定的时间内作出某种反映或进行某种控制。目前，在实时控制系统中广泛采用集散系统，即把控制功能分散给若干台微机担任，而操作管理则高度集中在一台高性能计算机上进行。

4. 计算机辅助设计和辅助教育

计算机辅助设计（Computer Aided Design，CAD）是利用计算机的计算、逻辑判断等功能，帮助人们进行产品和工程设计。在设计中，可通过人机交互更改设计和布局，反复迭代设计直至满意为止。CAD 能使设计过程逐步趋向自动化，大大缩短设计周期，以增强产品在市场上的竞争力；同时也可节省人力和物力，降低成本，提高产品质量。将计算机辅助设计和辅助制造（Computer Aided Manufacturing，CAM）结合起来可直接把 CAD 设计的产品加工出来。近年来，各工业发达国家又进一步将计算机集成制造系统（Computer Integrated Manufacturing System，CIMS）作为自动化技术发展的前沿方向。CIMS 是集工程设计、生产过程控制、生产经营管理为一体的高度计算机化、自动化和智能化的现代化生产大系统，它是制造业的未来。

计算机辅助教育（Computer Based Education，CBE）是计算机在教育领域中的应用，包括计算机辅助教学（Computer Aided Instruction，CAI）、计算机管理教学（Computer Managed Instruction，CMI）。CAI 最大的特点是交互教学和个别指导，它改变了传统的教师在讲台上讲课而学生在课堂内听课的教学方式。CMI 是用计算机实现各种教学管理，如制订教学计划、课程安排、计算机评分、日常的教务管理等。

5. 人工智能方面研究和应用（AI）

人工智能（Artificial Intelligence，AI）是指计算机能够模拟人类的智能活动，具有判断、理解、学习、图像识别、问题求解等能力。它是计算机应用的一个新领域，也是未来计算机发展的一个方向。人工智能主要应用于机器人、专家系统、模式识别、智能检索等领域。

6. 多媒体技术应用

多媒体技术就是以计算机技术为基础，并融合通信技术（电话、传真等）和大众传播技术（报纸、广播、电视等）为一体的，能够交互式处理数据、文字、声音和图形（图像）等多种媒体信息，并与实际应用紧密结合的一种综合性技术。随着电子技术特别是通信和计算机技术的发展，人们已经有能力把文本、音频、视频、动画、图形和图像等各种媒体综合起来，构成一种全新的概念——"多媒体"（Multimedia）。在医疗、教育、商业、银行、保险、行政管理、军事、工业、广播、交流和出版等领域中，多媒体的应用很广泛、发展很快。

7. 计算机网络通信

计算机网络是现代计算机技术与通信技术结合的产物。它以资源共享（硬件、软件和数据）和信息传递为目的，在网络协议的控制下，将地理上分散的许多独立的计算机连接在一起，形成网络。计算机在网络方面的应用使人类之间的交流跨越了时间和空间的障碍。计算机网络已成为人类建立信息社会的物质基础，它给我们的工作带来了极大的方便和快捷，例如，在全国范围内银行信用卡的使用、火车和飞机票系统的使用等，人们还可以在全球最大的互联网络——Internet 上进行浏览、检索信息、收发电子邮件、阅读书报、玩网络游戏、选购商品、参与众多问题的讨论、实现远程医疗服务等。

1.2　计算机常用的数制及字符编码

1.2.1　计算机中数的表示方法

1. 数制

要表示一个数，首先要选择适当的数字符号并规定其组合规律，也就是要确定所选用的数制。数制也称计数制，是用一组固定的符号和统一的规则来表示数值的方法。任何一个数制都包含两个基本要素：基数和位权。

（1）数制的基数与位权。在一个数制中，表示每个数位上可用字符的个数称为该数制的基数，例如，十进制中有 0 到 9 十个字符，基数为 10；二进制中只有 0 和 1 两个字符，基数为 2。数制中每一固定位置对应的单位值称为权。权是以基数为底的幂，指数自右向左递增加 1。例如，十进制中的 123，1 的位权是 10^2，2 的位权是 10^1，3 的位权是 10^0，有时也依次称其各位为 2 权位、1 权位、0 权位等。二进制中的 1011，第一个 1 的位权是 2^3，0 的位权是 2^2，第二个 1 的位权是 2^1，第三个 1 的位权是 2^0。

二进制（Binary System）：使用的数字为 0 和 1，二进制数值中各位的权为以 2 为底的幂，如：各位的权为 2^0，2^1，…，2^7。

十进制（Decimal System）：使用的数字为 0、1、2、3、4、5、6、7、8、

9，十进制值中各位的权为以 10 为底的幂，如：各位的权为 10^0，10^1，…，10^7，有时又称为 0 权位、1 权位、2 权位……

以此类推，八进制（Octave System）的基数为 8，使用的数字为 0、1、2、3、4、5、6、7，各位的权是以 8 为底的幂，即 8^0、8^1、8^2、8^3、…

十六进制（Hexadecimal System）的基数为 16，使用的数为 0、1、2、3、4、5、6、7、8、9、A、B、C、D、E、F，各位的权是以 16 为底的幂，即 16^0、16^1、16^2、16^3、…在十六进制中，A、B、C、D、E、F 分别对应 10 进制数中的 10、11、12、13、14、15。

十进制与二进制、八进制、十六进制的对应关系参见表 1.2－1。

表 1.2－1　各种进制的表示方法

十进制	二进制	八进制	十六进制
0	0000	0	0
1	0001	1	1
2	0010	2	2
3	0011	3	3
4	0100	4	4
5	0101	5	5
6	0110	6	6
7	0111	7	7
8	1000	10	8
9	1001	11	9
10	1010	12	A
11	1011	13	B
12	1100	14	C
13	1101	15	D
14	1110	16	E
15	1111	17	F
16	10000	20	10

（2）二进制数的特点。尽管人们习惯用十进制数，但计算机中采用二进制数。将八进制数、十六进制数引入计算机，主要是为了书写方便。

二进制数与其他数制相比，有以下特点：

第一，数制简单、容易表示。二进制数只有"0"和"1"两种数字，任何具有两个不同稳定状态的元件都可以用来表示二进制数的每一位。而制造具有两个稳定状态的元件要比制造多个稳定状态（如 10 个稳定状态）的元件容易得多。例如，电流流过电线代表二进制数字 1，电流未流过电线，则代表二进制数字 0。再如，开关闭合代表二进制数字 1，开头断开则代表二进制数字 0 等。在计算机中通常采用电平的"高""低"或脉冲的"有""无"来分别表示"1"和"0"。这种简单的工作状态可靠性高，抗干扰能力强。

第二，运算规则简单。二进制数的编码、计数、加减运算规则简单。因此，在计算机中实现二进制运算的线路也大为简化。

二进制数的两个符号"1"和"0"正好与逻辑命题的两个值"是"和"否"或称"真"和"假"相对应，为计算机实现逻辑运算和程序中的逻辑判断提供了便利的条件。

2. 不同数制间的转换

在任一数制中，一个数都可用它的按权展开式表示，即：$S = A_{n-1}r^{n-1} + A_{n-2}r^{n-2} + \cdots + A_i r^i + \cdots A_1 r^1 + \cdots + A_{-(n-1)}r^{-(n-1)}$

式中，r 为基数，如：

$(11101.1101)_2 = 1 \times 2^4 + 1 \times 2^3 + 1 \times 2^2 + 1 \times 2^0 + 1 \times 2^{-1} + 1 \times 2^{-2} + 1 \times 2^{-4}$

$(388.96)_{10} = 3 \times 10^2 + 8 \times 10^1 + 8 \times 10^0 + 9 \times 10^{-1} + 6 \times 10^{-2}$

$(386.5)_8 = 3 \times 8^2 + 8 \times 8^1 + 6 \times 8^0 + 5 \times 8^{-1}$

$(9F5B.AC)_{16} = 9 \times 16^3 + 15 \times 16^2 + 5 \times 16^1 + 11 \times 16^0 + 10 \times 16^{-1} + 12 \times 16^{-2}$

按权展开式的值就是该数转换为十进制的等价值。

十进制转换成二进制：整数用"除 2 取余"，小数用"乘 2 取整"的方法。转换后的小数部分有误差，一般转换到所要求的精度为止。

十六进制转换为二进制：不论是十六进制的整数还是小数，只要把每一位十六进制数用相应的四位二进制代替即可，如：

$(5AB.8E)_{16} = (0101\ 1010\ 1011.1000\ 1110)_2$

二进制转换成十六进制：整数部分由小数点向左每四位一组，小数部分由小数点向右每四位一组，不足四位的补 0，然后用四位二进制对应的十六进制代替即可，如：

$(101, 1101, 0101, 1010.1011, 01)_2 = (5D5A.B5)_{16}$

0101　1101　0101　1010　1011　0101 ——→ 5 D 5 A B5

为了便于区别不同数制表示的数，可以在数值后面用相应数值的字母表示，其中，H 表示十六进制数，Q 表示八进制数，B 表示二进制数，D（或不加标志）表示十进制数，如 65H、755Q、1101B、369D 分别表示十六进制的 65、八进制的 755、二进制的 1101 和十进制数 369。另外，当十六进制数以字母开头时，为了避免与其他字符相混，规定在书写时在前面加一个数 0，如十六进制数 B9H，应写成 0B9H。

从以上的转换，我们能够得出，不论什么进制的转换都是在权值的基础上来进行的，即分解与组合。

1.2.2　数据在计算机中的表示

1. 数据的概念

数据是可由人工或自动化手段加以处理的事实、概念、场景和指示的表示形式，包括符号、表格、声音、图形等。

2. 数据的单位

二进制只有两个数码 0 和 1，任何形式的数据都要靠 0 和 1 来表示。为了能有效地表示和存储不同形式的数据，计算机中使用了下列不同的数据单位：

（1）位（bit）。位，音译为"比特"，简记为 b，是计算机存储数据、表示数据的最小单位。一个 bit 只能表示一个 1 或 0，例如，可以用 1 代表"开关闭合"，用 0 代表"开关断开"。

（2）字节（Byte）。字节来自英文 Byte，简记为 B。规定 1 个字节等于 8 个二进制位，即 1Byte＝8 bit。字节是重要的数据单位，表现在：

第一，计算机存储器是以字节为单位组织的，每个字节都有一个地址码（就像门牌号码一样），通过地址码可以找到这个字节，进而能存取其中的数据。

第二，字节是计算机处理数据的基本单位，即以字节为单位解释信息。

第三，计算机存储器容量大小是以字节数来度量的，除了 B 以外，经常使用的单位还有 KB（kilobytes）、MB（Megabytes）、GB（Gigabytes）、TB（Terabytes）。

$1KB = 2^{10}B$

$1MB = 2^{10}KB = 2^{20}B$

$$1GB = 2^{10}MB = 2^{30}B$$
$$1TB = 2^{10}GB = 2^{40}B$$

（3）字（Word）。计算机一次存取、加工和传送的二进制数称为字。字长是计算机一次所能处理的实际位数，它决定了计算机数据处理的速度，因而是衡量计算机性能的一个重要标志，字长越长，性能越强。

1.2.3 计算机中的编码

任何形式的数据，无论是数字、文字、图形、图像、声音还是视频，在计算机中都是采用二进制数码的组合来表示，称为二进制编码。常用的二进制编码包括字符编码和汉字编码两种。

1. 字符编码

在计算机中，除数字外，还需处理各种字符，如字母、运算符号、标点符号等。这些字符都要用代码来表示。最常用的代码是 ASC Ⅱ 码（American Standard Code for Information Interchange，美国标准信息交换码），其被国际标准化组织指定为国际标准。

标准 ASC Ⅱ 码采用 7 位编码，通常会额外使用一个扩充的比特，最高位置为 0，在数据传输时，该位常作奇偶校验位，以确定数据传输是否正确，也便于以 1 个字节的方式存储。

标准 ASC Ⅱ 码表见本书附录。在标准 ASC Ⅱ 码表中，由于采用 7 位二进制数对字符进行编码，共有 $2^7 = 128$ 个不同的编码值，相应可以表示 128 个不同字符的编码。其中包含 34 个控制符的编码（00H～20H 和 7FH）和 94 个字符编码（21H～7EH）。例如，字母"A"的 ASC Ⅱ 码值为 41H，"a"的 ASC Ⅱ 码值为 61H，等等。

2. 汉字编码

计算机在处理汉字信息时也要将其转化为二进制代码，这就需要对汉字进行编码。常用的汉字编码包括国标码、汉字输入码，机内码、汉字字形码等。

（1）国标码。计算机处理汉字所用的编码标准是我国于 1980 年颁布的国家标准 GB2312－80，即《中华人民共和国国家标准信息交换汉字编码》，简称国标码，其主要用途是在汉字信息处理系统之间或者在通信系统之间进行信息交换。

该字符集的内容由三部分组成：第一部分是各类符号，共 687 个，包括数字、序号、罗马数字、英文字母、日文假名、俄文字母、汉字注音等；第二部分包括一级汉字（常用汉字）3755 个，按汉语拼音字母顺序排列；第三部分为二级汉字（不常用汉字），共 3008 个，按偏旁部首排列。

由于一个字节只能表示 256 种编码，显然不能完全表示汉字的国标码，因此，一个国标码必须用两个字节来表示。国际码用十六进制表示。

（2）汉字输入码。输入码也叫外码，是利用数字、符号或字母将汉字以代码的形式输入到计算机中的一组键盘符号。常用的输入码有区位码、首尾码、拼音码、五笔字型码、自然码、笔形码和电报码等。好的编码应具备编码规则简单、易学好记、操作方便、重码率低、输入速度快等优点，每个人可根据自己的需要进行选择。输入码进入机器后，必须转换为机内码进行存储和处理。

（3）机内码。机内码是指汉字被计算机系统内部处理和存储时使用的代码。根据国标码的规定，每一个汉字都有了确定的二进制代码，在计算机内部，汉字代码都用机内码，在磁盘上记录汉字代码也使用机内码。正是由于机内码的存在，输入汉字时就允许用户根据自己的习惯使用不同的汉字输入码，例如，拼音、五笔、自然、区位等，进入系统后再统一转换成机内码存储。

为了保证中西文兼容，既允许西文机内码存在，又允许国标码存在，就将国标码的每个字节的最高位置用"1"，来保证西文机内码和国标码在计算机内部的唯一性。这种形式避免了国标码与 ASCII 码的二义性，通过最高位来区别是 ASCII 码字符还是汉字字符。

（4）汉字字形码。汉字字形码就是描述汉字字形信息的编码，它主要分为两大类：字模编码和矢量编码。字模编码是将汉字字形点阵进行编码，是汉字的输出形式，它把汉字按字形排列成点阵，常用的点阵有 16×16、24×24、32×32、64×64 或更高。一个 16×16 点阵的汉字字形要占用 32 个字节，24×24 点阵要占用 72 个字节……可见汉字点阵的信息量是非常大的。所有不同的汉字字体、字号的字形构成汉字库，一般存储在硬盘上，字库中存储了每个汉字的字形点阵代码，不同的字体（如宋体、仿宋、楷体等）对应着不同的字库。矢量汉字就是将汉字的形状、笔画、字根等用数学函数进行描述的方法。如 TrueType 就是其中的一种方法，这样的字型信息便于缩放和变换，并且字形美观。

1.3　计算机系统的组成

计算机系统包括硬件系统和软件系统两大部分。计算机工作时，软硬件协同工作，二者缺一不可。

硬件（Hardware）是构成计算机的物理装置，是看得见、摸得着的一些实实在在的有形实体。从功能角度而言，一个计算机硬件系统包含五大部件：

运算器、控制器、存储器、输入设备和输出设备。

硬件是计算机能够运行的物质基础，计算机的性能，如运算速度、存储容量、计算精度、可靠性等，很大程度上取决于硬件的配置。只有硬件而没有任何软件支持的计算机称为裸机。

软件（Software）是指使计算机运行需要的程序、数据和有关的技术文档资料。软件是计算机的灵魂，是发挥计算机功能的关键。有了软件，人们可以不必过多地去了解机器本身的结构与原理，可以方便灵活地使用计算机。软件屏蔽了下层的具体计算机硬件，形成一台抽象的逻辑计算机（也称虚拟机），它在用户和计算机硬件之间架起了桥梁。

在计算机系统中，有时硬件和软件之间并没有一条明确的分界线。一个由软件完成的操作也可以直接由硬件来实现，而一个由硬件所执行的指令也能够用软件来完成。软件和硬件之间的界线是经常变化的。今天的软件可能就是明天的硬件，反之亦然。

1.3.1　计算机硬件系统

硬件是组成计算机的物理实体，它提供了计算机工作的物质基础。人们通过硬件向计算机系统发布命令、输入数据，并得到计算机的响应，计算机内部也必须通过硬件来完成数据存储、计算及传输等各项任务。无论是哪一种计算机，从功能角度而言，一个完整的硬件系统必须包括运算器、控制器、存储器、输入设备和输出设备五个部分，每个功能部件各尽其职、协调工作。微型计算机也是由这五个部分组成的。

1.3.1.1　中央处理器（CPU）

中央处理器（Central Processing Unit，CPU）是一块超大规模的集成电路，是一台计算机的运算核心（Arithmetie Unit）和控制核心（Control Unit）。它的功能主要是解释计算机指令以及处理计算机软件中的数据。CPU 控制整个微型计算机的工作，产生控制信号对相应的部件进行控制，并执行相应的操作。

无论哪种微处理器，其内部结构是基本相同的，主要由运算器、控制器及寄存器等组成。其中，运算器用于对数据进行算术运算和逻辑运算，即数据的加工处理；控制器用于分析指令、协调 I/O 操作和内存访问；寄存器用于临时存储指令、地址、数据和计算结果。

CPU 的核心又称为内核，是 CPU 最重要的组成部分。过去的 CPU 只有 1 个核心，现在则有 2 个、3 个、4 个、6 个、8 个或 12 个核心。多核心是指基于单个半导体的一个 CPU 上拥有多个一样功能的处理器核心，就是将多个物理处理器核心整合入一个核心中。在相同主频的情况下，核心越多，CPU 性能越强。如图 1.3 - 1 为 Intel 酷睿 i9CPU。

图 1.3 - 1 Intel 酷睿 i9CPU

CPU 频率是指 CPU 的时钟频率，是 CPU 运算时的工作频率（1 秒内发生的同步脉冲数）的简称。CPU 的频率代表了 CPU 的实际运算速度，单位是 Hz。理论上，CPU 的频率越高，在一个时钟周期内处理的指令数就越多，CPU 的运算速度也就越快，性能也就越高。

缓存是指可进行高速数据交换的存储器，它先于内存与 CPU 进行数据交换，速度极快，所以又称为高速缓存。缓存大小是 CPU 的重要性能指标之一。

CPU 缓存一般分为 L1（一级缓存）、L2（二级缓存）和 L3（三级缓存）。当 CPU 要读取一个数据时，首先从 L1 缓存中查找，若没有找到再从 L2 缓存中查找，若还是没有，则从 L3 缓存或内存中查找。一般来说，每级缓存的命中率都在 80% 左右，也就是说，全部数据量的 80% 都可以在一级缓存中找到，由此可见 L1 缓存是整个 CPU 缓存架构中最为重要的部分。

1. 运算器（AU）

运算器（Arithmetic Unit，AU）又称为算术逻辑单元（Arithmetic Logic Unit，ALU），用来进行算术、逻辑运算。运算器包括算术逻辑单元、累加器、标志寄存器和寄存器组。

（1）算术逻辑单元（ALU）：完成指令系统所规定的各种算术运算和逻辑运算。

（2）累加器：用来存放指令的一个操作数和运算结果。

（3）标志寄存器：用来存放运算结果的各种特征，如有无进位、是否溢出等。

（4）寄存器组：作为 CPU 内部的高速数据暂存器和程序计数器。

2. 控制器（Controller）

控制器（Controller）是整个计算机的指挥中心，它负责从内存储器中取出指令并对指令进行分析、判断，再根据指令发出控制信号，使整个计算机能够自动地执行程序，并控制计算机各部件协调一致地工作。

控制器主要由程序计数器（PC）、指令寄存器（IR）、指令译码器（ID）、控制逻辑部件（PLA）和时序电路（SC）等部件组成。

控制器是整个计算机的控制、指挥中心，它根据人们预先编写好的程序，依次从存储器中取出各条指令，放在指令寄存器中，通过指令译码进行译码分析，确定应该进行什么操作，然后通过控制逻辑在确定的时间向确定的部件发出确定的控制信号，使运算器和存储器等各部件自动且协调地完成该指令所规定的操作。当一条指令完成以后，再顺序地从存储器中取出下一条指令，并照此同样地分析与执行该指令。如此重复，直到完成所有的指令。因此，控制器的主要功能有两项：一是按照程序逻辑指示，控制程序中指令的执行顺序；二是根据指令寄存器中的指令码，控制每一条指令的执行过程。

控制器中各部件的功能可以简单地归纳如下：

（1）程序计数器（PC）。程序计数器（PC）中存放着下一条指令在内存中的地址。控制器利用它来指示程序中指令的执行顺序。当计算机运行时，控制器根据 PC 中的指令地址，从存储器中取出将要执行的指令，送到指令寄存器（IR）中进行分析和执行。

通常情况下，程序是按顺序逐条执行的。因此，PC 在大多数情况下，可以通过自动加 1 计数功能来实现对指令执行顺序的控制。当遇到程序中的转移指令时，控制器则会用转移指令提供的转移地址来代替原 PC 自动加 1 后的地址。这样，计算机就可以通过执行转移指令来改变指令的执行顺序。

（2）指令寄存器（IR）。指令寄存器（IR）用于暂存从存储器取出的将要执行的指令码，以保证在指令执行期间能够向指令译码器（ID）提供稳定可靠的指令码。

（3）指令译码器（ID）。指令译码器（ID）用于对指令寄存器（IR）中的指令进行译码分析，以确定该指令应执行什么操作。

（4）控制逻辑部件（PLA）。控制逻辑部件（PLA）又称为可编程逻辑阵列。它依据指令译码器（ID）和时序电路（SC）的输出信号，用来产生执行指令所需的全部微操作控制信号，以控制计算机的各部件执行该指令所规定的操作。由于每条指令所执行的具体操作不同，所以每条指令都有一组不同的控制信号的组合，以确定相应的微操作系列。

（5）时序电路（SC）。为了使计算机的各部件协调动作，需要建立时间标志，而时间标志是通过时序信号来体现的。CPU 中时序信号的基本体制是节拍电位，即节拍脉冲。一个节拍电位开始（脉冲前沿）表示一个 CPU 周期的开始，其长度表示一个 CPU 的周期时间。一个节拍电位又包括几个节拍脉冲。节拍脉冲是 CPU 周期中微操作的时间标志。

由于计算机工作是周期性的，读取指令、分析指令、执行指令……这一系列操作的顺序，都需要精确地定时。时序电路用于产生指令执行时所需的一系列节拍脉冲和电位信号，以定时指令中各种微操作的执行时间和确定微操作执行的先后次序。在微型计算机中，由石英晶体振荡器产生基本的定时脉冲。两个相邻的脉冲前沿的时间间隔称为一个时钟周期或一个 T 状态，它是 CPU 操作的最小时间单位。

此外，还有地址寄存器（AR），它是用来保存当前 CPU 所要访问的内存单元或 I/O 设备的地址。由于内存和 CPU 之间存在着速度上的差别，所以必须使用地址寄存器来保持地址信息，直到内存读/写操作完成为止。数据寄存器（DR）用来暂存微处理器与存储器或输入/输出接口电路之间待传送的数据。地址寄存器（AR）和数据寄存器（DR）在微处理器的内部总线和外部总线之间，还起着隔离和缓冲的作用。

1.3.1.2　存储器（Memory）

存储器（Memory）是有记忆能力的部件，用来存储程序和数据。存储器可分为两大类：内存储器和外存储器。内存储器简称内存，与 CPU 直接相连，存放当前要运行的程序和数据，故也称主存储器（简称主存）。它的特点是存取速度快，可与 CPU 处理速度相匹配，但价格较贵，能存储的信息量较少。外存储器简称外存，又称辅助存储器，主要用于保存暂时不用但又需长期保留的程序或数据。存放在外存的程序必须调入内存才能运行。外存的存取速度相对来说较慢，但外存价格比较便宜，可保存的信息量大。

1. 内存储器

按照工作方式的不同，内存储器可分为随机存取存储器（Random Access Memory，RAM）和只读存储器（Read Only Memory，ROM）。对存储器存入信息的操作称为写入（Write），从存储器取出信息的操作称为读出（Read）。执行读出操作后，原来存放的信息并不改变；只有执行了写入操作，写入的信息才会取代原先存放的内容。

（1）RAM。RAM 是计算机工作的存储区，一切要执行的程序和数据都要先装入该存储器内。随机的含义是指既能从该设备中读出数据，也可以往里写入数据。CPU 在工作时直接从 RAM 中读数据，而 RAM 中的数据来自外存，并随着计算机的工作随时变化。RAM 的特点主要有两个：一是存储器中的数据可以反复使用，只有向存储器写入新数据时，存储器中的内容才被更新；二是 RAM 中的信息随着计算机的断电自然消失，所以说 RAM 是计算机处理数据的临时存储区，要想使数据长期保存起来，必须将数据保存在外存中。

目前微型计算机中的 RAM 大多采用半导体存储器，因其外形是一条长方形的板卡，俗称内存条。其优点是扩展方便，用户可根据需要随时增加内存。常见的内存条有 2GB、4GB、8GB、16GB 和 32GB，最高单条容量可达 128GB。内存条如图 1.3-2 所示。使用时，只要将内存条插在主板的内存插槽上即可。

图 1.3-2　金士顿 Hyper DDR4 内存条

（2）ROM。ROM 是指只能从该设备中读数据，而不能往里写数据的内存储器。ROM 中的数据是由设计者和制造商事先编制好并固化在里面的一些程序，用户不能随意更改。ROM 主要用于检查计算机系统的配置情况并提供最基本的输入/输出（I/O）控制程序，如存储 BIOS 参数的 CMOS 芯片。

ROM 的特点是：计算机断电后存储器中的数据仍然存在。

为了便于对存储器内存放的信息进行管理，整个内存被划分成许多存储单元，每个存储单元都有一个编号，此编号称为地址（Address）。通常计算机按字节编址。地址与存储单元为一对一的关系，是存储单元的唯一标志。CPU 对存储器的读写操作都是通过地址来进行的。需要注意的是：存储单元的地址和该单元中所存放的内容是两个不同的概念。存储单元的地址以二进制数表示，称为地址码。地址码的长度（位数）表明了可以访问的存储单元的数目。

另外，为了提高 CPU 与内存之间的数据交换速度，在 CPU 和内存之间还设置了一级、两级或三级高速小容量存储器，称之为高速缓冲存储器（Cache），固化在 CPU 上。在计算机工作时，系统先将数据由外存读入 RAM 中，再由 RAM 读入 Cache 中，然后 CPU 直接从 Cache 中读取数据进行操作。

　　计算机中的存储系统采用处理器→寄存器→高速缓冲存储器→主存储器→辅助存储器的层次结构。这个层次结构有如下规律：价格依次降低，容量依次增加，访问时间依次增长，CPU 访问频度依次减小。

　　2. 外存储器

　　外存储器用于存放当前暂时不用的程序或数据。对外存储器的基本要求是：容量大、成本低、可以脱机保存信息。目前，外存储器主要有磁读写、光读写两类，如磁盘、光盘等。

　　（1）硬盘存储器。硬盘（Hard Disk），又称为温彻斯特硬盘。1968 年，IBM 公司首次提出"温彻斯特（Winchester）"技术。"温彻斯特"技术的精髓是"密封、固定并高速旋转的镀磁盘片，且磁头沿盘片径向移动，且磁头悬浮在高速转动的盘片上方，不与盘片直接接触"。1973 年，IBM 公司制造出第一台采用"温彻斯特"技术的硬盘，从此硬盘技术的发展有了正确的结构基础。

　　硬盘存储器包括硬盘驱动器和硬盘两个部分，密封在一个金属体内，一般置于主机箱中。硬盘由若干同样大小的、涂有磁性材料的铝合金圆盘片环绕一个共同的轴心组成。每个盘片上下两面各有一个读/写磁头，磁头传动装置将磁头快速而准确地移动到指定的磁道读取数据。硬盘的内部结构如图 1.3 - 3 所示。

图 1.3 - 3　硬盘的内部结构

柱面是指硬盘的所有盘片具有相同编号的磁道。硬盘的容量取决于硬盘的磁头数、柱面数及每个磁道的扇区数，由于硬盘一般均有多个盘片，所以用柱面这个参数来代替磁道。每一扇区的容量为512B，硬盘容量为：512×磁头数×柱面数×每道扇区数。

不同型号的硬盘，其容量、磁头数、柱面数及每道扇区数均不同，主机必须知道这些参数才能正确控制硬盘的工作，因此，安装新磁盘后，需要对主机进行硬盘类型的设置。此外，当计算机发生某些故障时，有时也需要重新进行硬盘类型的设置。

硬盘的性能指标一般包括存储容量、转速和平均寻道时间等。

①存储容量：用于表示硬盘能够存储多少数据的一项重要指标，通常以GB和TB为单位，目前主流的硬盘容量从250GB到10TB不等。硬盘的盘片数一般有1~10等几种，在相同总容量的条件下，盘片数越少，硬盘的性能越好。

②转速：表示硬盘电机主轴的旋转速度，也就是硬盘盘片在一分钟内所能完成的最大转数。转速的快慢是衡量硬盘档次和决定硬盘内部传输率的关键因素之一，硬盘的转速越快，硬盘寻找文件的速度也就越快。硬盘转速以每分钟多少转来表示，单位为r/min，值越大越好。目前主流硬盘转速有5900r/min、7200 r/min、10000 r/min 等几种。

③平均寻道时间：平均寻道时间是指硬盘在接收到系统指令后，磁头从开始移动到移动至数据所在的磁道所花费时间的平均值，单位为毫秒（ms）。它在一定程度上体现了磁盘读取数据的能力，是影响硬盘内部数据传输率的重要参数。平均寻道时间越短，产品越好。

一般来说，硬盘的转速越高，其平均寻道时间就越短；单碟容量越大，其平均寻道时间就越短。

（2）光介质存储器。光介质存储器是利用光学方式进行信息读写的存储设备，主要由光盘、光盘驱动器和光盘控制器组成。光盘是以光信息作为存储载体并用来存储数据的一种物品。光盘分为不可擦写光盘（如 CD – ROM、DVD – ROM 等）和可擦写光盘（如 CD – RW、DVD – RAM 等）。光介质存储器最早用于激光唱机和影碟机，后来由于多媒体计算机的迅速发展，光介质存储器便在微型计算机系统中获得广泛的应用。

光盘由基板、记录层、反射层、保护层和印刷层构成。

①基板是无色透明的聚碳酸酯板，在整个光盘中，它不仅是沟槽等的载体，更是整个光盘的物理外壳。CD 光盘的基板厚度为 1.2mm、直径为

120mm，中间有孔，呈圆形，这就是光盘的外形体现。

②记录层是烧录时刻录信号的地方，其主要的工作原理是在基板上涂抹专用的有机染料，以供激光记录信息。由于烧录前后的反射率不同，经出激光读取不同长度的信号时，通过反射率的变化形成 0 与 1 信号，借以读取信息。

一次性记录的 CD–R 光盘主要采用（酞菁）有机染料，当此光盘在进行烧录时，激光就会对涂在基板上的有机染料进行烧录，直接烧录成一个接一个的"坑"。这样有"坑"和没有"坑"的状态就形成了"0"和"1"的信号，这一连串的"0""1"信息，就组成了二进制代码，从而表示特定的数据。

对于可重复擦写的 CD–RW 光盘而言，所涂抹的就不是有机染料，而是某种碳性物质。当激光在烧录时，就不是烧成一个接一个的"坑"，而是改变碳性物质的极性，通过改变碳性物质的极性来形成特定的"0""1"代码序列。这种碳性物质的极性是可以重复改变的，也就表示此光盘可以重复擦写。

③反射层是光盘的第三层，它是反射光驱激光光束的区域，借反射的激光光束读取光盘片中的资料。其材料为纯度为 99.99% 的纯银金属，就如同我们经常用到的镜子一样，此层就代表镜子的银反射层，光线到达此层，就会反射回去。一般来说，我们的光盘可以当作镜子用，就是因为有这一层反射层的缘故。

④保护层是用来保护光盘中的反射层及染料层，防止信号被破坏的。材料为光固化丙烯酸类物质。

⑤印刷层是印刷盘片的客户标识、容量等相关资讯的地方。它不仅可以标明信息，还可以起到一定的保护光盘的作用。

光盘驱动器简称光驱，是电脑用来读写光盘内容的设备，也是在台式机和笔记本电脑里比较常见的一个硬件，随着移动存储设备的快速发展，光驱逐渐被其取代。目前光驱的类型有 DVD、DVD 刻录、蓝光 COMBO 和蓝光刻录 4 种。

（3）移动存储产品。随着信息技术的不断发展，很多小巧、轻便的移动存储产品正在不断涌现和普及。

①移动硬盘。移动硬盘（Mobile Hard disk）是以硬盘为存储介质，用于计算机之间交换大容量数据，强调便携性的存储产品。移动硬盘多采用 USB、IEEE1394 等传输速度较快的接口，可以较高的速度与系统进行数据传输。

移动硬盘有容量大、体积小、速度高和使用方便等特点。

移动硬盘可以提供相当大的存储容量，目前市场中的移动硬盘能提供320GB、500GB、600G、640GB、900GB、1000GB（1TB）、1.5TB、2TB、2.5TB、3TB、3.5TB、4TB等，最高可达12TB的容量。

移动硬盘（盒）的尺寸分为1.8寸、2.5寸和3.5寸三种。

移动硬盘大多采用USB、IEEE1394、eSATA接口，能提供较高的数据传输速度。USB 2.0接口传输速率是60MB/s，USB 3.0接口传输速率是625MB/s，IEEE1394接口传输速率是50~100MB/s。

②U盘。U盘，全称USB闪存盘，英文名"USB flash disk"。它是一种使用USB接口的无需物理驱动器的微型高容量移动存储产品，通过USB接口与电脑连接，可实现即插即用。U盘连接到电脑的USB接口后，U盘的资料可与电脑交换。

U盘最大的优点就是：小巧便于携带、存储容量大、价格便宜、性能可靠。一般的U盘容量有8G、16G、32G、64G，除此之外还有128G、256G、512G、1T等。闪存盘中无任何机械式装置，抗震性能极强。另外，闪存盘还具有防潮防磁、耐高低温等特性，安全可靠性很高。

1.3.1.3 输入/输出设备（I/O Device）

输入设备是向计算机输入信息的装置，用于向计算机输入原始数据和处理数据的程序。常用的输入设备有键盘、鼠标器、扫描仪、磁盘驱动器、模数转换器（A/D）、数字化仪、条形码读入器和光笔等。

输出设备主要用于将计算机处理过的信息保存起来，或以人们能接受的数字、文字、符号、图形和图像等形式显示或打印出来。常用的输出设备有显示器、打印机、绘图仪、磁盘驱动器、数模转换器（D/A）等。

输入/输出设备是通过输入/输出接口（I/O接口）与微处理器相连的。I/O接口也称为适配器，其功能是使主机与I/O设备协调工作。一般做成电路板的形式，所以常常称为"适配卡"。

1. 键盘

键盘是微型计算机的主要输入设备，是实现人机对话的重要工具。通过键盘，可以将英文字母、数字、标点符号等输入到计算机中，从而向计算机发出命令，也可以对计算机进行控制。

键盘电路板是整个键盘的控制核心，它位于键盘的内部，用来对键盘进行扫描、生成键盘扫描码和数据转换。微型计算机的键盘已标准化，分为主键盘区、Num数字辅助键盘区、F键功能键盘区和控制键区，多功能键盘还增添了快捷键区。

现在键盘的连接方式主要有有线、无线和蓝牙 3 种。标准键盘的按键数为 104 键，此外还有 87 键、107 键和 108 键等类型。

2. 鼠标

鼠标也是计算机的主要输入设备，其主要用于移动显示器上的光标并通过菜单或按钮向主机发出各种操作命令，但不能输入字符和数据。

鼠标按其工作原理的不同，分为机械鼠标和光电鼠标。机械鼠标主要由滚球、辊柱和光栅信号传感器组成。当拖动鼠标时，带动滚球转动，滚球又带动辊柱转动，装在辊柱端部的光栅信号传感器采集光栅信号。光电鼠标则通过红外线来检测鼠标器的位移，将位移信号转换为电脉冲信号，以此反映出鼠标器在垂直和水平方向的位移变化，再通过电脑程序的处理和转换来控制屏幕上光标箭头的移动。

鼠标的连接方式主要有有线、无线和双模式（具有有线和无线两种使用模式）3 种。接口类型主要有 PS/2、USB 和 USB + PS/2 双接口 3 种。鼠标的按键数已经从 2 键、3 键发展到了 4 键甚至 8 键，一般来说，按键数越多的鼠标，价格也就越高。

3. 显示器

显示器是计算机的主要输出设备，用来将系统信息、计算机处理结果、用户程序及文档等信息显示在屏幕上。显示器有多种形式、多种类型和多种规格。按结构可以分为 CRT 显示器、液晶显示器等。液晶显示器具有体积小、重量轻，只要求低压直流电源便可工作等特点。CRT 显示器的工作原理基本上和 CRT 电视机相同，只是数据接收和控制方式不同。

显示器按显示效果可以分为单色显示器和彩色显示器。单色显示器只能产生一种颜色，即只有一种前景色（字符或图像的颜色）和一种背景色（底色），不能显示彩色图像。彩色显示器所显示的图像，其前景色和背景色均有许多不同的色彩变化，从而构成了五彩缤纷的图像。之所以能显示出色彩，不仅取决于显示器本身，更主要的是取决于显示卡的功能。

显示器按分辨率可分为低分辨率显示器、中分辨率显示器和高分辨率显示器。低分辨率显示器为 320×200 左右，即屏幕垂直方向上有 320 根扫描线，水平方向上有 200 个点。中分辨率为 650×350 左右，高分辨率有 640×480、1024×768 和 1280×1024 等。分辨率是显示器的一个重要指标，分辨率越高，图像就越清晰。

显示器与主机相连必须配置适当的显示适配器，即显示卡。显示卡主要用于主机与显示器数据格式的转换，是体现计算机显示效果的必备设备，它不仅把显示器与主机连接起来，还起到处理图形数据、加速图形显示等作用。显示卡插在主板的扩展槽上，为了适应不同类型的显示器，并使其显示出各种效果，显示卡也有多种类型，如 EGA、VGA、SVGA、AVGA 等。

4. 打印机

打印机也是计算机的基本输出设备之一，主要功能是将计算机中的文档和图形文件快速、准确地打印在纸质媒体上。

按照打印技术的不同，可以将打印机分为针式打印机、喷墨打印机、激光打印机、热升华打印机和3D打印机5种类型。

（1）针式打印机主要由打印机芯、控制电路和电源3部分组成，用的耗材是色带，打印针数为9针、24针或28针。针式打印机分为通用式、平推票据、存折证卡和微型4种类型，主要使用在公安、税务、财务、银行、交通、医疗和海关等行业。

（2）喷墨打印机，其原理是通过喷墨头喷出的墨水实现数据的打印，其墨水滴的密度完全达到了铅字质量，使用的耗材是墨盒，墨盒内有不同颜色的墨水。其主要优点是体积小、操作简单方便、打印噪声低，使用专用纸张时可打印出和照片相媲美的图片等。

（3）激光打印机是一种利用激光束进行打印的打印机，其原理是一个半导体滚筒在感光后刷上墨粉再在纸上滚一遍，最后用高温定型将文本或图形印在纸上，用的耗材是硒鼓和墨粉。其优点是彩色打印机效果优异、成本低廉和品质优秀，适合于文档打印较多的办公用户。激光打印机分为黑白激光打印机和彩色激光打印机两种机型。

（4）热升华打印机是一种通过热升华技术，利用热能将颜料转印至打印介质上的打印机，通常是色带与纸张一体式的耗材。其打印效果极好，但由于耗材和打印介质的成本较高，没有成为主流打印机类型。很多专门打印照片的打印机都是热升华打印机。

（5）3D打印机，又称三维打印机，是一种以数字模型文件为基础，运用特殊蜡材、粉末状金属或塑料等可粘合材料，通过打印一层层的粘合材料来制造三维物体的打印机。

1.3.1.4 总线（BUS）

总线是计算机各部件之间传送信息的公共通道。微型计算机中，有内部总线和外部总线之分。内部总线是指 CPU 内部之间的连线；外部总线是指 CPU 与其他部件之间的连线。我们日常所说的总线一般指的是外部总线。按其功能的不同，总线分为三种：数据总线（Data Bus，DB）、地址总线（Address Bus，AB）和控制总线（Control Bus，CB）。

1. 数据总线（Data Bus，DB）

数据总线用来传送数据信息，是双向总线。CPU 既可通过 DB 从内存或输入设备读入数据，又可通过 DB 将内部数据送至内存或输出设备。它决定了 CPU 和计算机其他部件之间每次交换数据的位数。80486 CPU 有 32 条数据线，每次可以交换 32 位数据。

2. 地址总线（Address Bus，AB）

地址总线用于传送 CPU 发出的地址信息，是单向总线。传送地址信息的目的是指明与 CPU 交换信息的内存单元或 I/O 设备。一般存储器是按地址访问的，所以每个存储单元都有一个固定地址，要访问 1MB 存储器中的任一单元，需要给出 1MB 个地址，即需要 20 位地址（$2^{20} \approx 1MB$）。因此，地址总线的宽度决定了 CPU 的最大寻址能力。80286 CPU 有 24 根地址线，其最大寻址能力为 16MB。

3. 控制总线（Control Bus，CB）

控制总线用来传送控制信号、时序信号和状态信息等。其中，有的是 CPU 向内存或外部设备发出的信息，有的是内存或外部设备向 CPU 发出的信息。显然，CB 中的每一根线的方向是一定的、单向的，但作为一个整体则是双向的。所以，在各种结构框图中，凡涉及 CB，均以双向线表示。

此外，按总线接口类型来划分，有 ISA 总线、PCI 总线和 AGP 总线等。不同的 CPU 芯片，数据总线、地址总线和控制总线的根数也不同。

PCI 总线是目前计算机常用的标准总线结构，它使图形显示、硬盘驱动器、网络适配器等需要高速性能的外设的速度进一步得到提高。

1.3.1.5　主板（Main board）

主板是安装在主机箱内所有部件的统一体，是微型计算机系统的核心。其主要由 CPU、内存、输入/输出设备接口（简称 I/O 接口）、总线和扩展槽等构成，通常被封装在主机箱内，制成一块或多块印刷电路板，称为主机板或系统板，简称主板。

主板是微型计算机系统的主体和控制中心，也是整个硬件系统的平台，它几乎集合了全部系统的功能，控制着各部分之间的指令流和数据流。随着计算机的不断发展，不同型号的微型计算机的主板结构是不同的，但在工作原理、主要器件的设置上大致相似。典型的主板外观如图 1.3 - 4 所示。

图1. 3 – 4   技嘉 B450M DS3H 主板

主板主要由以下部件组成：

1. 芯片组

芯片组是主板的灵魂，由一组超大规模集成电路芯片构成。芯片组控制和协调整个计算机系统的正常运转和各个部件的选型，它被固定在主板上，不能像 CPU、内存等进行简单的升级换代。

芯片组的作用是在 BIOS 和操作系统的控制下，按照统一规定的技术标准和规范为计算机中的 CPU、内存、显卡等部件建立可靠的安装、运行环境，为各种接口的外部设备提供可靠的连接。

2. CPU 插座

CPU 插座用于固定连接 CPU 芯片。由于集成化程度和制造工艺的不断提高，越来越多的功能被集成到 CPU 上。为了使 CPU 安装更加方便，现在 CPU 插座基本上采用零插槽式设计。

3. 内存插槽

随着内存扩展板的标准化，主板给内存预留了专用插槽，只要购买所需数量并与主板插槽匹配的内存条，就可以实现扩充内存和即插即用。

4. 总线扩展槽

主板上有一系列的扩展槽，用来连接各种功能插卡。用户可以根据自己的需要在扩展槽上插入各种用途的插卡，如显示卡、声卡、防病毒卡、网卡等，以扩展微型计算机的各种功能。任何插卡插入扩展槽后，就可以通过系统总线与 CPU 连接，在操作系统的支持下实现即插即用。这种开放的体系结构为用户组合各种功能设备提供了方便。

5. 输入输出接口

输入输出接口是 CPU 与外部设备之间交换信息的连接电路，它们通过总线与 CPU 相连，简称 I/O 接口。I/O 接口分为总线接口和通信接口两类。当需要外部设备或用户电路与 CPU 之间进行数据、信息交换以及控制操作时，应使用微型计算机总线把外部设备和用户电路连接起来，这时就需要使用微型计算机总线接口；当微型计算机系统与其他系统直接进行数字通信时，则使用通信接口。

（1）总线接口，是把微型计算机总线通过电路插座提供给用户的一种总线插座，供插入各种功能卡。插座的各个管脚与微型计算机总线的相应信号线相连，用户只要按照总线排列的顺序制作外部设备或用户电路的插线板，即可实现外部设备或用户电路与系统总线的连接，使外部设备或用户电路与微型计算机系统成为一体。常用的总线接口有：AT 总线接口、PCI 总线接口、IDE 总线接口等。AT 总线接口多用于连接 16 位微型计算机系统中的外部设备，如 16 位声卡、低速的显示适配器、16 位数据采集卡以及网卡等。PCI 总线接口用于连接 32 位微型计算机系统中的外部设备，如 3D 显示卡、高速数据采集卡等。IDE 总线接口主要用于连接各种磁盘和光盘驱动器，可以提高系统的数据交换速度和能力。

（2）通信接口是指微型计算机系统与其他系统直接进行数字通信的接口电路，通常分串行通信接口和并行通信接口两种，即串口和并口。串口用于将低速外部设备连接到计算机上，传送信息的方式是一位一位地依次进行。串口的标准是 EIA（Electronics Industry Association，即电子工业协会）RS－232C 标准。串口的连接器有 D 型 9 针插座和 D 型 25 针插座两种，位于计算机主机箱的后面板上。并行接口多用于连接高速外部设备，传送信息的方式是按字节进行，即 8 个二进制位同时进行，并口也位于计算机主机箱的后面板上。

I/O 接口一般做成电路插卡的形式，所以通常把他们称为适配卡，如软盘驱动器适配卡、硬盘驱动器适配卡（IDE 接口）、并行打印机适配卡（并口）、串行通讯适配卡（串口），还包括显示接口、音频接口、网卡接口（RJ45 接口）、调制解调器使用的电话接口（RJ11 接口）等。通常将这些适配卡做在一块电路板上，称为复合适配卡或多功能适配卡，简称多功能卡。

6. 基本输入输出 BIOS 和 CMOS

BIOS 是一组存储在可擦除的可编程只读存储器 EPROM 中的软件，固化在主板的 BIOS 芯片上，主要作用是负责对基本 I/O 系统进行控制和管理。

CMOS 是一种存储 BIOS 所使用的系统存储器，是微机主板上的一块可读写的 ROM 芯片，用来保存当前系统的硬件配置和用户对某些参数的设定。当计算机断电时，由一块电池供电使存储器中的信息不被丢失。用户可以利用 CMOS 对微机的系统参数进行设置。

BIOS 是主板上的核心，负责从计算机开始加电到完成操作系统引导之前的各个部件和接口的检测、运行管理。在操作系统引导完成后，由 CPU 控制完成对存储设备和 I/O 设备的各种操作、系统各部件的能源管理等。

1.3.2　计算机软件系统

计算机软件系统包括系统软件和应用软件。系统软件面向机器，用于实现计算机硬件系统的管理和控制，同时为上层应用软件提供开发接口，为使用者提供人机接口。应用软件以系统软件为基础，面向特定应用领域。

系统软件的核心是操作系统，如 Windows 10、UNIX、LINUX 等。此外，还包括语言处理系统（如编译程序、解释程序）、系统服务程序（如编辑程序、调试程序、诊断程序）和数据库管理系统等。

用户通过应用软件使用计算机，一般有两种工作方式：交互式和程序式。交互式通常用于操作，有命令、菜单、图标等；程序式用于自动控制，程序使用计算机语言书写。

1.4　计算机的主要技术指标

1.4.1　字长

字长是计算机信息处理中一次存取、传送或加工的数据长度。字长不仅标志着计算精度，也反映了计算机处理信息的能力。一般情况下，字长越长，计算机计算精度越高，处理能力也越强。

1.4.2　主存容量

主存容量是指主存储器所能存储的二进制信息的总量，它反映了计算机处理信息时容纳数据量的能力。主存容量越大，计算机处理信息时与外存储器交换数据的次数越少，处理速度也就越快。

1.4.3　运算速度

运算速度取决于指令的执行时间。计算机执行不同的操作所需要的时间可能不同，因而有不同的计算方法来表示运算速度。现在多采用两种计算方法：一种是具体指明各种运算需多少时间，另一种是给出每秒所能执行的指令（一般指加、减运算）的百万条数，简称 MIPS。后一种方法是最常用的计算方法。

1.4.4　主频

主频是指 CPU 在单位时间（秒，s）内发出的脉冲数。CPU 中每条指令的执行是通过若干步基本的硬件动作即微操作来完成的，这些微操作按脉冲的节拍来执行。一般来说，主频越高，计算机的运算速度就越快。主频以兆赫（MHz）为单位。

用户在选购计算机时，不能片面追求性能，而是要根据实际情况，选用那些既能满足需要，性能又好、价格低廉的计算机，亦即性能价格比高的计算机。

1.5　计算机的发展趋势

1.5.1　巨型化

超级计算机（Super Computer）实际上是一个巨大的计算机系统，主要用来承担重大的科学研究、国防尖端技术和国民经济领域的复杂的大型计算及数据处理。如天气预报、整理卫星照片、生命科学基因分析、原子核物理的探索、研究洲际导弹以及宇宙飞船等。

超级计算机的主要特点为高速度、大容量，并配有多种外围设备及丰富功能的软件系统。超级计算机运算速度可以达到每秒太次（Trillion，万亿）以上。

每秒浮点运算次数（FLoating – point Operations Per Second，FLOPS）常被用来估算计算机的执行效能，尤其是大量浮点运算的科学计算领域。"浮点运算"实际上包括了所有涉及小数的运算。

"超级计算（Super Computing）"这一名词在 1929 年《纽约世界报》关于"IBM 为哥伦比亚大学建造大型报表机（tabulator）的报道"中首次出现。其定义是一种由数百、数千甚至更多的处理器（机）组成的大型和进行复杂运算的计算机。

1976 年，美国克雷公司推出了世界上首台运算速度达每秒 2.5 亿次的超级计算机。

2018 年 11 月公布的全球超级计算机排名中，位列第一名的是美国能源部

图 1.5 - 1   美国 Summit 超级计算机

DOE 的 Summit，如图 1.5 - 1 所示。其最高性能为 143.5 petaflops（千万亿次浮点运算），装有 2 282 544 个 IBM Power 9 核心和 2 090 880 个 Nvidia Volta GV100 核心。我国的神威太湖之光（Sunway TaihuLight）位列第三名，其最高性能为 93.0 petaflops（千万亿次浮点运算），装有 40 960 个 Sunway 26010 处理器，每个处理器有 260 个核心，如图 1.5 - 2 所示。

图 1.5 - 2   我国神威太湖之光超级计算机

1.5.2　网络化

互联网将世界各地的计算机连接在一起，人类社会从此进入了互联网时代。网络技术可以更好地管理网上的资源，它把整个互联网虚拟成一台空前强大的一体化系统，犹如一台巨型机，在这个动态变化的网络环境中，实现计算资源、存储资源、数据资源、信息资源、知识资源、专家资源的全面共享，从而让用户享受可灵活控制的、智能的、协作式的信息服务。人们通过互联网进行沟通、交流、教育资源共享（文献查阅、远程教育等）、信息查阅共享等。特别是无线网络的出现，极大地提高了人们使用网络的便捷性，未来计算机将会进一步向网络化方面发展。

1.5.3　智能化

计算机人工智能化是未来发展的必然趋势。现代计算机具有强大的功能和运行速度，但与人脑相比，其智能化和逻辑能力仍有待提高。人类不断在探索如何让计算机能够更好地反映人类思维，使计算机能够具有人类的逻辑思维判断能力，可以通过思考与人类沟通交流，抛弃以往依靠编码程序来运行计算机的方法，直接对计算机发出指令。计算机智能化就是要求计算机能模拟人的感觉和思维能力，这也是第五代计算机要实现的目标。智能化的研究领域很多，主要包括：模拟识别、物形分析、自然语言的生成和理解、博弈、定理自动证明、自动程序设计、专家系统、学习系统和智能机器人等，其中最有代表性的领域是专家系统和机器人。

1.5.4　微型化

微型化是指利用微电子技术和超大规模集成电路技术，把计算机的体积进一步缩小，价格进一步降低。计算机的微型化已成为计算机发展的重要方向，各种笔记本电脑和 PDA 的大量面世，就是计算机微型化的一个标志。

1.5.5　多媒体化

传统的计算机处理的信息主要是字符和数字。事实上，人们更习惯的是图片、文字、声音、图像等多种形式的多媒体信息。多媒体技术可以集图形、图像、音频、视频、文字为一体，使信息处理的对象和内容更加接近真实世界。

1.6　计算思维概述

关于计算思维，美国卡内基·梅隆大学计算机科学系主任周以真教授发表了两篇重要论文，分别为 2006 年发表在 *Communications of the ACM* 上的"计算思维"（Computational Thinking）和 2008 年发表在英国皇家学会《哲学汇刊》（*Philosophical Transactions of the Royal Society*）上的"计算思维和关于计算的思维"（Computational Thinking and Thinking about Computing）。在第一篇论文中，周以真给出了计算思维的一个总的定义，并对计算思维具体是什么、其特征是什么进行了描述；第二篇论文则探讨了计算思维的本质。

1.6.1　计算思维初探

1. 计算思维的概念

计算思维是运用计算机科学的基础概念去求解问题、设计系统和理解人类的行为。它包括了涵盖计算机科学之广度的一系列思维活动。

当我们必须求解一个特定的问题时，首先会问：解决这个问题有多么困难？怎样才是最佳的解决方法？计算机科学根据坚实的理论基础来准确地回答这些问题。表述问题的难度就是工具的基本能力，必须考虑的因素包括机器的指令系统、资源约束和操作环境。

周教授为了让人们更容易理解，又将它更进一步地定义为：通过约简、嵌入、转化和仿真等方法，把一个看似困难的问题重新阐释成一个我们知道问题怎样解决的方法；是一种递归思维，是一种并行处理，是一种既能把代码译成数据又能把数据译成代码的方法，是一种多维分析推广的类型检查方法；是一种采用抽象和分解来控制庞杂的任务或进行巨大复杂系统设计的方法，是基于关注分离的方法（SoC 方法）；是一种选择合适的方式去陈述一个问题，或对一个问题的相关方面建模使其易于处理的思维方法；是按照预防、保护及通过冗余、容错、纠错的方式，并从最坏的情况进行系统恢复的一种思维方法；是利用启发式推理寻求解答，即在不确定的情况下的规划、学习和调度的思维方法；是利用海量数据来加快计算，在时间和空间之间，在处理能力和存储容量之间进行折中的思维方法。

2. 计算思维特征

周以真教授认为计算思维的本质是抽象和自动化，特点是形式化、程序化和机械化。计算思维具有如下特征：

（1）计算思维是概念化，不是程序化。计算机科学不是计算机编程。像计算机科学家那样去思维意味着远不止能为计算机编程，还要求能够在抽象的多个层次上思维。

（2）计算思维是根本的，不是刻板的技能。根本技能是每一个人为了在现代社会中发挥职能所必须掌握的，刻板技能则意味着机械地重复。具有讽刺意味的是，当计算机像人类一样思考之后，思维可就真的变成机械的了。

（3）计算思维是人的，而不是计算机的思维方式。计算思维是人类求解问题的一条途径，但决非要使人类像计算机那样地思考。计算机枯燥且沉闷，人类聪颖且富有想象力，是人类赋予计算机激情。配置了计算设备，我们就能用自己的智慧去解决那些在计算时代之前不敢尝试的问题，实现"只有想不到，没有做不到"的境界。

（4）计算思维是数学和工程思维的互补和融合。计算机科学在本质上源自数学思维，因为像所有的科学一样，其形式化基础建筑于数学之上。计算机科学又从本质上源自工程思维，因为我们建造的是能够与实际世界互动的系统，基本计算设备的限制迫使计算机学家必须计算性地思考，不能只是数学性地思考。构建虚拟世界的自由使我们能够设计超越物理世界的各种系统。

（5）计算思维是思想，不是人造物。不只是我们生产的软件、硬件等人造物将以物理形式到处呈现并时时刻刻触及我们的生活，更重要的是，还将有我们用以接近和求解问题、管理日常生活、与他人交流和互动的计算概念。

（6）计算思维面向所有的人，所有的地方。当计算思维真正融入人类活动的整体以致不再表现为一种显式之哲学的时候，它就将成为一种现实。

1.6.2　计算思维的应用

1. 计算机科学中的应用

随着以计算机科学为基础的信息技术的迅猛发展，计算思维对各个学科的影响尤其是对计算机学科的作用日益凸显。二者之间有着密不可分的联系，计算思维促进计算机科学的发展和创新，计算机科学推动计算思维的研究和应用。

计算思维的本质是抽象和自动化，核心是基于计算模型和约束的问题求解；而计算机科学恰恰是利用抽象思维建立求解模型并将实际问题转化为符号语言，再利用计算机自动执行。

2. 人文社会科学中的应用

由于计算思维这一概念得到国内外科学界的高度关注，社会学家也开始利用计算思维（像计算机科学家解决问题的思路与方法）来研究人文社科领域的内容，并取得了许多丰硕的成果。例如，社会心理学家米尔格拉姆于 1967 年提出的"六度分隔"通过计算思维方法得到了理论解释和大规模的验证，针对社交网络结构的研究，推动了 20 世纪社会学家提出的网络交换理论的重大发展。

计算思维本身并不是新的理论，长期以来不同领域的人们自觉不自觉地都有采用。为什么现在特别强调？这与人类社会的进程直接相关。人类已经步入大数据时代，人类社会方方面面的活动被充分地数字化和网络化。在高度信息化的社会中，社会科学家也能像研究自然现象那样，通过"实验—理论—验证"的范式研究社会现象。

本章小结

本章主要介绍了计算机的发展历程和应用领域，以及计算机的系统结构和工作原理，还介绍了数据在计算机内部的表示与编码规则。通过本章的学习，可以对计算机的发展和应用有所了解，还可以较好地理解计算机的系统构成和工作原理。

第2章 操作系统应用

本章学习目标

1. 了解软件系统的分类。
2. 了解操作系统的作用。
3. 掌握操作系统的功能。
4. 了解 Windows 10 的新功能。
5. 掌握 Windows 10 的文件管理功能。
6. 掌握 Windows 10 的程序管理功能。
7. 掌握 Windows 10 的磁盘管理功能。
8. 掌握 Windows 10 的系统设置功能。

2.1 软件系统概述

2.1.1 软件与软件系统

一般认为，计算机软件（Software）是指组成计算机系统的非硬件部分，包括程序、程序运行所需要的数据以及开发、使用和维护这些程序所需要的文档。程序是指挥计算机执行特定任务的有序的指令集合，如排版文档、编辑图像、查杀病毒、浏览网页等；数据是任务中数字化的处理对象，如简历文档、照片图像等，通常也被称为数据文件；文档是程序的说明性资料。

计算机软件能够控制与管理计算机硬件资源，提高计算机资源的使用效率，协调计算机各组成部分的工作。软件也能在硬件提供的基本功能的基础上，扩大计算机的功能，提高计算机实现和运行各类任务的能力。

计算机软件是计算机用户与计算机硬件之间的接口，用户主要通过软件与计算机进行交互，计算机软件系统与计算机硬件系统一起构成完整的计算机系统。计算机软件、硬件及用户之间的关系如图 2.1-1 所示。

图 2.1 - 1　计算机软件、硬件及用户之间的关系

我们将所有的计算机软件集合称作计算机的软件系统（Software System）。计算机能够广泛地应用于各个领域，正是由于有了丰富的计算机软件，人们应用各类计算机软件，有针对性地解决各种实际问题。

2.1.2　软件分类

计算机软件一般分为系统软件（System Software）和应用软件（Application Software）两大类，如图 2.1 - 2 所示。

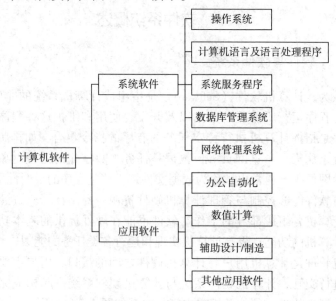

图 2.1 - 2　软件系统分类

2.1.2.1　系统软件

系统软件是启动计算机、管理计算机的各种资源、合理组织计算机工作流程、保证计算机系统正常运行，并为应用软件提供基本的支持和服务的软件集合。在系统软件的支持下，用户才能运行各种应用软件。

1. 操作系统

操作系统是对计算系统的全部硬、软件进行统一管理调度和分配的软件系统，它提供了人与计算机相互交流的接口，使得用户能够使用计算机上的其他软件和设备，其他各种软件也是在操作系统的支持下运行的。

常见的操作系统包括微软公司开发的 Windows 系统、诞生于贝尔实验室的 Unix 系统、苹果公司开发的 Mac OS 操作系统、自由开源的 Linux 系统等。

2. 计算机语言及语言处理程序

计算机程序（Program）是用计算机能够理解和接受的计算机语言编写的，能够实现某种功能的一系列有序指令的集合。人与计算机交流信息使用的语言称为计算机语言或程序设计语言。

（1）机器语言。机器语言被称为第一代计算机语言，是一种低级语言，使用二进制代码"0"和"1"表示指令，用其编写的程序，能被计算机直接识别和执行。

机器语言程序由机器指令组成，每一条指令代表一种简单的操作。由于机器语言的指令都是二进制代码，能够与机器直接打交道，不需要翻译，因此运行速度很快。但不同机器的指令系统不同，因此机器语言随机而异，通用性差，是面向机器的语言。用机器语言编写程序，编程工作量大，难学、难记、难修改，只适合专业人员使用，现在已经没有人用机器语言直接编程了。

（2）汇编语言。为了克服机器语言的缺点，人们将机器指令的代码用英文助记符表示，代替机器语言中的指令和数据。因此，汇编语言是使用一些反映指令功能的助记符来代替机器语言的符号语言，被称为第二代计算机语言。

汇编语言的每条指令都对应一条机器语言指令代码，不同类型的计算机一般有不同的汇编语言，故汇编语言也是面向机器的低级语言。计算机不能识别和执行用汇编语言编写的源程序，而必须由汇编程序翻译成机器语言才能被执行。汇编语言因为与机器密切相关，所以程序运行速度快，但不易理解与编程，一般用它编写直接控制计算机操作的底层程序。

（3）高级语言。为了使程序编写更加简便，使计算机语言更接近于自然语言，让非计算机专业人员也可以编写程序，在 20 世纪 50 年代推出了高级语言。

高级语言被称为第三代计算机语言，与计算机的硬件结构及指令系统无关，程序员可以集中精力解决问题本身，而不必受机器制约。此外，高级语言的一条语句通常包括若干条机器指令，因此，用它编写的程序比较简洁，极大地提高了编程的效率。

高级语言使用的符号、标记更接近人们的日常习惯、自然语言和数学表达式，便于理解、掌握和记忆，同时具有严格的语法规则和逻辑关系，可方便地表示数据的运算和程序的控制结构，能更好地描述各种算法，而且容易学习掌握。目前流行的高级语言有 Java、C、C++、C#、Python 等。

（4）语言处理程序。用汇编语言和高级语言编写的源程序，计算机不能识别和执行，必须经过一个翻译过程才能转换为计算机所能理解和识别的机器语言程序，实现这个翻译过程的工具就是语言处理程序。汇编语言和每一种高级语言都有各自的语言处理程序，包括汇编程序、解释程序和编译程序。

① 汇编程序。汇编程序的作用是将用汇编语言编写的源程序翻译成等价的机器语言程序（也称为目标程序），如图 2.1-3 所示。

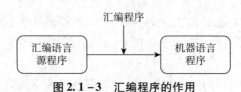

图 2.1-3　汇编程序的作用

② 高级语言翻译程序。高级语言翻译程序是将用高级语言编写的源程序翻译成目标程序的工具。翻译程序有两种工作方式：解释方式和编译方式，相应的翻译工具也分别称为解释程序和编译程序。

第一，解释方式。解释方式是调用解释程序，对高级语言编写的源程序进行逐句分析，若没有错误，则将该语句翻译成一个或多个机器语言指令，然后立即执行这些指令；若在解释时发现错误，则会终止程序运行，并报告错误信息，提醒用户更正代码，其工作过程如图 2.1-4 所示。

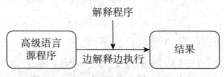

图 2.1-4　解释程序的工作过程

这种边解释边执行的方式，适合人—机对话，有利于初学者学习，便于查找和修改错误的语句行。但采用这种工作方式，每次运行都需要重新解释，对于大型程序而言，若错误发生在程序后面，则前面运行的结果也是无效的；

且解释程序只看到一条语句，无法对整个程序进行优化，因而执行速度慢。
BASIC、LISP 等语言采用解释方式。

第二，编译方式。编译方式是调用编译程序，对高级语言编写的源程序进行编译，得到用机器语言描述的目标程序（.obj），然后再调用连接程序，将其与系统提供的标准子程序连接，生成完整的可执行程序（.exe）。可执行程序可以脱离编译程序和源程序独立存在并反复使用。编译方式执行速度快，但每次修改源程序都要重新编译生成目标程序。一般高级语言（如 C、C++）都采用编译方式，编译方式的工作过程如图 2.1 - 5 所示。

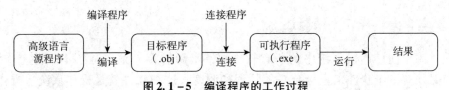

图 2.1 - 5　编译程序的工作过程

3. 系统服务程序

系统服务程序主要是指一些为计算机系统提供服务的工具软件和支撑软件，如计算机监控、检测程序，连接装配程序，调试程序，系统诊断程序，系统管理员使用的分析、配置、优化程序和计算机的工具软件等。

实际上，在 Windows 和其他操作系统中，也有附加的实用工具程序，成为操作系统功能的延伸。

4. 数据库管理系统

数据是数字、字符、图形图像、音视频的统称，数据库是指为了满足用户对信息处理的要求，按一定的组织结构存储于存储介质上的数据的集合。数据库管理系统是处理所有用户对数据库存取请求的软件系统，是在操作系统之上运行的系统软件，具有建立、编辑、维护、访问数据库的功能，并为数据的独立、完整、安全提供保障。

数据库技术是当今计算机科学技术发展迅速的分支，常用的大型数据库管理系统包括 Oracle、Sybase、SQL Server、MySQL 等。

5. 网络管理系统

网络管理系统就是对计算机网络进行设置、调整、监测，使网络能够正常、高效地运行，使各种资源得到更加有效的利用，并及时报告和处理网络故障，保障网络的畅通无阻和安全使用的系统软件。

2. 1. 2. 2　应用软件

所谓应用软件，是在计算机硬件和系统软件的支持下，为解决各类专业和实际问题，使用计算机语言编制开发的软件。应用软件直接面向用户需要，可以帮助用户提高工作质量和效率。

应用软件涉及的领域繁多，种类十分丰富，如办公软件、财务软件、数据处理与分析软件、辅助设计软件、工程预算软件、辅助教学软件等，丰富且实用的应用软件满足了各类人员的需要。

2.2　操作系统及其使用

2.2.1　操作系统概述

为了使计算机系统中的所有软、硬件资源协调一致、有条不紊地工作，就必须有一个软件来进行统一的管理和调度，这种软件就是操作系统。操作系统的出现是计算机软件发展史上的一个重大转折。

操作系统（Operating System，OS）是一组有效地控制、管理和分配计算机系统的软、硬件资源，合理地组织计算机的工作流程，为用户提供友好界面和其他软件运行环境的程序的集合。操作系统是位于计算机硬件上的第一层软件，是计算机硬件与应用软件之间的接口，也是用户与计算机硬件之间的接口。操作系统不仅为其他软件提供了运行基础，还为编译程序和数据库管理系统等系统程序的设计者提供了有力的支持。计算机系统的软、硬件资源都是在操作系统的管理、控制和调度下工作的。只有安装了操作系统，才能提高计算机系统的资源利用率和工作效率。操作系统在计算机系统中占据着极其重要的地位，它是系统软件中最基本、最核心的软件，也是现代计算机系统中不可缺少的部分。

操作系统与计算机软、硬件的关系如图 2.2 - 1 所示。

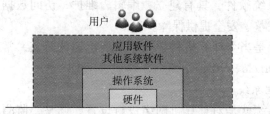

图 2.2 - 1　操作系统与计算机软、硬件关系示意图

2.2.1.1　操作系统的作用

操作系统是系统软件的核心。一台计算机性能的好坏，除其硬件配置外，在很大程度上取决于它所采用的操作系统。

1. 控制和管理系统资源，使之得到合理的应用

计算机系统拥有极其丰富的硬件与软件资源，操作系统既可帮助用户管理好计算机资源，又可以根据用户的需求，合理而有效地组织管理这些资源，以最大限度地发挥它们的作用，充分实现计算机系统的各种功能，提高系统的工作效率。

2. 提供用户和系统之间的软件接口，使用户能够通过操作系统方便地使用和管理计算机

操作系统的引入为用户使用计算机提供了一个良好的工作环境。在操作系统的协助下，用户能够方便灵活、安全可靠、经济有效地使用计算机解决实际问题。有了操作系统，用户不需要过多地了解计算机软件和硬件的细节，就可以发挥它们的功能，大大简化了使用程序。

3. 为用户提供软件开发和运行的环境

软件的开发与运行离不开操作系统。程序的输入与输出要使用操作系统管理的输入/输出设备，程序的编辑与编译需要有操作系统支持的编辑与编译程序，程序的保存需要采用易于操作系统管理的文件形式，程序的运行需要使用操作系统管理下的相关资源。

有了操作系统，用户无需知道计算机的内部原理是用二进制计数以及内部数据如何存放等问题；在编写程序时也不必考虑如何分配内存空间，不必为使用输入/输出设备而编制复杂的输入/输出程序。人们在使用计算机时，只需发出简单的命令，整个计算机系统就会在操作系统的控制和指挥下，自动、协调和高效地工作。

2.2.1.2 操作系统的功能

操作系统是计算机系统中的核心软件，从资源管理的角度看，提供了处理器管理、作业管理、文件管理、设备管理和存储管理五种功能，如图 2.2－2 所示。

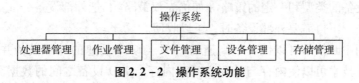

图 2.2－2 操作系统功能

1. 处理器管理

处理器是计算机系统的核心部件，是十分重要的硬件资源。处理器管理是操作系统资源管理中的一个重要功能，主要负责调度、管理和分配 CPU 并控制程序的执行。

运行速度快是 CPU 的显著特点，但在同一时刻，CPU 只能处理一个作业的程序。为了增强系统的处理能力，提高 CPU 的利用率，操作系统采用了多

道程序技术。操作系统可以根据实际情况把一个程序动态地分解为若干个进程，合理地分配和控制各个作业的进程使用 CPU 的时间，使之轮换占有 CPU，宏观上看，各个作业是在同时使用 CPU。

进程就是程序的一次执行，是一个活动的实体，是操作系统进行资源调度和分配的独立单位。无论是常驻程序还是应用程序，都以进程为标准运行单位。所以，对处理器的管理，可以归结为是对进程的管理。

通过进程管理协调多道程序之间的关系，解决对处理器实施分配调度策略、进行分配和进行回收等问题，以使 CPU 资源得到最充分的利用。

2. 作业管理

通常，一个用户程序是完成一定功能的、有一定独立性的程序段的有序集合，用户程序及其所需的数据和命令形成一个作业。作业管理是对用户提交的诸多作业进行管理，包括作业的组织、控制、和调度等，以尽可能高效地利用整个系统的资源。

3. 文件管理

文件是指一组相关联元素的有序序列。系统将程序和数据以文件的形式存储在外存储器上供用户使用，需要时再把它们装入内存。文件管理的任务是对系统中的各种软件资源进行管理，包括：文件结构和文件目录的管理，文件存储空间的分配与管理，文件的共享，存取控制与可靠性的实现，使用户能够方便、安全地访问文件。

4. 设备管理

计算机系统配置的外部设备种类繁多，设备操作性能也各不相同。设备管理的任务是统一分配与管理外部设备，为多个用户服务。

在多道程序运行时，可能发生几道程序对外部设备的争夺。操作系统按照外部设备的类型和一定的策略（如优先权策略），把外部设备分配给某个作业，当作业不再需要外部设备时，予以收回。

采用中断技术可以使一个高速的 CPU 与多个低速的外部设备并行工作；采用缓冲技术可以使内存与外存之间、内存与 I/O 设备之间的数据交换在内存中开辟的缓冲区进行，从而解决硬件设备速度不匹配的问题。

5. 存储管理

存储管理的目的是合理、有效地使用内存资源。操作系统动态监控内存空间的使用情况，当某个程序执行结束后，自动将它占用的内存单元收回，以便其他程序使用。通过存储分配可以使多个程序或多个进程共享内存资源；通过存储保护可使多个程序各自使用分配给自己的内存空间而不互相干扰；

通过存储扩展可以将外存作为内存扩充的虚拟存储器进行管理，克服运行大程序或多个进程并发时引起的内存不足的问题。

2.2.1.3　操作系统的分类

1. 分类方法

操作系统有多种分类方法，包括：

（1）按工作方式分，有批处理操作系统、实时操作系统和分时操作系统。

（2）按管理用户数量分，有单用户操作系统和多用户操作系统。

（3）按同时管理的任务数分，有单任务操作系统与多任务操作系统。

（4）按人机交互界面分，有字符命令界面操作系统和视窗图形界面操作系统。

（5）按使用范围来分，可分为个人计算机操作系统和网络操作系统。

2. 典型操作系统

（1）批处理操作系统。批处理操作系统以作业为处理对象，连续处理在计算机系统中运行的作业流，具有成批性、无交互性的特点。在批处理系统中，用户将程序、数据以及运行该作业的操作组成的作业一批批地提交系统，此后不再与作业进行交互，直到作业运行完毕。然后根据输出结果分析作业运行情况，确定是否需要进行修改并再次运行。批处理有单道批处理和多道批处理之分，批处理操作系统是一种早期的大型机所用的操作系统。

（2）实时操作系统。实时操作系统能够及时响应外部事件的请求，在规定时间内完成事件的处理任务。根据具体应用领域的不同，又可将实时操作系统分成两类：实时控制系统（如导弹发射系统、飞机自动导航系统）和实时信息处理系统（如机票订购系统、联机检索系统）。实时操作系统具有及时性和可靠性的特点。

（3）分时操作系统。分时操作系统是指一台计算机连接多个终端，将CPU 的时间划分成很短的时间片，按时间片轮流接收和处理各个用户从终端发出的请求。若某个用户的请求处理时间较长，分配的一个时间片不够使用，只能暂时停止，等待下一轮再继续运行。由于计算机速度很快，使得每个用户感觉不到别人也在使用这台计算机，就像自己单独占有计算机系统一样。分时操作系统具有多路性、交互性、独占性和及时性等特点。

（4）个人计算机操作系统。个人计算机操作系统是一种运行在个人计算机上的操作系统，提供对单机软、硬件资源的管理。早期的个人计算机使用CP/M 系统，20 世纪 80 年代初开始使用 DOS，随着多媒体技术的广泛应用和个人计算机硬件系统的迅速发展，Windows、Mac OS 得到了广泛的应用，二者均采用图形界面，方便用户使用。

（5）网络操作系统。网络操作系统是服务于计算机网络的系统软件，它除了具有基本操作系统所具有的管理功能和服务功能以外，还具有网络管理和服务功能，能够按照网络体系结构的各种协议实现网络的通信、资源共享、网络管理和安全管理。

2.2.1.4　典型操作系统简介

1. MS – DOS

MS – DOS 是 1981 年 Microsoft 公司开发的磁盘操作系统（Disk Operating System），曾被广泛地应用于微机中，是一个典型的单用户、单任务操作系统。DOS 采用字符界面，其中的命令一般都是英文单词或缩写，给普通用户使用计算机带来了一定的困难。20 世纪 90 年代后期，DOS 被 Windows 取代。

2. Windows

Windows 是由微软公司开发的基于图形用户界面（Graphics User Interface，GUI）的视窗操作系统，主要用于微机中，用户可通过窗口的形式来使用计算机，是使用十分广泛的操作系统，目前主要有 Win XP、Win 7、Win 8、Win 10 等版本。

Windows 兼容 DOS，以 Windows 10 为例，在任务栏的搜索框中输入命令"cmd"或"command"，如图 2.2 – 3 所示，选择"命令提示符"命令，可以打开"命令提示符"窗口，进入 MS – DOS 界面。

在"命令提示符"窗口中，仍可启动一些基于 DOS 操作系统运行的实用程序，例如：输入"ping"命令，可以测试本机与网络上的计算机的通信情况，如图 2.2 – 4 所示；输入"ipconfig"命令，可以快速获得本机的 IP 地址的配置情况。

图 2.2 – 3　"运行"对话框

图 2.2 – 4 MS – DOS 界面

3. Unix

Unix 系统 1969 诞生于美国电话电报公司（AT&T）的贝尔实验室，是一个多任务、多用户的分时系统。1973 年，研究人员用 C 语言重写 Unix，使其具有更好的易读性和可移植性，Unix 因此很快受到关注，并迅速得到普及和发展。Unix 系统可以同时运行多个进程，并且支持用户之间的数据共享。Unix 提供了功能完备、使用灵活、可编程的命令语言 Shell，并提供了许多程序包，网络通信功能强，可移植性好。

4. Linux

Linux 是开放源代码的，可以免费使用和自由传播的操作系统，最初由芬兰赫尔辛基大学的学生 Linus Torvalds 在 1991 年开发。Linux 基于 Unix 发展而来，与 Unix 兼容，能够运行大多数 Unix 工具软件、应用程序和网络协议。Linux 继承了 Unix 以网络为核心的设计思想，是一个性能稳定的多用户网络操作系统。同时，它还支持多任务、多进程和多 CPU。随着 Linux 用户基础的不断扩大、性能的不断提高、功能的不断增加，各种平台版本不断涌现，如 Red Hat Linux、Turbo Linux、红旗 Linux、蓝点 Linux 等，Linux 已进入越来越多的企业和领域。

5. Mac OS

Mac OS 是 Apple 公司为其 Macintosh 计算机设计的操作系统，也是最早的 GUI 操作系统，具有很强的图形处理能力，在出版、印刷、影视、教育等领域都有着广泛的应用，其被公认为微机或图形工作站等机器上性能和功能最好的操作系统之一。

2.2.2 Windows **10** 概述

2.2.2.1 Windows 10 的新功能

2014 年发布的 Windows 10 操作系统，覆盖了包括笔记本、台式机、平板和手机在内的所有平台，结合了 Windows 7 和 Windows 8 操作系统的优点，界面友好，使用方便，功能强大，更符合用户的操作体验。本书以家庭版为例，介绍 Windows 10 的基本应用。

1. 回归的"开始"菜单

由于 Windows 8 系统取消了用户熟悉的"开始"菜单，使得很多用户放弃从 Windows 7 升级到 Windows 8。在 Windows 10 中，微软公司恢复了用户熟悉的"开始"菜单显示方式，同时又保留了动态磁贴面板，Windows 10 可看作 Windows 7 与 Windows 8 的结合体，在启动和切换应用程序的体验上更加方便，如图 2.2 – 5 所示。

图 2.2 – 5　Windows 10 "开始" 菜单

2. 虚拟桌面

每个虚拟桌面可以被看成是一个独立的工作空间。Windows 10 允许用户创建多个虚拟桌面，在不同的虚拟桌面上执行不同的任务，且互不影响，并可任意切换。例如：创建工作桌面，运行办公所需的软件；创建通讯桌面，打开有关社交通讯软件；创建生活桌面，运行日历、天气、娱乐等软件，用户使用计算机更加有条理，如图 2.2－6 所示。

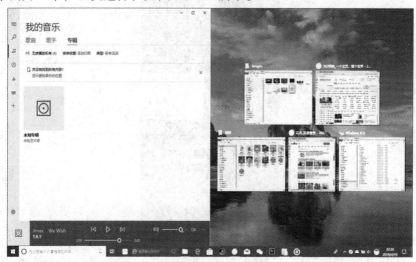

图 2.2－6 虚拟桌面

单击任务栏上的"任务视图"按钮▤，可以创建新的桌面及在不同桌面间切换。

3. 智能分屏

在 Windows 10 中，拖动程序窗口的标题栏到桌面左右边缘处，此时窗口会出现气泡并自动调整，占据桌面一半，其他程序会自动变成小窗口，显示在桌面另一半，以供选择，如图 2.2－7 所示。

图 2.2－7 智能分屏

此外，Windows 10 还可以实现 1/4 分屏。单击选择任一窗口，按 Win + 左右方向键，实现 1/2 分屏；在此基础上，按 Win + 上下方向键，实现 1/4 分屏。

4. 通知中心

Windows 10 增加了"通知中心"功能，应用消息的快速推送、系统升级的安全提示、常用功能的启动开关、更新内容等都被集中到"通知中心"里，操作方便、快捷。

单击任务栏右侧的"新通知"按钮 （没有新通知时显示为 ），打开通知面板，上方显示来自不同应用的通知信息，下方显示应用设置的快捷方式，如图 2.2－8 所示。

5. 内置 Microsoft Edge 浏览器

Windows 10 内置一款全新的浏览器 Microsoft Edge，如图 2.2－9 所示，比 IE 浏览器更精简、流畅。Edge 浏览器增加了语言识别功能和笔记功能，用户体验更好。同时，Windows 10 也保留了 IE 浏览器，以提供对旧版本的兼容支持。单击 Edge 浏览器右上方的 … 按钮，在下拉菜单中执行"更多工具"→"使用 Internet Explorer 打开"命令，即可打开 IE 浏览器进行操作。

图 2.2－8 通知中心

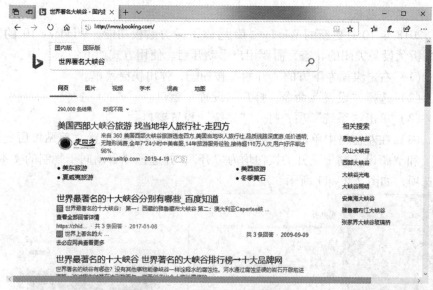

图 2.2 – 9　Microsoft Edge 浏览器

6. 全新的 Cortana 和搜索体验

微软深度整合了搜索和 Cortana（微软"小娜"）语音助理功能，用户可以通过 Cortana 看照片、播放音乐、发邮件、搜索文档等；同样，在搜索功能中也集成了某些数字助手的功能，搜索时可以使用 Windows 10 操作系统的智能助理，如图 2.2 – 10 所示。

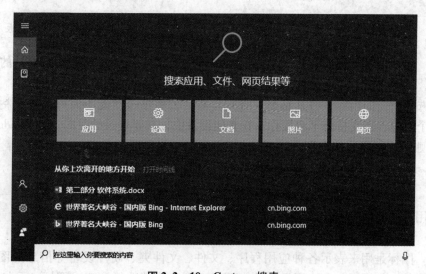

图 2.2 – 10　Cortana 搜索

7. 云剪贴板

2018 年 10 月更新的 Windows 10 增添了云剪贴板功能。Windows 10 的云剪贴板预设是关闭的状态，需要用户手动开启。使用方式如下：

（1）右击桌面左下方的"开始"按钮⊞，弹出快捷菜单。

（2）选择"设置"命令，打开"设置"窗口。

（3）单击"系统"项，打开"系统"设置窗口。

（4）在左窗格中单击"剪贴板"选项，在右窗格中设置"剪贴板历史记录"和"跨设备同步"开关按钮均为"开"，并选择"自动同步复制的文本"单选项，如图 2.2 - 11 所示。

图 2.2 - 11　设置云剪贴板属性

2.2 - 12　Windows 10 云剪贴板

此后，Windows 10 将自动储存复制过的图文资料。若要粘贴已复制的内容，可同时按下组合键 Win + V，即可打开云剪贴板，如图 2.2 - 12 所示，单击选择所需的内容，将其粘贴在指定位置。云剪贴板功能不但可以复制粘贴多个内容，还支持跨平台操作。在其他设备中，只要登录的是同一个 Windows 10 账号，在联网状态下，就可以在其他设备中粘贴云剪贴板中的共享内容。

2.2.2.2　Windows 10 桌面

Windows 10 的桌面（Desktop）是操作系统启动成功的开始界面，是一切应用操作的出发点，如图 2.2 - 13 所示。

1. 图标

图标是用来表示各种应用程序、文件、文件夹、硬件设备等信息的图形标识符，如图 2.2 - 14 所示。单击图标，可以将其选择；双击图标，可打开

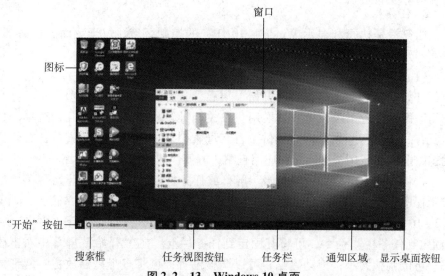

图 2.2 – 13 Windows 10 桌面

相应的文件（夹）或运行应用程序；右击图标，可打开快捷菜单；拖动图标，可调整其位置。

图 2.2 – 14 图标

在桌面的空白位置单击鼠标右键，弹出快捷菜单，执行"排序方式"命令，可以将图标按指定方式进行排列，如图 2.2 – 15 所示。

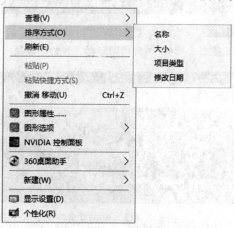

图 2.2 – 15 排列图标

2. 任务栏

任务栏是执行和显示 Windows 10 任务的控制区域，位于桌面的最底部，包括"开始"按钮、搜索框、程序区域、通知区域。

（1）"开始"按钮。"开始"按钮是 Windows 10 应用程序的主要入口，单击"开始"按钮，可以打开"开始"屏幕，选择其中的应用选项，可以打开应用程序、进行系统设置、切换用户及关闭计算机等。左侧为开始菜单，显示所有的应用程序列表，并提供了首字母索引功能，方便快速查找；右侧为动态磁贴面板，用于固定常用应用磁贴，方便快速打开。

①将应用程序固定到"开始"屏幕或任务栏。右击左侧"开始"菜单的应用程序名称，在弹出的快捷菜单中执行"固定到'开始'屏幕"命令，如图 2.2-16 所示，应用磁贴将出现在右侧动态磁贴面板区；若是执行"更多"→"固定到任务栏"命令，可将其固定到任务栏上。在"开始"屏幕中右击磁贴，可以调整大小；拖动磁贴，可以调整位置；可将多个磁贴放在一起形成组，并为其命名，如图 2.2-17 所示；若不再固定于"开始"屏幕，可右击磁贴，在弹出的快捷菜单中执行"从'开始'屏幕取消固定"命令。

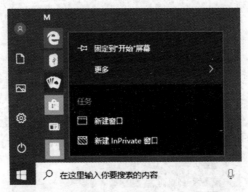

图 2.2-16　将应用固定到"开始"屏幕

图 2.2-17　磁贴文件夹

②设置个性化"开始"菜单。用户可以根据需要设置在"开始"菜单显示的内容，包括下载、音乐、图片、视频等。基本步骤如下：

● 右击"开始"按钮，在弹出的快捷菜单中选择"设置"命令，打开"设置"窗口。

● 单击"个性化"项，打开"个性化"设置窗口。

● 单击"开始"项，打开"开始"设置窗口。

● 设置在"开始"菜单上显示的磁贴。

● 单击"选择哪些文件夹显示在'开始'菜单上"按钮，打开新窗口，可设置在"开始"菜单显示的内容，如图 2.2 – 18 所示。

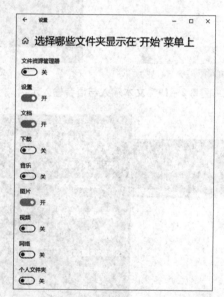

图 2.2 – 18　在"开始"菜单显示的内容

（2）搜索框。Windows 10 的搜索框能够帮助用户搜索需要的对象。在搜索框中，可以输入文本，查找感兴趣的内容，也可以点击旁边的麦克图标，使用 Cortana 进行语音输入，且查找范围不再局限于本机，可以直接将其外延至互联网，如图 2.2 – 19 所示。

右击任务栏的空白位置，在弹出的快捷菜单中执行"Cortana"命令，可以设置"显示 Cortana 图标"或将其隐藏，如图 2.2 – 20 所示。

文本输入   语音输入

图 2.2 – 19   文本输入与语音输入示例

图 2.2 – 20   设置 Cortana

（3）程序区域。程序区域用于记录在 Windows 10 环境中所打开的应用程序，每个应用程序对应一个按钮。单击任务栏上的一个按钮，可启动一个程序或切换到不同任务。右击程序按钮，可关闭程序窗口或"从任务栏取消固定"。

（4）通知区域。通知区域为计算机系统的某些程序和状态提供快速操作和图形按钮。右击任务栏的空白位置，在弹出的快捷菜单中执行"任务栏设置"命令，打开"任务栏"设置窗口，单击"选择哪些图表显示在任务栏上"按钮，可以设置任务图标是否在任务栏上显示，如图 2.2 - 21 所示。

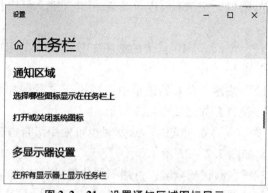

图 2.2 - 21　设置通知区域图标显示

3. 窗口

窗口是 Windows 10 用于展现应用程序、实施应用操作的矩形区域。每运行一个应用程序，就会在桌面上打开一个窗口。窗口可以打开，也可以关闭，还可以移动和改变其大小尺寸。

Windows 10 可以同时运行多个应用程序，也可以同时打开多个窗口。正在使用的窗口称为当前窗口，对应的程序称为前台应用程序，当前窗口只有一个。

切换窗口可以采用不同的方式，包括：

（1）标题栏切换。对于多个已打开的可见窗口，单击需要使用的窗口的标题栏，将其切换为当前窗口。

（2）任务栏切换。单击任务栏已打开窗口的程序按钮，则该窗口被激活并还原为原来的大小，成为当前窗口。

（3）组合键 Alt + Tab 切换。按下组合键 Alt + Tab，将显示窗口缩略图。按住 Alt 键不放，然后按 Tab 键，可在不同窗口间切换。

（4）组合键 Win + Tab 切换。按下组合键 Win + Tab，或单击"任务视图"按钮，显示当前桌面中所有窗口的缩略图。在需要使用的窗口上单击。

4. 复制桌面对象

在 Windows 10 中，可以将桌面的全部或部分内容复制到剪贴板，以便粘贴到其他文档中加以应用。

剪贴板是 Windows 10 实现信息传送和信息共享的工具，是内存中一块用于存放临时信息的区域，复制、剪切和粘贴操作等都是通过剪贴板来实现的。复制操作是把当前对象拷贝到剪贴板；剪切操作是把当前对象移动到剪贴板；

粘贴操作是把剪贴板的内容拷贝到当前位置。

（1）复制桌面。按 Print Screen 键，可以将整个桌面复制到剪贴板。

（2）复制当前窗口。按 Alt + Print Screen 组合键，可以将当前窗口复制到剪贴板。

（3）截图工具。Windows 10 自带的截图工具可以帮助用户截取桌面上任意对象，基本步骤如下：

①单击"开始"按钮，在开始菜单中选择执行"截图和草图"命令，打开"截图和草图"窗口，如图 2.2 – 22 所示。

②执行"新建"→"立即截图"命令（也可使用组合键 Win + Shift + S），打开截图工具栏，如图 2.2 – 23 所示。

③截取矩形、任意形状或全屏，可用不同的笔进行标注。

④在"截图和草图"窗口中单击"另存为"按钮 将其保存，或粘贴到其他文档，也可单击"共享"按钮 ，共享给其他用户应用。

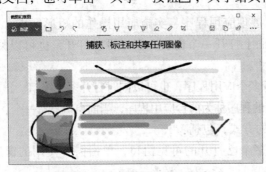

图 2.2 – 22　"截图和草图"窗口

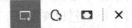

图 2.2 – 23　截图工具栏

5. 长网页截图

在 Windows 10 自带的 Edge 浏览器中，能够将网页进行长截图，基本步骤如下：

（1）启动 Edge，打开要截取的网页。

（2）单击右上方的"添加备注"按钮 ，进入编辑页面。

（3）单击右上方的"剪辑"按钮 ，拖动鼠标截取需要复制的区域，如图 2.2 – 24 所示。当鼠标移至窗口下边沿时，窗口内容自动向上滚动，直到选择完毕，释放鼠标，Edge 将已选取区域复制到剪贴板中。

图 2.2 – 24　长网页截图

2.2.3　文件管理

2.2.3.1　文件与文件夹

　　文件是 Windows 10 存取信息的基本单位，是一组按一定的格式存储在计算机外存储器中的相关信息的集合。一个程序、一幅图像、一篇文章、一份通知等都可以是文件的内容。文件夹是有效管理文件的方式，文件夹中既可以存放文件，也可以存放下级子文件夹。

　　系统按树型结构组织文件和文件夹。对每张磁盘而言，可以看作一棵倒挂的树，顶级为树根，用户可在根下建立子文件夹或文件。

　　1. 命名

　　文件全名由文件名与扩展名组成，中间用符号 "." 分隔，一般文件名的格式为："文件（主）名 . 扩展名"，例如："简历 . docx" "成绩表 . xlsx" "演讲稿 . pptx" 等。其中，文件（主）名用于区分不同的文件，扩展名用于表示不同的类型。通常文件命名遵守以下规则：

　　（1）文件名称长度最多可达 256 个字符。

　　（2）文件名中不能包含 \ ／ " " ？ ＊ ＜ ＞ ： | 等字符。

　　（3）文件名不区分大小写字符。

　　（4）同一文件夹内不能有同名的文件或文件夹。

　　（5）文件夹与文件的命名规则相同，但文件夹一般不使用扩展名。

2. 属性

属性表示文件或文件夹的基本信息和操作性质。属性包括：文件或文件夹的位置、类型、大小、创建时间，文件的打开方式，文件的修改和访问时间，等等。

用户可以将文件或文件夹设置为只读属性或隐藏属性。具有只读属性的文件不可修改，但能够显示、复制、运行。隐藏属性表示该文件或文件夹是否在文件目录列表中隐藏。

2.2.3.2 文件资源管理器

文件资源管理器是管理计算机资源的应用程序，用户可以通过文件资源管理器来管理文件和文件夹。

1. 打开文件资源管理器

打开文件资源管理器，常用以下几种方式：

（1）单击任务栏上的"文件资源管理器"图标![icon]，打开文件资源管理器窗口，如图2.2-25所示。

（2）双击桌面上"此电脑"图标，打开文件资源管理器窗口。

（3）右击"开始"按钮，在弹出的快捷菜单中选择执行"文件资源管理器"命令，打开文件资源管理器窗口。

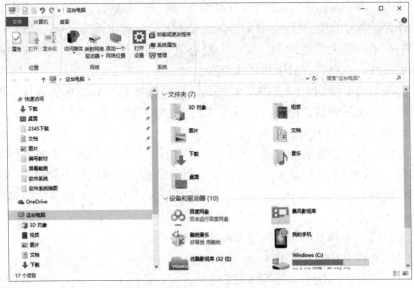

图2.2-25　文件资源管理器窗口

文件资源管理器默认打开快速访问下的常用文件夹，方便用户选择使用。窗口默认分为左、右两个窗格。左边为导航窗格，以树型结构形式显示文件夹结构组成；右窗格为内容窗格，显示已选盘符或文件夹中包含的子文件夹和文件。在导航窗格中，若文件夹左边有 ❯ 按钮，表示该文件夹中还有下级子文件夹，单击该按钮可以展开；若文件夹左边显示 ❯ 按钮，表示该文件夹的下级子文件夹已展开，单击该按钮可以折叠。

2. 设置文件资源管理器中文件或文件夹的显示方式

设置文件资源管理器中文件或文件夹的显示方式，可以采用不同的方式。

（1）使用文件资源管理器中的"查看"选项卡，可以设置文件或文件夹在文件资源管理器中以不同的方式显示，如图 2.2 – 26 所示。

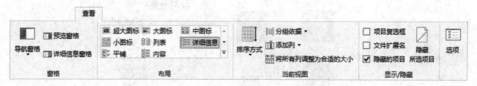

图 2.2 – 26　文件资源管理器的"查看"选项卡

①单击"窗格"组中的"预览窗格"按钮，将以预览的方式显示文件或文件夹，如图 2.2 – 27 所示。

②单击"窗格"组中的"详细信息窗格"按钮，将以详细信息的方式显示文件或文件夹，如图 2.2 – 28 所示。

图 2.2 – 27　以预览方式显示文件

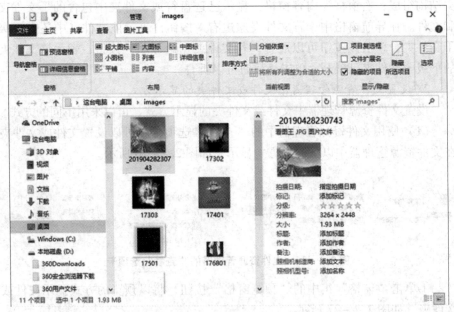

图 2.2 - 28　以详细信息的方式显示文件

③使用"布局"组，可以不同大小图标、内容、列表、详细信息等方式显示文件或文件夹。

④单击"当前视图"组中的"排序方式"下拉箭头，可在弹出的下拉列表中选择文件或文件夹的排序方式，方便查找。

⑤使用"显示/隐藏"组，可以显示文件的扩展名、将文件或文件夹设置为隐藏属性。

（2）使用文件资源管理器窗口右下角的两个按钮 ▦ ▤ ，可以详细信息或大图标方式显示文件或文件夹。

（3）在文件资源管理器内容窗格的空白位置右击，弹出快捷菜单，可以选择执行"查看"或"排序方式"命令，选择需要的方式。

2.2.3.3　管理文件和文件夹

1. 创建文件和文件夹

（1）创建文件夹。打开文件资源管理器，在导航窗格中选择盘符或要创建子文件夹的文件夹，之后可以采用以下方式：

①在"主页"选项卡的"新建"组中，单击"新建文件夹"按钮，如图2.2 - 29 所示，输入文件夹名，创建新的文件夹。

图 2.2 - 29　"新建文件夹"按钮

②在内容窗格的空白位置右击，弹出快捷菜单，执行"新建"→"文件夹"命令，如图 2.2 - 30 所示，在文本框中输入文件夹名称。

图 2.2 - 30　"新建文件夹"快捷菜单

（2）创建文件。创建文件的方法与创建文件夹方法相似：打开文件资源管理器，在导航窗格中选择盘符或文件夹，单击"主页"选项卡"新建"组中的"新建项目"下拉箭头，在下拉列表中选择需要建立的文件类型；或者在内容窗格的空白位置右击，弹出快捷菜单，执行"新建"文件命令，如"新建"→"Microsoft Word 文档"，在文本框中输入文件名称。

2. 选择文件和文件夹

有时，需要选择一个或多个文件或文件夹作为操作对象，可在内容窗格中采用不同的方式：

（1）选择一个文件或文件夹：单击需要选择的文件或文件夹。

（2）连续选择多个文件或文件夹有两种方法：可以单击第一个需要选择的文件或文件夹，再按住 Shift 键，单击最后一个需要选择的文件或文件夹，则两次单击所包含的相邻文件或文件夹被选中；也可以使用鼠标拖动选择多个连续的文件或文件夹。

（3）选择多个不相邻的文件或文件夹：按住 Ctrl 键，依次单击需要选择的文件或文件夹。

（4）选择当前文件夹中所有文件夹和文件：在"主页"选项卡的"选择"组中，单击"全部选择"按钮，或者使用组合键 Ctrl + A。

（5）选择已选对象之外的文件或文件夹：先选择少数文件或文件夹，然后，在"主页"选项卡的"选择"组中，单击"反向选择"按钮。

3. 复制文件或文件夹

复制文件或文件夹，可采用以下步骤：

（1）选择要复制的文件或文件夹。

（2）右击打开快捷菜单，选择"复制"命令，或者按 Ctrl + C 组合键；也可在"主页"选项卡的"剪贴板"组中，单击"复制"按钮，将其复制到剪贴板（或单击"复制到"下拉箭头，在下拉列表中选择复制的目标位置）。

（3）打开目标文件夹。

（4）右击内容窗格的空白区域，弹出快捷菜单，单击"粘贴"命令，或者按 Ctrl + V 组合键；也可在"主页"选项卡的"剪贴板"组中，单击"粘贴"按钮。

此外，按住 Ctrl 键，拖动已选择的文件或文件夹到目标位置，也可实现复制。

4. 移动文件或文件夹

移动文件或文件夹的方式与复制相似，可采用以下步骤：

（1）选择要移动的文件或文件夹。

（2）右键打开快捷菜单，选择"剪切"命令，或者按 Ctrl + X 组合键；也可在"主页"选项卡的"剪贴板"组中，单击"剪切"按钮，将其剪切到剪贴板（或单击"移动到"下拉箭头，在下拉列表中选择移动的目标位置）。

（3）打开目标文件夹。

（4）右击内容窗格的空白区域，弹出快捷菜单，单击"粘贴"命令，或者按 Ctrl + V 组合键；也可在"主页"选项卡的"剪贴板"组中，单击"粘贴"按钮。

此外，按住 Shift 键，拖动已选择的文件或文件夹到目标位置，也可实现移动。

5. 删除文件和文件夹

删除文件和文件夹的方法有以下几种：

（1）选择要删除的文件或文件夹，右击打开快捷菜单，单击"删除"命令。

（2）选择要删除的义件或文件夹，按键盘上的 Del 键。

（3）选择要删除的文件或文件夹，单击"主页"选项卡的"组织"组中，单击"删除"按钮。

（4）选择要删除的文件或文件夹，将其拖动到"回收站"。默认情况下，文件资源管理器的导航窗格不显示"回收站"文件夹，可在"查看"选项卡的"窗格"组中，单击"导航窗格"下拉箭头，在下拉列表中选择"显示所有文件夹"命令，即可显示。

删除硬盘上的文件或文件夹，只是将其移入"回收站"，并没有从磁盘删除，当用户需要时，可以从"回收站"恢复到原来位置。若要将文件或文件夹彻底删除，在执行删除操作时，需同时按住 Shift 键，或在"回收站"中删除，也可在"主页"选项卡的"组织"组中，单击"删除"下拉箭头，在下拉列表中执行"永久删除"命令。删除时，系统将打开"删除文件（夹）"对话框，提示用户是否用永久删除文件或文件夹，如图 2.2－31所示。

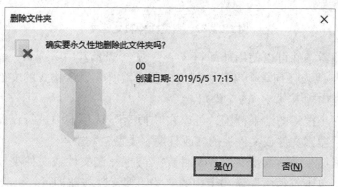

图 2.2－31　"删除文件夹"对话框

6. 搜索文件和文件夹

用户使用搜索功能，可以搜索需要的文件或文件夹。基本步骤如下：

（1）在文件资源管理器中选择要搜索的盘符或文件夹，以确定搜索目标范围，例如：D 盘。

（2）在窗口右上方的搜索文本框中输入搜索的关键字，例如："背景"，Windows 10 支持模糊查找，将在 D 盘搜索名称含有"背景"字符的文件或文件夹，并将搜索结果显示在内容窗格，如图 2.2－32 所示。

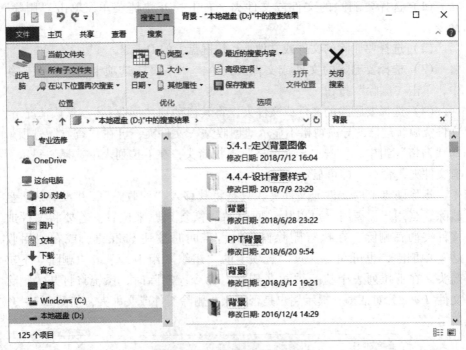

图 2.2 – 32　搜索文件和文件夹

设置搜索条件可以使用通配符"＊"与"?"，其中："＊"代表任意字符串，"?"代表任何单个字符。例如，要搜索所有 JPG 格式的文件，只需在搜索文本框中输入"＊.jpg"即可。

若要缩小搜索的结果范围，可以在"搜索"选项卡中进行设置，包括搜索的位置、搜索文件或文件夹的修改日期、类型、大小等。

在搜索结果中，双击文件或文件夹，可打开该文件或文件夹。若要关闭搜索结果，单击"搜索"选项卡中的"关闭搜索"按钮即可。

7. 查看和设置文件和文件夹属性

查看和设置文件和文件夹属性，常用以下方式：

（1）在文件资源管理器中选择文件或文件夹，在"主页"选项卡的"打开"组中，单击"属性"按钮，打开"属性"对话框，如图 2.2 – 33 所示，将显示文件或文件夹属性，也可设置文件或文件夹属性。

（2）右击选择的文件或文件夹，在弹出的快捷菜单中执行"属性"命令。

（3）选择文件或文件夹后，按组合键 Alt + Enter。

图 2.2 - 33　文件"属性"对话框　　　图 2.2 - 34　更改文件打开方式对话框

2.2.3.4　文件与应用程序间关联

文件与应用程序关联是将某种类型的文件与一个应用程序建立起一种依存关系，默认用该应用程序来打开。大部分应用程序在安装过程中，自动与某些类型文件建立关联。例如：扩展名为".docx"的文件，默认情况下自动与 Microsoft Word 应用程序关联，当用户双击扩展名为".docx"的文件时，系统会自动使用 Microsoft Word 打开它。

1. 使用"属性"对话框修改文件关联

使用"属性"对话框修改文件关联，基本步骤如下：

（1）右击需要修改关联的文件，在弹出的快捷菜单中选择执行"属性"命令，打开"属性"对话框，如图 2.2 - 33 所示。

（2）在"常规"选项卡中，单击"更改"按钮，弹出更改文件打开方式的对话框，如图 2.2 - 34 所示。

（3）在"其他选项"中选择新关联的应用程序，依次单击"确定"按钮。

2. 使用"设置"命令修改文件关联

使用"设置"命令修改文件关联，基本步骤如下：

（1）右击"开始"按钮，在弹出的快捷菜单中选择执行"设置"命令，打开"设置"窗口。

（2）单击选择"应用"项，打开"应用"设置窗口。

（3）在左窗格中选择"默认应用"，在右窗格中选择"按文件类型指定默认应用"，如图 2.2 - 35 所示，打开"按文件类型指定默认应用"窗口，左列显示文件类型，右列显示关联的应用程序；

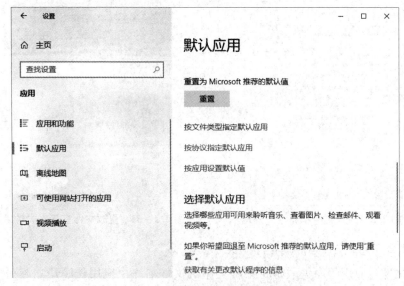

图 2.2 – 35　选择"按文件类型指定默认应用"

（4）在窗口左列找到需要更改关联的文件类型（如".mp3"），单击右列对应的应用程序（如"Windows Media Player"），打开可选择的应用程序列表，在列表中选择新关联的应用程序（如"Groove 音乐"），如图 2.2 – 36 所示。

图 2.2 – 36　设置新的关联

3. 使用"打开方式"修改关联

用户可使用"打开方式"临时修改文件关联，基本步骤如下：

（1）右击需要打开的文件，在快捷菜单中选择执行"打开方式"命令。

（2）在弹出的级联菜单中单击选择需要关联的应用程序，如图 2.2 - 37 所示为选择扩展名为". mp3"的文件的打开方式。

图 2.2 - 37　使用"打开方式"修改关联

2.2.4　程序管理

2.2.4.1　安装与卸载应用软件

在安装完操作系统后，用户首先需要考虑安装及管理应用软件，亦即应用程序。

1. 安装应用软件

应用软件除了通过自带的安装程序进行安装外，还可以在 Windows 10 提供的应用商店中获取软件安装包。基本操作步骤如下：

（1）单击"开始"按钮，在"开始"菜单中选择"Microsoft Store"命令，或单击任务栏上的"Microsoft Store"按钮，打开"Microsoft Store"窗口，如图 2.2 - 38 所示。

（2）选择需要的应用，或单击右上角的"搜索"按钮，在文本框中输入想要下载的软件（如"百度网盘"），单击搜索按钮，系统显示搜索结果，用户可选择安装。

图 2. 2 –38 "Microsoft Store" 窗口

2. 查看安装软件

应用软件安装完毕，用户可以在"开始"菜单中查找，并打开使用。

（1）查看所有软件列表。单击"开始"按钮，打开"开始"屏幕，在"开始"菜单中，系统按照软件名称首字母和数字顺序进行排列，如图 2. 2 – 39 所示，用户可以查看已安装软件列表。

图 2.2 –39 "开始"菜单中软件列表

图 2.2 –40 索引字母列表

（2）按软件名称首字母顺序查找。在"开始"菜单的列表中包含的软件数目较多，若用户知道软件名称首字母，可以利用首字母进行查找，以提高查找效率，基本操作步骤如下：

①在"开始"菜单的列表中单击任一索引字母，打开索引字母列表，如图2.2－40所示。

②单击首字母，如"M"，系统将自动在"开始"菜单中显示以M开头的软件列表。

3. 卸载软件

当安装的软件不再使用时，可将其卸载，以释放更多的空间来安装需要的软件。

（1）在"开始"屏幕中卸载软件。应用软件安装完成后，系统会自动将其添加进"开始"菜单列表。右击需要卸载的软件，在弹出的快捷菜单中执行"卸载"命令，即可将其卸载，如图2.2－41所示为卸载PDF阅读器。若应用软件已添加到动态磁贴面板，也可将其卸载。

图2.2－41　在"开始"屏幕中卸载软件

（2）在"应用和功能"窗口中卸载软件。在"应用和功能"窗口中卸载软件，可使用以下步骤：

①右击"开始"按钮，在弹出的快捷菜单中选择执行"应用和功能"命令，打开"应用和功能"窗口。

②选择要卸载的应用程序，单击"卸载"按钮，弹出提示对话框，如图2.2－42所示。

③单击"卸载"按钮，即可卸载该应用软件。

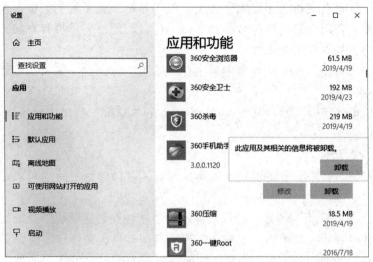

图 2.2 -42 在"应用和功能"窗口中卸载软件

（3）在"程序和功能"窗口中卸载软件。在"程序和功能"窗口中卸载软件，可使用以下步骤：

①单击"开始"按钮，打开"开始"屏幕。

②在"开始"菜单中单击"Windows 系统"下拉按钮。

③在下拉菜单中选择执行"控制面板"命令，打开"控制面板"窗口。

④单击"卸载程序"按钮，打开"程序和功能"窗口。

⑤选择要卸载的软件，单击"卸载/更改"按钮，如图 2.2 -43 所示；也可右击要卸载的软件，单击"卸载/更改"按钮。

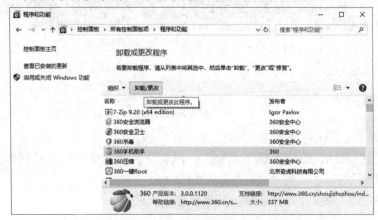

图 2.2 -43 在"程序和功能"窗口中卸载软件

2.2.4.2 建立快捷方式

快捷方式是 Windows 提供的一种快速启动程序、打开文件或文件夹的方法，它记录了目标文件的路径，运行的时候，实际上是打开路径所指向的文件或者文件夹。快捷方式可建立在桌面、"开始"菜单或磁盘中，有些快捷方式图标的左下角有一个小箭头。

1. 建立快捷方式

以在桌面上创建快捷方式为例，建立快捷方式可采用不同的方式。

（1）直接在桌面上创建快捷方式。直接在桌面上创建快捷方式，可采用以下步骤：

①右击桌面的空白位置，弹出快捷菜单。

②执行"新建"→"快捷方式"命令，如图 2.2 – 44 所示，打开"创建快捷方式"对话框，如图 2.2 – 45 所示。

图 2.2 – 44 创建快捷方式

图 2.2 – 45 "创建快捷方式"对话框

③单击"浏览"按钮，选择需要创建快捷方式的文件或文件夹。

④单击"下一步"按钮，输入该快捷方式的名称，如图 2.2 – 46 所示。

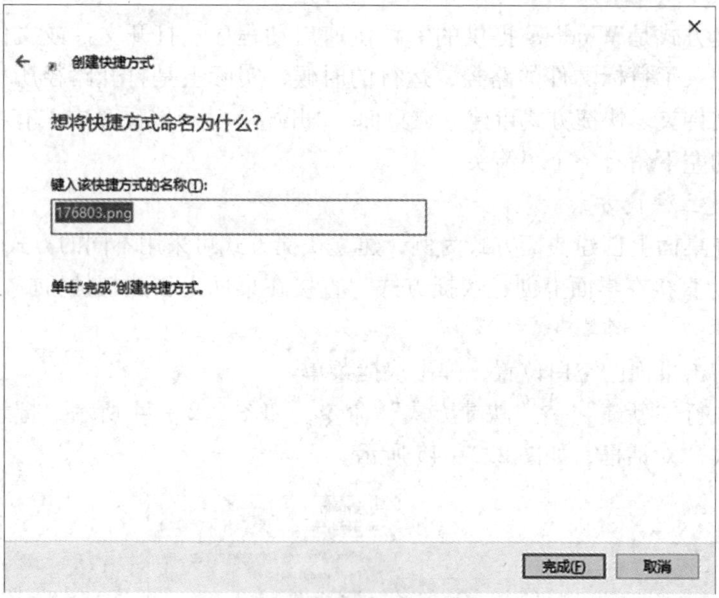

图 2.2 – 46　输入快捷方式名称

⑤单击"完成"按钮。

（2）将快捷方式发送到桌面。将快捷方式发送到桌面的基本步骤如下：

①在"文件资源管理器"中，选择要创建快捷方式的文件或文件夹。

②右击弹出快捷菜单，执行"发送到"→"桌面快捷方式"命令。

2. 删除快捷方式

选择需要删除的快捷方式，按 Delete 键，即可将其删除。删除快捷方式，原程序、文件等对象并没有被删除，依然保留在原位置。

2.2.4.3　任务管理器

任务管理器是 Windows 系统自带的对运行任务进行管理的软件，提供了有关计算机性能的信息，并显示了计算机上所运行的程序和进程的详细信息，用户可在此查看当前系统 CPU、内存、磁盘和网络的使用情况，当软件没有响应或系统出现"死机"现象时，可以利用任务管理器终止未响应的应用程序。

1. 打开任务管理器

打开任务管理器常采用以下方式：

（1）鼠标右击任务栏空白处，打开快捷菜单，执行"任务管理器"命令，打开"任务管理器"窗口，如图 2.2 – 47 所示。

（2）右击"开始"按钮，打开快捷菜单，执行"任务管理器"命令。

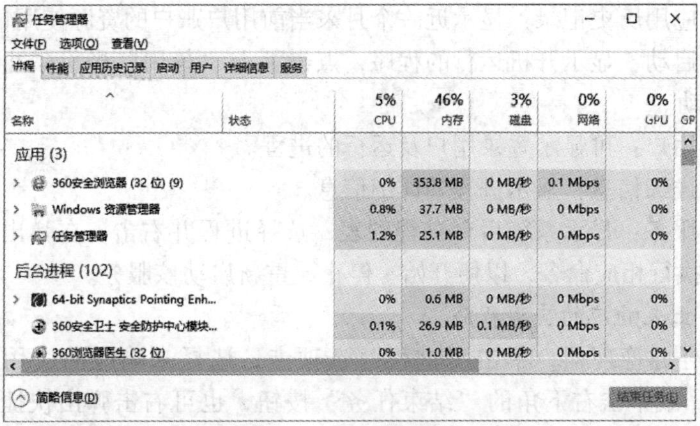

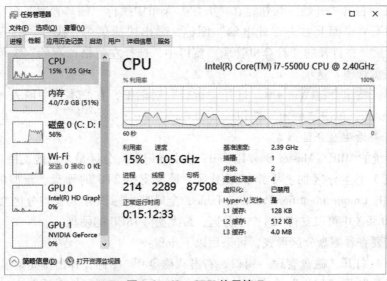

图 2.2 – 47　"任务管理器"窗口

（3）按快捷键 Ctrl + Shift + Esc，打开任务管理器。

（4）按住键盘上的 Ctrl + Alt + Delete 键之后，再选择"任务管理器"。

2. 在任务管理器中查看信息

任务管理器的用户界面提供了进程、性能、应用历史记录、启动、用户、详细信息与服务等选项卡，常用以下功能：

（1）进程：显示所有当前正在运行的进程，包括应用程序、后台服务等。

（2）性能：以实时动态变化的图形形式显示 CPU、内存、磁盘和网络的使用情况，如图 2.2 – 48 所示为 CPU 使用情况。

图 2.2 – 48　CPU 使用情况

（3）应用历史记录：显示近一个月来当前用户账户的资源使用情况。

（4）启动：显示开机运行的程序，点击下方"禁用"即可禁止该程序在开机时启动。

（5）用户：可显示登录用户及运行的进程。

（6）详细信息：显示进程的详细信息。

（7）服务：显示系统后台进程列表，选择进程并右击，在弹出的快捷菜单中可以执行相应命令，以便开始、停止或重新启动该服务。

3. 终止未响应的应用程序

打开任务管理器，单击"进程"选项卡，选择未响应的应用程序，按Delete 键，或单击右下角的"结束任务"按钮，也可右击弹出快捷菜单，执行"结束任务"命令，即可将其关闭。

2.2.5 磁盘管理

2.2.5.1 磁盘分区

磁盘是最为常用的辅助存储器，存储容量大，目前主流配置的计算机硬盘可达 TB 级。为了更好地管理磁盘，通常需要将磁盘划分为几个分区（Partition）。

1. 打开"磁盘管理"窗口

用户可在"磁盘管理"窗口中查看及管理分区，常用以下方法打开：

（1）右击"开始"按钮，在"开始"菜单中执行"磁盘管理"命令。

（2）在桌面上右击"此电脑"图标，弹出快捷菜单，执行"管理"命令；然后，在打开的"计算机管理"窗口中，选择左窗格"存储"文件夹下的"磁盘管理"选项。

（3）按组合键 Win + R，打开"运行"对话框，在文本框中输入"diskmgmt. msc"，单击"确定"按钮。

2. 查看磁盘分区形式

传统的 MBR（Master Boot Record，主引导记录）分区最多只能支持 4 个主分区或 3 个主分区加上 1 个扩展分区，最大支持 2TB 的硬盘。新型的 GPT（Globally Unique Identifier Partition Table，全局唯一标识分区表）分区在 Windows 10 系统中可以支持 128 个主分区，最大支持 18EB 的硬盘。

若要查看磁盘分区形式，可采用以下步骤：

（1）打开"磁盘管理"窗口，右击"磁盘 0"图标，弹出快捷菜单。

（2）执行"属性"命令，如图 2.2 - 49 所示，打开属性对话框。

（3）单击"卷"选项卡，查看磁盘分区形式，如图 2.2 – 50 所示。

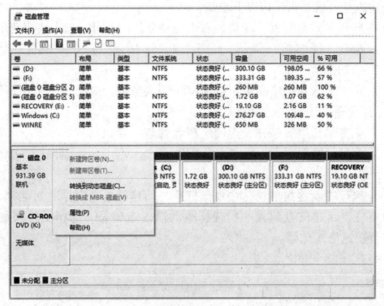

图 2.2 – 49　在"磁盘管理"中执行"属性"命令

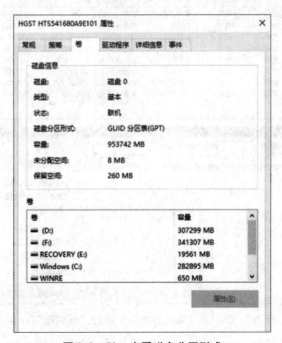

图 2.2 – 50　查看磁盘分区形式

3. 创建磁盘分区

创建磁盘分区，可采用以下步骤：

（1）打开"磁盘管理"窗口，右击想要分区的磁盘，弹出快捷菜单。

（2）执行"压缩卷"命令，如图2.2-51所示，打开"压缩"对话框，如图2.2-52所示。

（3）在"输入压缩空间量"数值框中输入数值，应小于"可用压缩空间大小"，避免造成磁盘文件的丢失。

（4）单击"压缩"按钮，返回"磁盘管理"窗口。

（5）此时可发现多出一块"未分配"磁盘，右击该磁盘图标，弹出快捷菜单。

（6）执行"新建简单卷"命令，打开"新建简单卷向导"对话框，按向导提示填写要新建磁盘的大小、选择驱动器磁盘编号、选择文件系统格式、是否执行快速格式化等。

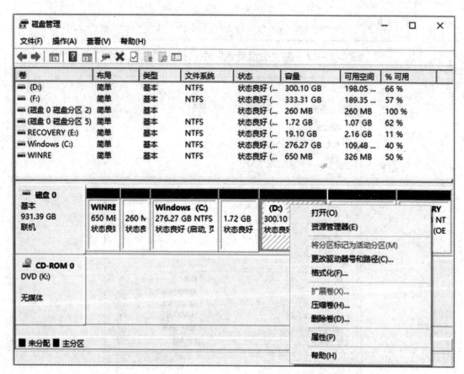

图2.2-51 在"磁盘管理"中执行"压缩卷"命令

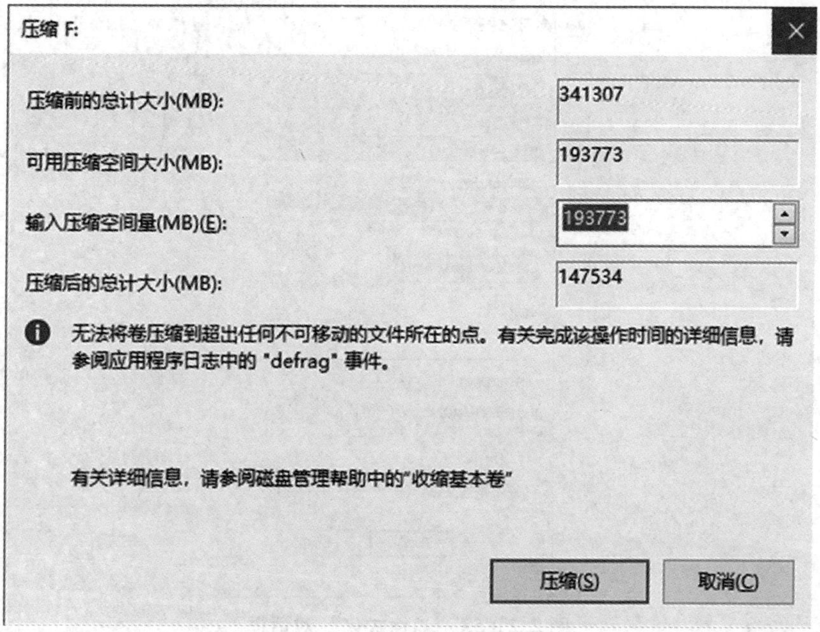

压缩 F:	×
压缩前的总计大小(MB):	341307
可用压缩空间大小(MB):	193773
输入压缩空间量(MB)(E):	193773
压缩后的总计大小(MB):	147534

ⓘ 无法将卷压缩到超出任何不可移动的文件所在的点。有关完成该操作时间的详细信息，请参阅应用程序日志中的 "defrag" 事件。

有关详细信息，请参阅磁盘管理帮助中的"收缩基本卷"

压缩(S)   取消(C)

图 2.2 - 52 "压缩"对话框

2.2.5.2 磁盘格式化

磁盘格式化（Format）是对磁盘或磁盘中的分区进行初始化的操作，主要功能包括：划分磁道和扇区；检查整个磁盘上有无带缺陷的磁道，对坏磁道加注标记；建立目录区和文件分配表，为计算机存储、读取数据做好准备。磁盘格式化通常会导致现有的磁盘或分区中所有的文件被清除，在格式化磁盘之前，一定要先将磁盘中的有用文件备份出来。格式化也可以针对 U 盘、各种储存卡等存储设备进行。

磁盘格式化采用以下步骤：

（1）打开"文件资源管理器"。

（2）右击需要格式化的磁盘，弹出的快捷菜单。

（3）执行"格式化"命令，打开"格式化"对话框，如图 2.2 - 53 所示。

（4）设置容量大小、文件系统、分配单元大小、卷标等属性，也可采用默认设置。若是已使用过的磁盘，可选择"快速格式化"，即可删除磁盘上原有的文件分配表和根目录，不检测坏磁道，不进行数据备份。

（5）单击"开始"按钮。

图 2.2 – 53　"格式化"对话框

2.2.5.3　磁盘碎片整理

磁盘碎片亦即文件碎片。磁盘在使用一段时间后，由于反复写入和删除文件，使得磁盘中的空闲扇区分散在各个位置，不再连续，也就使得文件不能存储在连续的扇区里。这样，再读写文件时就需要到不同的地方去读取，增加了磁头的来回移动，降低了磁盘的访问速度。

使用 Windows 10 自带的磁盘碎片整理功能，能够对硬盘等存储设备进行碎片整理，将碎片化的文件合并在一起，减少冗杂和凌乱，减少磁盘在读取文件时的寻道时间，提升计算机的整体性能和运行速度，对于机械硬盘来说很有价值。

磁盘碎片整理可使用以下步骤：

（1）打开"文件资源管理器"窗口，单击选择要进行碎片整理的磁盘。

（2）单击"管理"选项卡的"驱动器工具"子选项卡。

（3）在"管理"组中单击"优化"按钮，如图 2.2 – 54 所示，打开"优化驱动器"对话框，如图 2.2 – 55 所示。

（4）选择磁盘，单击"优化"按钮，系统对选定磁盘进行磁盘碎片情况分析，并进行磁盘碎片整理。单击"更改设置"按钮，可以制订计划，系统将按设置的频率，对指定的磁盘进行自动优化整理。

图 2.2－54　"管理"组中"优化"按钮

图 2.2－55　"优化驱动器"对话框

2.2.5.4　磁盘清理

磁盘清理的目的是清理磁盘中的垃圾。Windows 10 自带的磁盘清理程序，可以清除硬盘上的无用文件，如 Internet 临时文件、"回收站"中文件，以便释放更多的存储空间。

磁盘清理可使用以下步骤：

（1）打开"文件资源管理器"窗口，单击选择要清理的磁盘。

（2）单击"管理"选项卡的"驱动器工具"子选项卡。

（3）在"管理"组中单击"清理"按钮，系统首先计算可以释放多少空间，如图 2.2 – 56 所示，然后打开"磁盘清理"对话框，如图 2.2 – 57 所示。

（4）选择要进行清理的系统垃圾，单击"确定"按钮。

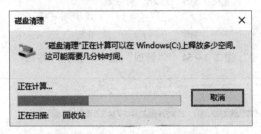

图 2.2 – 56　计算释放的空间数

图 2.2 – 57　"磁盘清理"对话框

此外，在"文件资源管理器"窗口，右击要清理的磁盘，弹出快捷菜单，执行"属性"命令，在打开的"属性"对话框"常规"选项卡中单击"磁盘清理"按钮，也可以进行磁盘清理。

2.2.6　系统设置

Windows 10 在系统安装时，对系统环境中各个对象的参数进行了默认设置，此外，也允许用户根据需要重新调整，可以通过"设置"功能或"控制面板"进行。本书将分别在两种方式中列举常用设置。

2.2.6.1　"设置"功能

Windows 10 增加了"设置"功能，将之前控制面板中的系统设置和管理的主要工具移到此处，同时依然在系统中保留了传统的控制面板，方便用户自行选择使用。

1. 打开"设置"窗口

使用"设置"功能，需要打开"设置"窗口，常用以下不同方式：

（1）单击"开始"按钮，打开"开始"屏幕后，单击"设置"按钮，打开"设置"窗口，如图 2.2-58 所示。

（2）右击"开始"按钮，打开快捷菜单，执行"设置"命令，打开"设置"窗口。

简洁清晰的窗口界面，使用户能够更方便地使用各项功能。

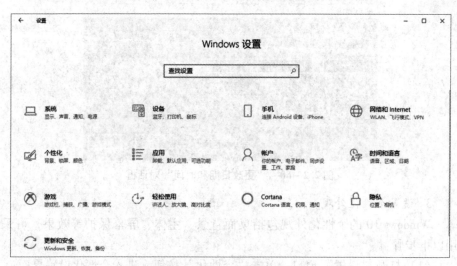

图 2.2-58　"设置"窗口

2. 设置日期和时间

设置日期和时间，可采用以下步骤：

（1）打开"设置"窗口，单击"时间和语言"项，进入"时间和语言"

设置界面。

（2）在左窗格中选择"日期和时间"选项，在右窗格中关闭"自动设置时间"开关，如图2.2-59所示。

（3）单击"更改"按钮，打开"更改日期和时间"对话框，如图2.2-60所示。

（4）设置日期和时间，单击"更改"按钮。

图 2.2-59　关闭"自动设置时间"

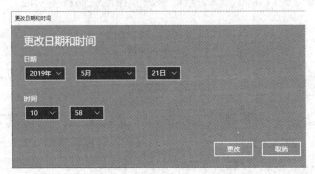

图 2.2-60　"更改日期和时间"对话框

3. 设置个性化外观

Windows 10 的个性化外观包括桌面背景、主体、屏幕保护等效果，可采用以下步骤：

（1）打开"设置"窗口，单击"个性化"按钮，进入个性化设置界面；

（2）在左窗格中选择"背景"选项，可以设置桌面背景为图片、纯色或者幻灯片放映及显示方式；选择"颜色"选项，可以为图片选择主题色；选择"主题"选项，可以设置需要的主题风格；选择"锁屏界面"选项，可以设置在登录屏幕上是否显示背景图片、屏幕保护程序及屏幕保护打开时间等。

如图 2.2 – 61 所示为"背景"与"颜色"个性化设置界面。

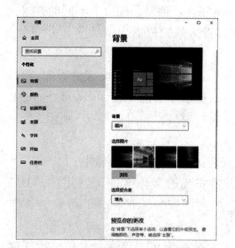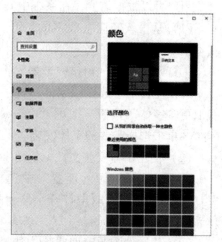

图 2.2 – 61　　"背景"与"颜色"个性化设置界面

4. 设置鼠标和管理打印机

鼠标和打印机是计算机常用的输入、输出设备, 有针对性地进行个性化设置, 可以使其符合用户的使用习惯, 提高办公效率, 基本步骤如下;

（1）打开"设置"窗口, 单击"设备"项, 进入"设备"设置界面。

（2）在左窗格中选择"鼠标"选项, 在右窗格中可以按用户使用习惯选择主按钮为"左"手或"右"手, 设置鼠标滚轮一次滚动为一屏或指定的行数, 以及其他鼠标选项设置; 选择"打印机和扫描仪"选项, 可以添加打印机或扫描仪, 并对其进行管理, 如图 2.2 – 62 所示。

图 2.2 – 62　设置鼠标和管理打印机

5. 安装字体

用户可以根据需要，在系统中安装新的字体，通常采用以下不同的方式：

（1）从微软商店下载字体。用户可以直接从微软商店下载字体并安装，基本步骤如下：

①打开"设置"窗口，单击"个性化"按钮，进入个性化设置界面。

②在左窗格中选择"字体"选项，在右窗格中单击"在 Microsoft Store 中获取更多字体"按钮，打开"Microsoft Store"窗口，如图 2.2－63 所示。

③单击选择需要的字体安装。

（2）使用字体安装文件。使用字体安装文件，常用以下不同方式：

①在"文件资源管理器"中选择需要安装的字体文件（常用".TTF"".OTF"等格式），双击打开字体窗口，单击"安装"按钮，即可安装该字体，如图 2.2－64 所示。

②在"文件资源管理器"中选择需要安装的字体文件，右击弹出快捷菜单，执行"安装"命令。

图 2.2－63　从微软商店下载字体安装

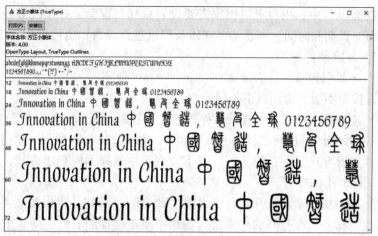

图 2.2 - 64　使用字体安装文件

（3）复制字体文件。当一次需要安装的字体较多时，可以将其复制到字体文件夹，基本步骤如下：

①打开"文件资源管理器"窗口。

②选择需要安装的字体文件。

③按组合键 Ctrl + C，将其复制到剪贴板。

④打开 C:\WINDOWS\Fonts 文件夹，如图 2.2 - 65 所示。

⑤按组合键 Ctrl + V，将其粘贴到该文件夹，即可安装。

图 2.2 - 65　"字体"文件夹

2.2.6.2　控制面板

控制面板是一个工具集，是用来进行系统设置和设备管理的另一种形式。

在"控制面板"中，用户可以根据需要设置鼠标、键盘、打印机等硬件；可以对桌面、日期和时间、声音、多媒体及网络进行设置；也可以添加/删除程序、添加/删除硬件等等。

1. 打开控制面板

打开控制面板，常用以下不同的方式：

（1）使用搜索框打开。在搜索框中输入"控制面板"，单击"最佳匹配"中的"控制面板"，打开"控制面板"窗口，如图2.2－66所示。单击窗口右上方的"查看方式"下拉箭头，可在下拉列表中选择不同显示方式，包括类别、大图标、小图标等。

（2）使用快捷菜单打开。右击桌面"此电脑"按钮，弹出快捷菜单，执行"属性"命令，在打开的"系统"窗口中单击"控制面板主页"按钮。

（3）使用快捷方式打开。如果平时使用控制面板的频率较高，用户可以直接在桌面建立控制面板的快捷方式，基本步骤如下：

①右击桌面空白处，弹出快捷菜单，执行"个性化"命令，打开"设置"窗口。

②在左窗格单击选择"主题"选项，在右窗格单击"桌面图标设置"按钮，打开"桌面图标设置"对话框，如图2.2－67所示。

③选择"控制面板"选项，点击"确定"按钮，即可在桌面创建控制面板的快捷方式，需要使用时，双击打开即可。

图 2.2－66　"控制面板"窗口

图 2.2 – 67 "桌面图标设置"对话框

2. 查看系统配置及管理硬件

"设备管理器"是查看系统配置及管理计算机硬件设备的工具,使用设备管理器,可以查看 CPU、显卡、声卡、网卡等硬件设备状态、更改设备属性、检查或更新设备驱动程序。使用步骤如下:

(1)在"控制面板"窗口中单击"硬件和声音"按钮,打开"硬件和声音"窗口。

(2)在右窗格中单击"设备管理器"按钮,打开"设备管理器"窗口,如图 2.2 – 68 所示,显示当前的设备列表。

(3)单击左侧箭头,可以展开查看设备的具体信息。若设备前有黄色的感叹号,说明该设备的驱动程序没有安装好,单击鼠标右键可以更新驱动程序。

3. 用户账户管理

Windows 10 操作系统允许为多个用户建立账户,系统根据不同用户权限分配资源,用户在所分配的资源内各自进行操作,彼此间不受影响。

在 Windows 10 操作系统中,主要包括以下账户:

（1）标准账户。操作系统的一般账户拥有对系统使用的绝大多数权限，可以使用大多数软件，并可以更改不影响其他用户或计算机安全性的系统设置。

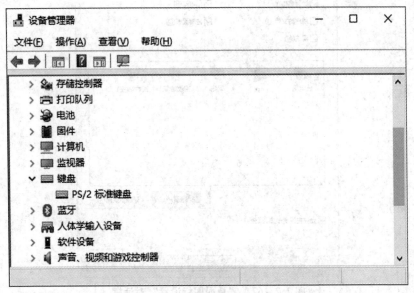

图 2.2 – 68　"设备管理器"窗口

（2）Administrator 管理员账户。其拥有对计算机的完全控制权，可以更改任何设置，还可以访问存储在计算机上的所有文件和程序。

（3）微软账户。创建一个微软账户，即可通过邮件地址和密码，登录所有的 Microsoft 网站和使用各种服务，例如：使用免费的云存储备份数据和文件，并使其与其他设备保持同步更新；购买和下载安装 Windows 10 应用商店中的软件。

标准账户和管理员账户都是本地账户，对于不需要网络功能且对数据安全比较在乎的用户来说，使用本地账户登录 Windows 10 操作系统是更安全的选择。

添加新的用户账户，可采用以下基本步骤：

（1）在"控制面板"窗口中单击"用户账户"按钮，打开"用户账户"窗口，如图 2.2 – 69 所示。

（2）在右窗格中单击"用户账户"按钮，进入"更改账户信息"界面，如图 2.2 – 70 所示。

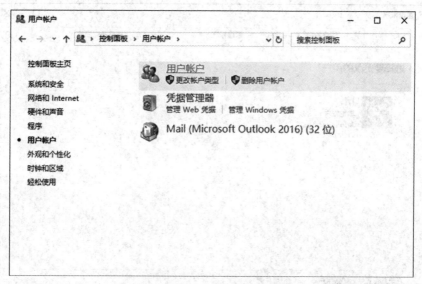

图 2.2 – 69　"用户账户"窗口

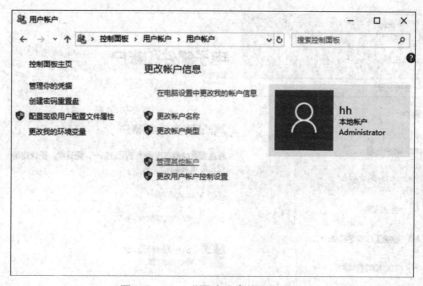

图 2.2 – 70　"更改账户信息"界面

（3）单击"管理其他账户"按钮，打开"管理账户"窗口，如图 2.2 – 71 所示。

（4）单击窗口下方的"在电脑设置中添加新用户"按钮，打开"设置"窗口，如图 2.2 – 72 所示。

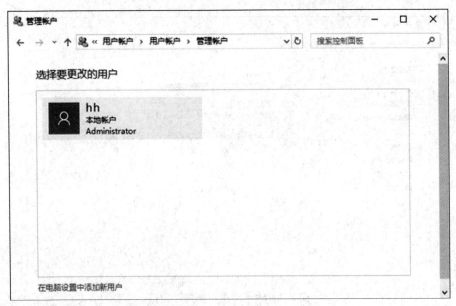

图 2.2-71 "管理账户"窗口

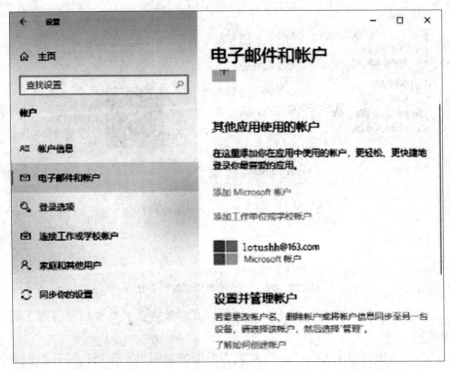

图 2.2-72 "设置"窗口

（5）在左窗格中单击"电子邮件和账户"选项，在右窗格中单击"添加 Microsoft 账户"按钮，可以添加 Microsoft 账户；在左窗格中单击"家庭和其他用户"选项，在右窗格中单击"将其他人添加到这台电脑"按钮，可以添加本地账户。

在"管理账户"窗口中，单击某个账户，打开"更改账户"窗口，可以更改账户名称、创建密码、更改账户类型及删除账户。

本章小结

本章对软件系统进行了概述，并重点介绍了其重要构成部分，即操作系统。

（1）对软件系统进行概括性的介绍。软件系统是计算机系统的重要组成部分。本章首先介绍了软件及软件系统的基本概念，进而介绍了软件系统的分类，并对其基本组成进行了说明。

（2）对操作系统进行了介绍。操作系统是系统软件中最基本、最核心的软件，是计算机软件系统的重要构成，在计算机系统中占据着极其重要的地位。本章介绍了操作系统的作用和分类方法，叙述了操作系统的功能，并对典型操作系统进行了介绍。

（3）重点介绍了常用操作系统 Windows 10 的应用。Windows 10 界面友好、使用方便，其强大的功能体现在文件管理、程序管理、磁盘管理、系统设置等方面，能够帮助用户高效管理计算机资源，需要熟练掌握。

第3章 技术应用

✎本章学习目标

1. 掌握 Word 2016、Excel 2016 和 PowerPoint 2016 的基本编辑方式。
2. 掌握 Word 2016 的字符、段落和页面格式的设置方式。
3. 掌握 Word 2016 的图、文、表混排功能。
4. 掌握 Word 2016 长文档的编辑技巧。
5. 掌握 Excel 2016 工作簿、工作表和单元格的基本概念。
6. 掌握 Excel 2016 的公式和函数的应用。
7. 掌握 Excel 2016 的数据统计分析和管理功能。
8. 掌握 PowerPoint 2016 幻灯片版式和对象的应用。
9. 掌握 PowerPoint 2016 主题和母版的应用。
10. 掌握 PowerPoint 2016 演示文稿的放映、导出和打印功能。

　　Microsoft Office 是由美国微软公司开发的办公软件，因其强大的事务处理能力，被广泛地应用于财务、行政、人事、统计和金融等众多领域，成为现代日常办公不可或缺的工具，有效地提高了办公效率。

　　Microsoft Office 办公组件中最为常用的包括 Word、Excel 和 PowerPoint。Word 文字处理软件适用于制作各种文档，如文件、信函、传真、手册、简历等；Excel 电子表格处理软件，可以完成复杂的数据计算，将枯燥的数据转换为生动形象的统计图，增强数据的可视性；PowerPoint 演示文稿处理软件用于制作电子幻灯片，内容丰富、形象生动、图文并茂、层次分明，是课堂教学、知识讲座、技术交流、成果展示的强大工具。本书以 Office 2016 为版本，介绍三个常用组件的使用。

3.1　文档处理软件 Word 2016

3.1.1　文档处理概述

3.1.1.1　Word 2016 的基本功能

作为 Office 2016 重要的办公组件之一，Word 2016 具有强大的文档处理功能。

1. 纯字符文档的排版

纯字符文档是一种常见的文档形式，如单位通知、会议议程、学生手册、规章制度等。虽然文档中仅含有字符，但是 Word 2016 具有的丰富功能，能够依据文档的性质要求，对字符、段落或页面进行修饰、排版，符合不同的规范。

2. 图文表混排功能

Word 2016 中的"图"并不仅指图片，还包括其他对象，如艺术字、文本框和形状等；表格功能可以使文档中的文本规范、结构明晰、分类清楚。有效地利用图文表混排功能，能够设计出版面生动、具有感染力和说服力的文档。

3. 复杂文档编辑

所谓复杂文档，是指页数较多、同时要进行特殊设置和说明的文档，通常这类文档都是比较正式规范且专业性较强的文档，如论文、著作、商品使用手册等，可以利用 Word 为文档添加"封面""页眉页脚""样式""标注""目录"等效果。

4. Web 版式文档

使用 Word 2016 还可以制作 Web 版式的文档，或将文档保存为网页格式，直接使用浏览器打开。在保存为网页格式时，有多种类型可供选择，如单个文件网页（MHT）、网页（HTML）等。

5. 协同工作功能

Office 2016 具有协同工作的功能。只要通过共享功能选项发出邀请，就可以让其他使用者一同编辑文件。对于需要合作编辑的文档，这项功能非常方便。

3.1.1.2　Word 2016 的启动

使用 Word 2016 编辑文档，首先需要启动 Word 2016，即将 Word 2016 应用程序由外存调入到内存，通常采用以下两种方法：

（1）单击任务栏上的"开始"按钮，选择"Word 2016"命令。

（2）如果桌面上已建立 Word 2016 的快捷方式，只需双击其快捷方式图标，即可启动 Word 2016。

3.1.1.3　Word 2016 工作窗口

启动 Word 2016 后，将打开工作窗口，它是与用户进行交互的界面，是用户进行文档编辑的工作环境。窗口的主要组成如图 3.1－1 所示。

图 3.1－1　Word 2016 工作窗口

1. 标题栏

标题栏用于显示当前正在编辑的文档名以及提供对其编辑、运行的 Word 应用程序名，最右边有四个按钮，分别是"功能区显示选项"🗗、"最小化"➖、"最大化"🔲或"向下还原"🗗以及"关闭"❎按钮，其中，"功能区显示选项"按钮包含"自动隐藏功能区""显示选项卡""显示选项卡和命令"三个命令，如图 3.1－2 所示。

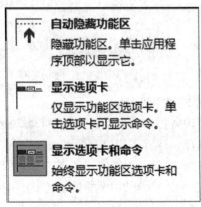

图 3.1－2　"功能区显示选项"按钮

2. "文件"菜单

"文件"菜单用于对 Word 2016 文件的操作及属性设置,单击可打开其下拉菜单,包含"信息""新建""打开""保存"等命令,各命令功能如表3.1-1 所示。单击❲按钮,可以返回到编辑状态。

表 3.1-1 "文件"菜单命令

命　令	功　能
信　息	当前文件的大小、页数、字数、编辑时间、创建和修改时间等
新　建	显示常用文档模板供用户选择,也可以选择"空白文档"模板创建新文档
打　开	列出最近编辑过的文档、共享文档、OneDrive 云上的文档或电脑其他位置上的文档
保　存	保存文档
另存为	将文档另存为其他文件名、其他格式或保存到其他位置
打　印	打印、打印设置及打印预览图
导　出	将文件保存为 PDF/XPS 文档或更改文档类型
共　享	将文档保存到 OneDrive 云,可以共享该文档
关　闭	关闭文档,如果文档已修改但未保存,系统将提示保存
选　项	打开"Word 选项"对话框,对软件进行相关属性设置

3. 选项卡

在 Word 2016 窗口上方是选项卡栏。单击某个选项卡,将切换到与之相对应的功能区面板,功能区由若干组构成。选项卡分为主选项卡和工具选项卡。默认情况下,Word 2016 工作窗口提供的是主选项卡,包括开始、插入、设计、布局、引用、邮件、审阅和视图等。若是插入了特殊元素,如图表、SmartArt、形状、文本框、图片、表格和艺术字等,该元素被选中时,在选项卡栏的右侧将出现相应的工具选项卡。例如:插入"表格"并选择表格后,将在选项卡栏右侧出现"表格工具"工具选项卡,其下方包含两个子选项卡:设计和布局。

主选项卡和工具选项卡并非固定不变,用户可根据需要增加或减少选项卡、组。右击功能区的空白处,在弹出的快捷菜单中选择"自定义功能区"命令,将打开"Word 选项"对话框,在对话框中设置即可,如图 3.1-3 所示。

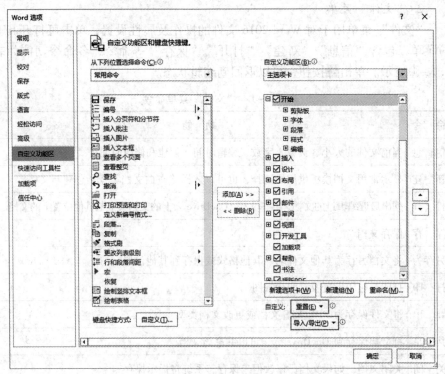

图 3.1-3 "Word 选项"对话框

4. 功能区

单击选择一个选项卡，会打开相应的功能区面板，每个功能区根据功能的不同又分为若干个功能组，例如："开始"选项卡默认包含"剪贴板""字体""段落""样式""编辑"等五个功能组。鼠标指针指向功能区的图标按钮时，系统会自动在光标下方显示相应按钮的名称和操作，若组的右下角有按钮，单击该按钮，可打开下设的对话框或任务窗格。

单击功能区右边的按钮，可将功能区隐藏，增大文档编辑区；再次单击任一选项卡标签，将重新显示功能区，单击右边的按钮，将固定功能区。也可使用"功能区显示选项"按钮，设置功能区显示方式。

如果用户在编辑文档时经常要用到某个不在功能区里的命令，可以增加相应的选项卡和功能组及命令按钮。例如，用户想在"视图"选项卡右侧添加一个自定义的选项卡"常用比例"，该选项卡功能区设置一个组"比例"，组中包含"按200%的比例查看"和"按75%的比例查看"两个命令按钮，具体操作如下：

（1）打开如图 3.1-3 所示的"Word 选项"对话框。

（2）在"Word 选项"对话框右边的"自定义功能区"列表中选择类型"主选项卡"，并在下方的列表框中选择"视图"，单击列表下方的"新建选项卡"按钮，即可在"视图"选项卡之后增加一个名为"新建选项卡（自定义）"的选项卡和"新建组（自定义）"的功能组，如图 3.1-4 所示。

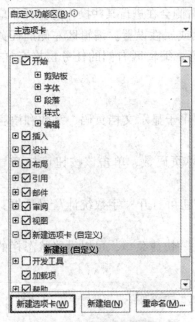

图 3.1-4　新建选项卡　　　　　图 3.1-5　自定义选项卡

（3）通过"重命名"按钮将新定义的选项卡命名为"常用比例"，将功能组命名为"比例"。

（4）在"Word 选项"对话框中间的"从下列位置选择命令"下拉列表中选择"不在功能区中的命令"，并在下方的列表框中分别选择"按 200% 的比例查看"和"按 75% 的比例查看"，依次添加到"比例"组中，如图 3.1-5 所示。

（5）单击"确定"按钮。

若要删除已定义的选项卡、组或命令按钮，则在"Word 选项"对话框中选择已定义的选项卡、组或命令，单击"删除"按钮即可。

5. 快速访问工具栏

快速访问工具栏可实现常用工具的快速选择和操作，例如：新建空白文档、保存、撤销、恢复、打印预览等。单击该工具栏右侧的▼按钮，在弹出的"自定义快速访问工具栏"下拉列表中选择一个未选中的命令（如图 3.1-6

所示），则可以在快速访问工具栏右边增加该命令按钮；若要删除快速访问工具栏的某个按钮，只需右击该按钮，在弹出来的快捷菜单中选择"从快速访问工具栏删除"命令即可。用户也可以根据需要，在"自定义快速访问工具栏"下拉列表中选择"在功能区下方显示"，从而调整快速访问工具栏的显示位置。

6. 任务窗格

Word 2016 窗口文档编辑区的左侧或右侧会在进行某些操作时打开相应的任务窗格，为用户提供所需要的常用工具或属性设置。编辑区左侧的任务窗格有导航窗格、剪贴板和垂直审阅窗格等，编辑区右侧的任务窗格有样式、邮件合并等。

7. 状态栏

状态栏位于 Word 2016 窗口的底部，用于显示文档页码、字数和语言等信息。

页码：显示插入点所在页码及文档总页码数，单击该按钮可打开导航窗格。

文档字数：显示文档字数，单击该按钮可打开"字数统计"对话框，如图 3.1 – 7 所示。

右击状态栏，将弹出"自定义状态栏"快捷菜单，可以设置状态栏的显示内容。

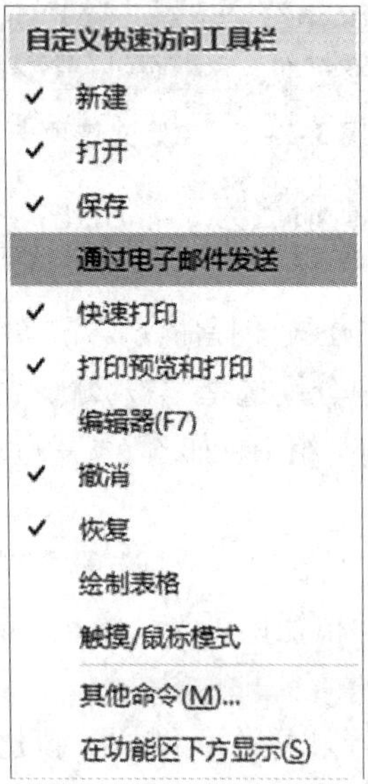

图 3.1 – 6　"自定义快速访问工具栏"
　　　　　　下拉列表

图 3.1 – 7　"字数统计"对话框

8. 视图切换

Word 2016 提供了页面、阅读、Web 版式、大纲和草稿等五种视图方式，为文档提供了不同环境下的编辑和输出效果，方便用户从不同功能角度浏览文档。用户可以通过视图切换区中的快捷按钮进行切换，也可以打开"视图"选项卡，在"视图"功能组中选择（如图 3.1－8 所示）。

图 3.1－8 "视图"功能组

（1）页面视图。页面视图是 Word 2016 默认的视图模式，主要用于打印版面设计，其显示的文档每一页面都与实际打印页面相同。采用这种视图方式，是以打印页面为基础来输入、编辑和排版文档，在其中可以添加和编辑页眉和页脚、页码、脚注和尾注、多栏版面、打印背景等与打印相关的内容，能够借助"布局"选项卡设计页面纸张、方向、边距等打印格式，具有"所见即所得"的显示效果。

（2）阅读视图。阅读视图模拟用户平常的阅读习惯，以多个窗格方式显示文档内容。打开阅读视图后，执行"视图"→"列宽"命令，可以设置不同列宽，也就设置了不同窗格教。如果文档字数较多，系统会按书页的形式自动将文档分成多屏显示。在这种视图模式下，同样可以进行文档的编辑工作。阅读视图会自动隐藏系统默认的功能区，以扩大显示区、方便用户进行审阅编辑。

（3）Web 版式视图。Wed 版式视图模仿 Web 浏览器来显示 Word 文档。在 Web 版式视图模式下，用户可以为文档设置屏幕显示背景，文档的排版可以根据窗口大小而自动调整，图形位置与在 Web 浏览器中的位置一致；由于 Web 版式视图是以屏幕为浏览平台的，所以，其中不会显示自动分页符与页码，所有的内容都显示在同一虚拟页面中。

（4）大纲视图。大纲视图主要用于设计和显示文档的结构。在这种视图模式下，用户可以看到 Word 文档标题的层次关系，通过拖动标题来重新组织文档结构，特别适合编辑含有多章节的复杂文档，使文档层次结构清晰明了。

（5）草稿视图。草稿视图是 Word 2016 中最简化的视图模式，在该视图中不能显示页面边距、分栏、页眉页脚、背景、图形图像等元素，当输入的内容多于一页时，系统自动加虚线表示分页，节省计算机系统资源，在系统配置较低时，适合快速排版。

9. 比例缩放

在 Word 2016 文档的编辑过程中，用户可以根据需要选择各种比例来显示文档，常用以下三种方法：

（1）在"比例缩放区"中拖动缩放滑块进行调整。

（2）在"比例缩放区"中单击缩放条两端的"放大" ➕ 或"缩小" ➖ 按钮进行调整。

（3）单击"比例缩放区"中的缩放值，打开"显示比例"对话框，在对话框中设置，如图 3.1-9 所示。

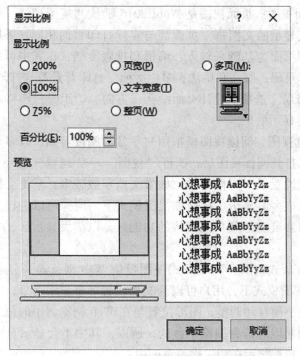

图 3.1-9 "显示比例"对话框

10. 标尺

利用标尺，可以查看或设置段落的缩进、制表位、页边距和栏宽等排版信息。标尺有水平标尺和垂直标尺两种，只有在页面视图和打印预览状态下，才能够同时显示两种标尺。在"视图"功能区中选择或取消选择"标尺"命令，可以将标尺设置为显示或隐藏状态。

11. 滚动条

滚动条有水平滚动条和垂直滚动条两种，用于快速移动文档编辑区里的内容。在页面、大纲和草稿视图中，按住或拖动垂直滚动块时，能够显示当前页码。

12. 文档编辑区

文档编辑区是 Word 2016 工作窗口中最大的区域，用于输入和编辑文档内容。其中，闪烁的竖线称为插入点，对字符的输入、编辑、修饰都必须在插入点处进行。

3.1.2 文档基本操作

3.1.2.1 新建文档

在 Word 2016 中，创建新文档有以下几种方式：

（1）启动 Word 2016，在开始界面显示多种模板，如图 3.1 – 10 所示，用户可根据需要选择。若是自行设计版面，通常选择"空白文档"。

图 3.1 – 10　Word 2016 开始界面

（2）选择"文件"菜单的"新建"命令。

（3）单击快速访问工具栏中的"新建空白文档"按钮 。

（4）使用快捷键"Ctrl + N"创建空白文档。

（5）在 Windows 的"资源管理器"中，打开某一文件夹后，右击右窗格的空白处，在弹出的快捷菜单中选择"新建"→"Microsoft Word 文档"命令，如图 3.1－11 所示。

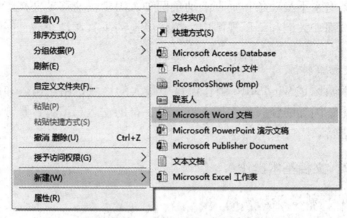

图 3.1－11　新建 Word 文档快捷菜单

3.1.2.2　保存文档

建立文档后，输入的文本内容会暂存在内存中，为了永久保存，以备将来使用，应在退出 Word 2016 之前使用保存功能。

1. 保存新建文档

在 Word 2016 窗口中新建的文档，可以采用以下几种方式保存：

（1）选择"文件"菜单→"保存"命令。

（2）单击快速访问工具栏上的"保存"按钮。

（3）使用快捷键"Ctrl＋S"。

使用上述方法首次保存文档时，系统将自动切换到"文件"菜单的"另存为"命令窗口，如图 3.1－12 所示。单击"浏览"，将打开"另存为"对话框，如图 3.1－13 所示，用户在此对话框中选择文档的保存位置和类型，并为文档命名，系统默认的保存类型是 Word 文档，扩展名为".docx"。

2. 保存已保存过的文档

已保存过的文件打开后，经编辑修改，内容发生变化，需再次使用保存功能，才能将修改内容永久保存。保存方法与保存新建文档相同，只是不再弹出"另存为"对话框，系统直接使用原有文件名、在相同位置、以同样的文件类型保存，并以新编辑的内容覆盖原文档内容。

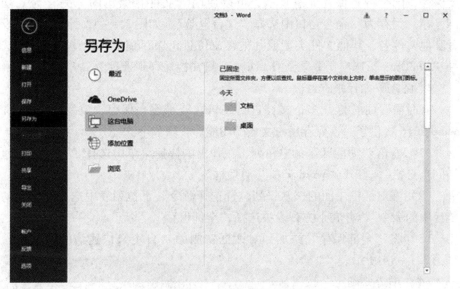

图 3.1 – 12　"另存为"命令窗口

图 3.1 – 13　"另存为"对话框

3. 使用"另存为"功能

如果已经建立并保存了文档，将其再次加工编辑使内容发生了变化，需要保存，同时希望保存原有文档，可以使用"文件"菜单的"另存为"功能，在"另存为"命令窗口中选择"这台电脑"，如图 3.1－12 所示，可以设置其他文件名、其他文件类型或其他存放位置，保存到本地计算机，也可选择"OneDrive"选项，登录到 OneDrive，将文档保存到云盘。

4. 保存所有打开的文档

有时需要同时打开多个文档进行编辑，若是逐一保存，效率非常低下。Word 2016 提供了一次保存所有文档的功能。步骤如下：

（1）右击"功能区"的空白处，在弹出的快捷菜单中选择"自定义快速访问工具栏"，打开"Word 选项"对话框。

（2）在对话框中间的"从下列位置选择命令"下拉列表中选择"不在功能区中的命令"，并在下方列表中选择"全部保存"。

（3）将"全部保存"添加到对话框右侧的"自定义快速访问工具栏"，如图 3.1－14 所示。

（4）单击"确定"按钮。

（5）单击"快速访问工具栏"上新添加的"全部保存" 。

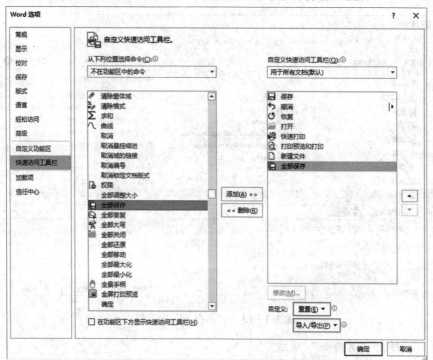

图 3.1－14　添加"全部保存"按钮到"自定义快速访问工具栏"

5．自动保存文档

文档编辑过程中，有时会遇到一些异常情况，如停电、非法操作等，造成 Word 2016 被迫关闭。为了减少因文档没有存盘造成的损失，可以使用 Word 提供的"自动保存"文档的功能。

选择"文件"菜单中的"选项"命令，打开"Word 选项"对话框，在"保存"选项卡中选择"保存自动恢复信息时间间隔"，并设置间隔的时间，如图 3.1–15 所示，时间间隔最长为 120 分钟。此后，在继续编辑文档时，Word 2016 将按照设置的时间周期，定时将编辑的结果保存在一个临时文件中。如果遇到突发情况，造成 Word 2016 异常关闭，再次正常启动后，窗口会自动出现"文档恢复"任务窗格，显示所有未保存的文档列表，在此进行恢复选择操作。

自动保存文档的间隔时间视具体情况而定，无论是否使用了"自动保存"功能，编辑文档时，都应及时主动保存，以免意外情况发生，造成不必要的文档丢失。

图 3.1–15　"保存"选项卡

3.1.2.3　关闭文档

不再使用文档时，应及时关闭，能够释放一定的内存空间。关闭文档可以采用以下几种方法：

（1）选择"文件"菜单 中"关闭"命令。

（2）单击 Word 2016 应用程序窗口右上角的"关闭"按钮

（3）右击标题栏，在弹出的快捷菜单中选择"关闭"命令。

（4）使用快捷键 Alt + F4。

若是文档经过了修改，但未保存，关闭文档，系统将弹出一个对话框，询问用户是否保存。

3.1.2.4　打开文档

打开 Word 2016 文档，常用以下几种方法：

（1）执行"文件"菜单中的"打开"命令，可以选择最近使用过的文档打开。若单击"浏览"按钮，在"打开"对话框中可以选择文档所在的位置、文件名和文件类型；也可以按住 Shift 键，选择相邻的文档，按住 Ctrl 键，选择不相邻的文档，如同在 Windows 中选择多个文件。

（2）单击"快速访问工具栏"上的"打开"按钮。

（3）使用快捷键 Ctrl + O。

（4）在 Windows 的"文件资源管理器"中双击打开 Word 2016 文档。

3.1.2.5　设置文档的打开与修改密码

为了保护文档的安全，避免他人随意打开或修改文档内容，用户可以设置密码。若是设置了文档"打开权限密码"，只有密码输入正确，才可打开文档；若是设置了文档的"修改权限密码"，只有密码输入正确，才可修改文档，否则不可修改，或只能以只读方式打开。具体步骤如下：

（1）选择"文件"菜单中的"另存为"命令。

（2）单击"浏览"按钮，打开"另存为"对话框。

（3）单击对话框下面的"工具"下拉箭头，选择"常规选项"命令（如图 3.1 – 16 所示），打开"常规选项"对话框（如图 3.1 – 17 所示）。

（4）在"常规选项"对话框中设置"打开文件时的密码"和"修改文件时的密码"，密码中的英文字母区分大小写，为安全起见，文本框中输入的密码用星号显示。

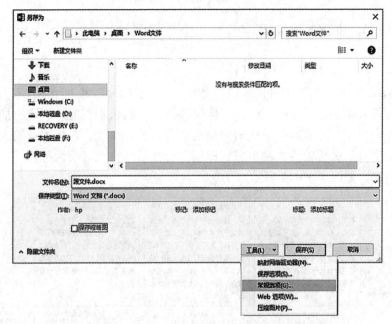

图 3.1－16　"另存为"对话框中的"常规选项"命令

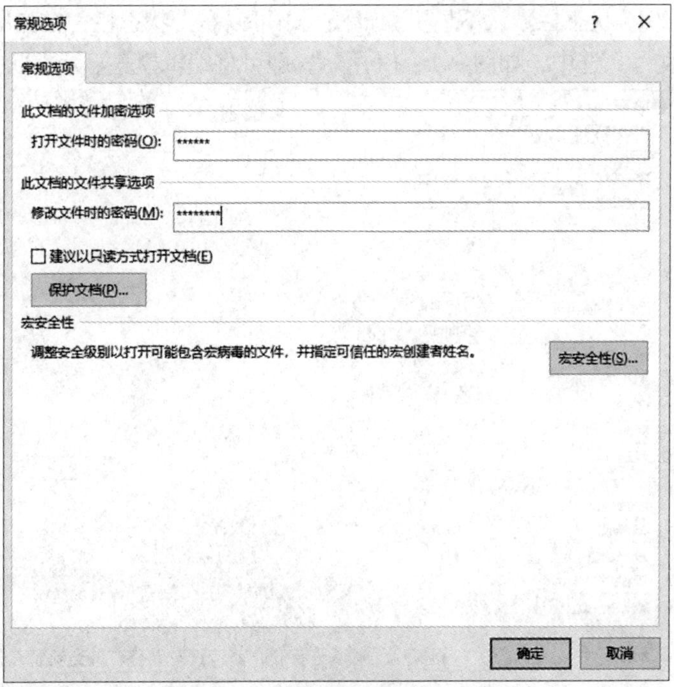

图 3.1－17　"常规选项"对话框

3.1.3 文档基本编辑

3.1.3.1 文档输入模式

Word 2016 提供了两种模式输入文本，一种是插入，另一种是改写。系统默认为插入模式，即在插入点（光标闪烁位置）输入字符时，新字符插入到插入点处，其右边的字符依次向后移动；若是改写模式，在插入点输入字符时，新字符依次覆盖后面的字符，即原字符被新字符代替。两种模式，输入效果不同，如图 3.1 - 18 所示。

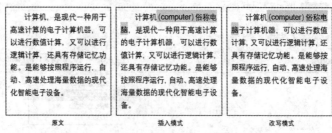

图 3.1 - 18 插入与改写模式比对

Word 2016 状态栏默认不显示编辑模式，可以右击状态栏，在弹出的快捷菜单中将"改写"选中，如图 3.1 - 19 所示，即可将编辑模式显示在状态栏上。

图 3.1 - 19 设置显示编辑模式

图 3.1 - 20 状态栏显示改写模式

插入与改写模式可以相互转换，常用两种方式：

（1）键盘上的"Insert"（或"Ins"）键，可以循环切换两种编辑模式，如图 3.1 - 20 所示为状态栏显示已切换为改写模式。

（2）单击状态栏的"插入"或"改写"按钮，切换到另一模式。

本书将在插入模式下介绍后续内容。

3.1.3.2　文本的输入与删除

1. 输入"符号"或"特殊符号"

输入文本时，除了可以直接通过键盘输入字母、数字、标点符号和一些常用符号，还可以通过"插入"功能输入特殊符号，如"→""①""【""®""©""℃""★""≈""√"等。

在"插入"选项卡的"符号"组中单击"符号"按钮，从下拉列表中可以选择需要的符号，如图 3.1 - 21 所示。或者选择"其他符号"命令，将打开"符号"对话框，选择要插入的符号，单击"插入"按钮，也可直接双击所要选择的字符，即可插入符号，如图 3.1 - 22 所示。若"符号"对话框没有关闭，可多次选择不同字符插入。

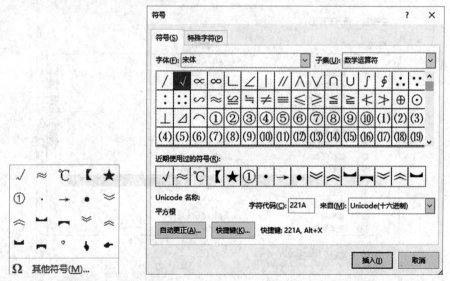

图 3.1 - 21　"符号"下拉列表图　　　　3.1 - 22　"符号"对话框

在"符号"对话框的"符号"选项卡中，各选项的功能如表 3.1 - 2 所示。

表 3.1-2　"符号"选项卡选项功能

选　项	功　能
字　体	选择不同的字体集，输入不同的符号
子　集	在已选字体中选择不同子集，显示各种不同的符号
近期使用过的符号	显示用户最近使用过的 16 个符号，方便用户快速查找
字符代码	所选符号的代码
来　自	所选符号代码的进制
自动更正	对所选符号使用自动更正功能
快捷键	设置所选符号的快捷键输入方式

单击"符号"对话框的"特殊字符"选项卡，在其中可以选择特殊字符，例如：商标符™、版权符ⓒ等，如图 3.1-23 所示。

图 3.1-23　"特殊字符"选项卡

2. 使用"快捷键"和"自动更正"功能输入特殊符号

编辑文档时，若需频繁输入一些特殊符号，可以使用 Word 2016 的"快捷键"和"自动更正"功能,将其设置为快捷键或简单、容易输入的字符串,可以提高输入速度。

例如:将图 3.1 – 24 中的原文通过快捷键"Ctrl + 1"输入符号▱,使用字符输入"fin"自动更正为符号☞,步骤如下:

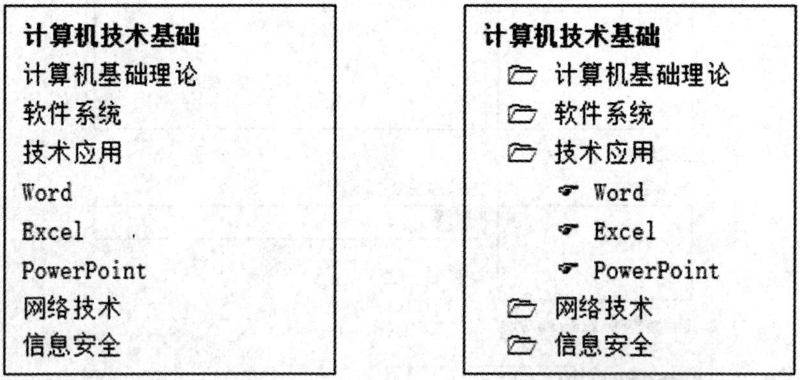

计算机技术基础	计算机技术基础
计算机基础理论	▱ 计算机基础理论
软件系统	▱ 软件系统
技术应用	▱ 技术应用
Word	☞ Word
Excel	☞ Excel
PowerPoint	☞ PowerPoint
网络技术	▱ 网络技术
信息安全	▱ 信息安全
原文	插入特殊符号

图 3.1 – 24　使用"快捷键"和"自动更正"功能输入符号

(1) 在"插入"选项卡的"符号"组中单击"符号"按钮,选择"其他符号"命令,打开"符号"对话框。

(2) 在"字体"列表中选择"Wingdings",并选择符号▱。

(3) 单击"快捷键"按钮,打开"自定义键盘"对话框。

(4) 将光标置于"请按快捷键"文本框中,在键盘上按下需要设置的快捷键"Ctrl + 1",快捷键即显示在文本框中,如图 3.1 – 25 所示。

(5) 单击下面的"指定"按钮,快捷键将添加到左侧"当前快捷键"列表中。

(6) 单击"关闭"按钮,在关闭"符号"对话框后,直接按快捷键"Ctrl + 1",即可输入符号▱。

(7) 在"符号"对话框的"字体"列表中选择"Wingdings",并选择符号☞。

(8) 单击"自动更正"按钮,打开"自动更正"对话框,此时,"替换为"文本框中自动记录了已选择的符号☞。

(9) 在"替换"文本框中输入字符"fin",单击"添加"按钮,可将上述输入添加到"键入时自动替换"列表中,如图 3.1 – 26 所示。

(10) 单击"确定"按钮,关闭"符号"对话框。此后每当输入"fin"后按空格键、回车键等间隔符,即可输入符号☞。

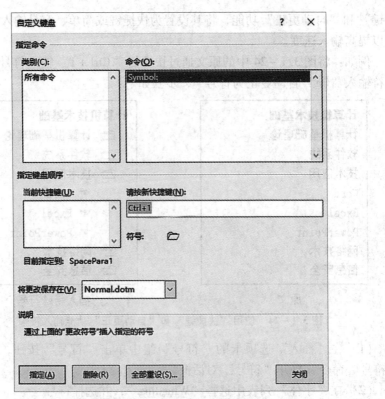

图 3.1-25　定义符号快捷键

图 3.1-26　设置自动更正项

若要取消已设置符号的"快捷键"功能，可在"自定义键盘"对话框的"当前快捷键"列表中选择需删除的快捷键，并单击"删除"按钮；若要取消已设置符号的"自动更正"功能，可在"自动更正"对话框的"替换"字符列表中选择需删除的字符串，并单击"删除"按钮即可。

3. 输入日期和时间

在 Word 2016 中编辑文档，使用"插入"选项卡"文本"组中的"日期和时间"命令，可以打开"日期和时间"对话框，如图 3.1－27 所示，选择需要的日期和时间格式，可以快速输入当前日期和时间。

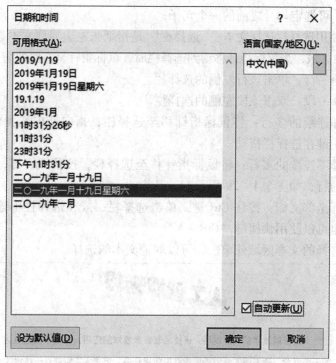

图 3.1－27 "日期和时间"对话框

若选择"使用全角字符"复选框，则可以用全角字符方式显示插入的日期和时间；若选择"自动更新"复选框，则可以对插入的日期和时间格式进行自动更新。

3.1.3.3 文本的基本操作

1. 选择文本

选择文本既可以使用鼠标操作，也可以使用键盘操作。

（1）使用鼠标选择文本。

①选择一个单词或汉语词组：鼠标双击该单词或词组。

②选择任意数量的文本：将鼠标指针移动到所要选择文本的起始处，拖动鼠标左键到所要选择文本的末尾并松手，被选择的文本背景显示为灰色。

③选择大块文本：用鼠标在所需选择的文本起始处单击，再按住 Shift 键，在所需选择的文本末尾单击，则两次单击所包含的文本被选定。

④选择矩形区域中的文本：将鼠标指针移动到所选区域的左上角，按住 Alt 键，向区域右下角拖动，如图 3.1－28 所示。

⑤选择一句文本：按住 Ctrl 键，鼠标指针指向所需选择的句子的任一位置并单击，可选定句号之前的一个句子。

（2）使用选择栏选择文本。“选择栏”是指纸张左边界到文本显示左边界之间的空白区域，当鼠标指针移动到选择栏时，鼠标指针呈右倾的箭头↗显示。

①选择一行：单击该行左侧的选择栏。

②选择一段：双击该段左侧的选择栏。

③选择连续的多行：将鼠标指针移至选择栏，指向所需选择的第一行，按住鼠标左键在选择栏拖动。

④选择不连续的多行：将鼠标指针移至选择栏，按住 Ctrl 键，依次单击所需选择的行，如图 3.1－29 所示。

⑤选择全部文档：按住 Ctrl 键，单击选择栏；或在选择栏中连击三次鼠标左键；也可以使用快捷键“Ctrl + A”。

在已选择的文本区域外单击，可以取消文本的选择。

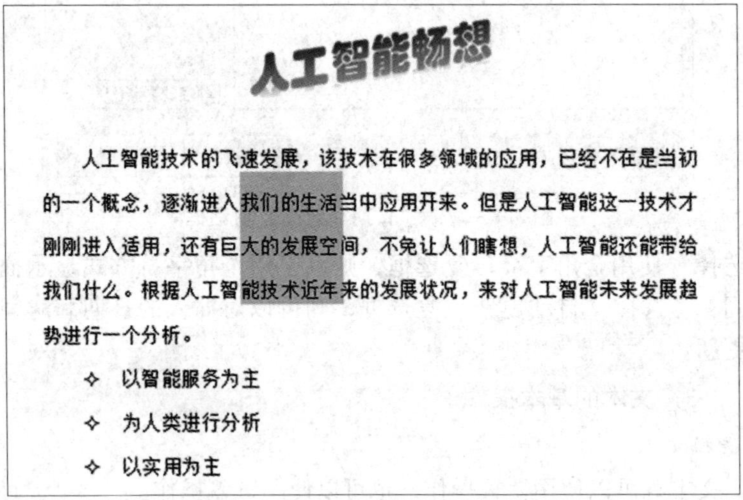
人工智能畅想

人工智能技术的飞速发展，该技术在很多领域的应用，已经不在是当初的一个概念，逐渐进入我们的生活当中应用开来。但是人工智能这一技术才刚刚进入适用，还有巨大的发展空间，不免让人们瞎想，人工智能还能带给我们什么。根据人工智能技术近年来的发展状况，来对人工智能未来发展趋势进行一个分析。

- 以智能服务为主
- 为人类进行分析
- 以实用为主

图 3.1－28　选择矩形区域中的文本

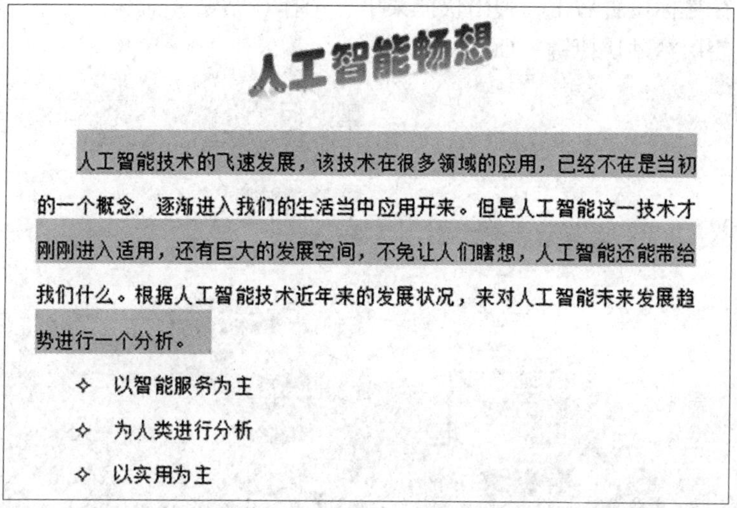
人工智能畅想

人工智能技术的飞速发展，该技术在很多领域的应用，已经不在是当初的一个概念，逐渐进入我们的生活当中应用开来。但是人工智能这一技术才刚刚进入适用，还有巨大的发展空间，不免让人们瞎想，人工智能还能带给我们什么。根据人工智能技术近年来的发展状况，来对人工智能未来发展趋势进行一个分析。

- 以智能服务为主
- 为人类进行分析
- 以实用为主

图 3.1－29　选择不连续的多行

2. 复制和移动文本

在 Word 2016 中，复制和移动文本均可以使用鼠标操作或剪贴板操作方式。

（1）使用鼠标操作。如果文本的源位置和目标位置相距较近，可以在同一屏中显示，使用鼠标操作方式复制或移动文本十分便捷。具体步骤如下：

①选择要复制或移动的文本。

②将选择的文本复制或移动到目标位置。

- 复制文本：按住 Ctrl 键，拖动所选文本到目标位置。
- 移动文本：拖动所选文本到目标位置。

（2）使用“剪贴板”操作。如果文本的源位置距目标位置较远，不能在同一屏中显示，使用剪贴板来复制或移动文本更为精准。具体操作步骤如下：

①选择要复制或移动的文本。

②将选择的文本复制或移动到剪贴板，可使用以下任一方法：

- 单击“开始”选项卡中“剪贴板”组的“复制”或“剪切”命令按钮，如图 3.1－30 所示，将所选文本复制或移动到剪贴板中。
- 右击已选择的文本，在弹出的快捷菜单中选择“复制”或“剪切”命令。
- 使用复制快捷键“Ctrl＋C”或剪切快捷键“Ctrl＋X”。

③将插入点定位到目标位置。

④将存放在剪贴板的文本粘贴到目标位置，可使用以下几种方法：

- 单击“开始”选项卡中“剪贴板”组的“粘贴”命令按钮。

- 在目标位置右击，弹出快捷菜单，选择"粘贴"命令。
- 使用粘贴快捷键"Ctrl + V"。

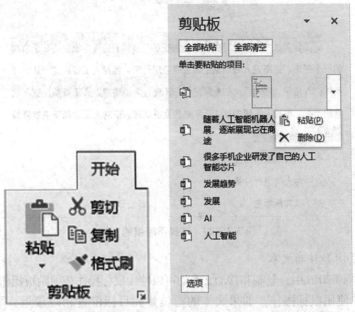

图 3.1 –30　"剪贴板"组　　　图 3.1 –31　"剪贴板"窗格

（3）剪贴板操作。Office 2016 的剪贴板是在使用 Office 组件的过程中，系统在内存开辟的临时区域，最多可以存放最近 24 次被复制或剪切的内容，并按照复制或剪切的先后顺序依次从下向上排列。若剪贴板中内容已存满，而又要继续复制或移动新内容时，Office 将新内容添加至剪贴板并清除第一项内容。

单击"开始"选项卡"剪贴板"组右下角的　按钮，打开"剪贴板"窗格，可执行不同操作：

①单击剪贴板中项目，或单击项目右侧的下拉箭头，选择"粘贴"，可将其粘贴在插入点，如图 3.1 –31 所示。

②单击"全部粘贴"按钮，可顺序粘贴剪贴板中保存的所有内容。

③单击项目右侧的下拉箭头，选择"删除"，可删除该项目。

④单击"全部清空"按钮，可删除剪贴板中所有内容。

剪贴板中保存的内容在 Office 各组件中是共享的，既可以将当前 Word 文档中复制或剪切的内容粘贴到其他 Word 文档中，也可以在不同组件之间复制或移动。

3. 删除文本

编辑文档的过程中，删除文本可以采用不同的方式：

（1）使用 Delete 键，可以删除所选文本或插入点右侧的字符。

（2）使用 Backspace 键，可以删除所选文本或插入点左侧的字符。

（3）选择需要删除的文本，单击"开始"选项卡中"剪贴板"组的"剪切"命令按钮。

4. 查找与替换文本

在长篇文档中，使用 Word 2016 提供的查找与替换功能，可以方便、快速地查找所需文本，而且可以将查找到的文本替换为其他内容，还能够查找和替换指定的格式和其他特殊字符，具有事半功倍的效果。

（1）使用"导航"窗格。单击"开始"选项卡中"编辑"组的"查找"命令按钮，打开"导航"窗格，在文本框中输入所需查找的文本，将在文本框下面显示查找到的数量及结果，并在文档编辑区用黄色底纹突出显示查找到的结果，如图 3.1-32 所示。单击 ▲▼ 按钮，可以定位到上一个或下一个查找结果。

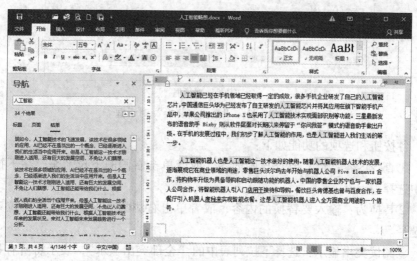

图 3.1-32　"查找"功能

（2）"查找和替换"对话框。单击"查找"下拉列表中的"高级查找"命令或"替换"命令按钮，均可以打开"查找和替换"对话框。"查找"和"替换"选项卡参数大致相同，略有差异，如图 3.1-33 所示。"查找"选项卡以查找指定内容为目标，并可以继续查找；"替换"选项卡不仅能够查找到指定内容，而且能够将找到的内容替换为新内容。

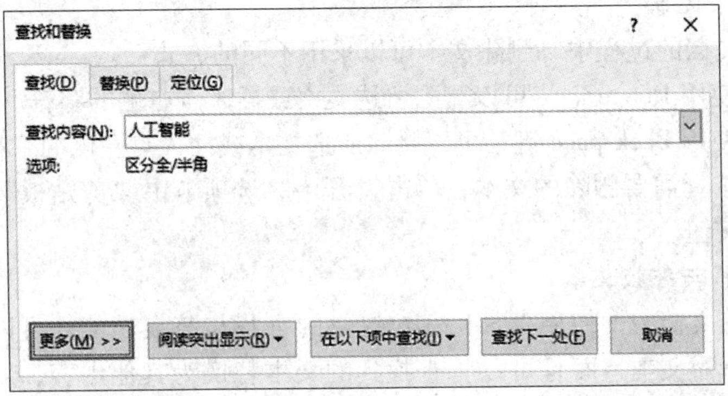

"查找"对话框

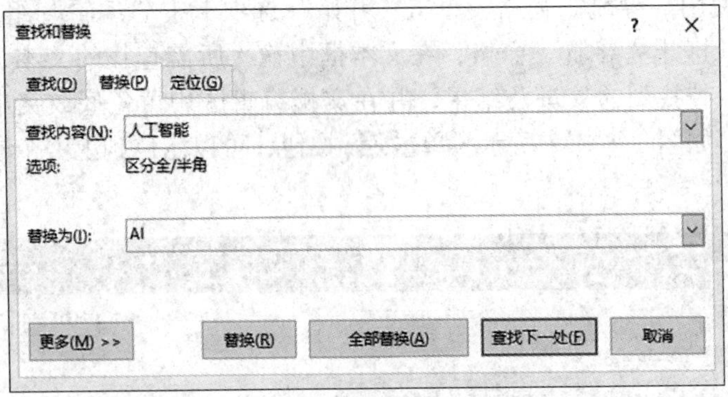

"替换"对话框

图 3.1 – 33　"查找和替换"对话框

各按钮和选项的功能如下：

①查找内容：输入要查找的内容，或者单击右侧的下拉箭头，在下拉列表中选择。

②替换为：输入要替换的内容，或者单击右侧的下拉箭头，在下拉列表中选择。

③阅读突出显示：选择下拉列表中的"全部突出显示"，表示将所有找到的文本用黄色突出显示；选择下拉列表中的"清除突出显示"，则取消所找到文本的突出显示。

④查找下一处：继续查找指定内容，若找到，则用灰色底纹显示。

⑤更多：系统默认为"常规"查找方式，单击"更多"按钮能够展开更多搜索选项，用户可以进一步设置搜索参数，要求系统按照设置方式查找和替换。具体功能见表3.1 – 3。

⑥替换：将当前找到的内容替换为新内容。

⑦全部替换：自动将所有找到的内容替换为新内容。

⑧格式：设置查找或替换内容的格式，如字体、段落、样式等。

⑨特殊格式：查找或替换的内容是特殊字符，如段落标记、分栏符、分节符等。

⑩不限定格式：允许查找或替换内容的所有格式。

表 3.1 - 3 "搜索选项" 功能表

搜索选项		功　能
搜　索	全　部	从插入点开始向文档末尾查找，然后再从文档开头查找到插入点处
	向　下	从插入点开始查找到文档末尾
	向　上	从插入点开始查找到文档开头
区分大小写		查找与指定英文字符具有相同大小写格式的文本
全字匹配		仅查找整个单词，而不是较长单词的一部分
使用通配符		在查找的文本中输入通配符实现模糊查找。例如：字符 "?" 表示该处为任意一个字符；字符 " * " 表示该处为任意多个字符
同音（英文）		查找与指定英文单词发音相同但拼写不同的单词
查找单词的所有形式（英文）		查找单词的所有形式，如复数、过去式、现在时等
区分前缀		查找以指定字符为前缀的文本
区分后缀		查找以指定字符为后缀的文本
区分全/半角		查找文本时区分全/半角
忽略标点符号		查找文本时，忽略结果中的标点符号
忽略空格		查找文本时，忽略结果中的空格

例如：将从网页上下载的文本行后的↓标记全部替换为 Word 2016 文档的段落标记↵，并将文档中所有的缩写字符 "AI" 用专业术语 "人工智能" 表示，并用红色、加粗醒目显示。具体步骤如下：

①单击 "开始" 选项卡中 "编辑" 组的 "替换" 命令按钮，打开 "查找和替换" 对话框。在其中单击 "更多" 按钮，展开 "搜索选项" 设置。

②将鼠标指针定位在 "查找内容" 文本框中，单击 "特殊格式" 按钮，

在弹出的下拉菜单中选择"手动换行符",此时,在"查找内容"文本框中显示"^l"。

③将鼠标指针定位在"替换为"文本框中,单击"特殊格式"按钮,在弹出的下拉菜单中选择"段落标记",此时,在"替换为"文本框中显示"^p",如图3.1－34所示。单击"全部替换"按钮(若是删除所有"↓","替换为"文本框中无需输入任何内容)。

④在"查找内容"文本框中输入"AI",在"替换为"文本框中输入"人工智能",并保持插入点定位在该文本框。

⑤在"搜索选项"中设置"搜索"为"全部";单击"格式"按钮,在下拉菜单中选择"字体"命令,在"查找字体"对话框中设置字体颜色为红色,"字形"为"加粗",单击"确定"按钮,如图3.1－35所示。

⑥返回到"查找和替换"对话框,单击"全部替换"按钮。

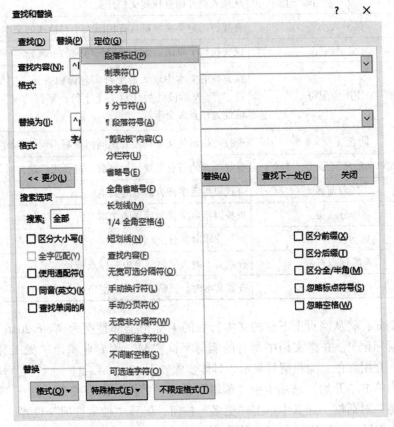

图3.1－34　查找和替换特殊字符

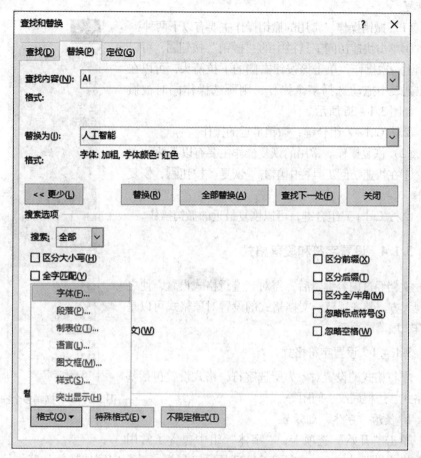

图 3.1 – 35　查找和替换格式

在"查找和替换"对话框中，"定位"选项卡可以帮助用户将插入点快速移动到指定的位置（某页、某节、某行及其他位置）。例如：要将插入点快速定位到第 18 页，可在"定位"选项卡中选择"定位目标"为"页"，在"输入页号"文本框中输入数值"18"，再单击"定位"按钮即可。输入的数值前若加上"＋"或"－"号，分别表示从当前页向后或向前移动的页数，例如：输入数值"＋3"，表示从当前页向后移动 3 页。"定位"选项卡也可以按功能键 F5 打开。

5. 撤销与恢复操作

编辑文档时，Word 2016 会自动记录最近执行的操作。当操作错误时，可以通过撤销功能将错误操作撤销；如果错误撤销了某些操作，还可以使用恢复操作将其恢复。

（1）撤销操作。常用的撤销操作主要有以下两种：

①单击快速访问工具栏中的"撤销"按钮，可以撤销上一次操作，单击该按钮右侧的下拉箭头，可以在弹出列表中拖动选择多个操作，则所选操作同时被撤销，如图 3.1 – 36 所示。

②按 Ctrl + Z 组合键，撤销最近的操作。

（2）恢复操作。常用的恢复操作主要有以下两种：

①在快速访问工具栏中单击"恢复"按钮，恢复操作。

②按 Ctrl + Y 组合键，可以恢复最近的撤销操作。

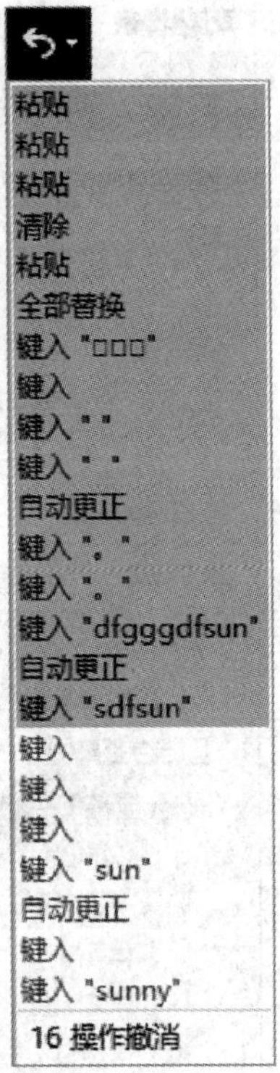

3.1.4　设置字符和段落格式

文档经过内容编辑后，需对其进行格式设置，使之美观大方、整齐规范。文档格式的设置对象格式可以是字符、段落或页面。

3.1.4.1　设置字符格式

字符格式的设置对象为所选字符，格式设置包括基本格式、边框底纹、间距等。

图 3.1 – 36　撤销多个操作

1. 使用"字体"组设置

单击"开始"选项卡，"字体"组中包含了常用字符格式设置的按钮，如图 3.1 – 37 所示。鼠标指针指向字体按钮，略作停顿，即可显示按钮名称及功能说明。选择需要设置格式的字符，单击字体按钮，即可设置为相应的格式。

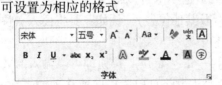

图 3.1 – 37　"字体"功能组

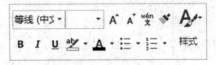

图 3.1 – 38　浮动工具栏

2. 使用浮动工具栏设置

选中需要设置格式的文本，此时选中文本区域的右上角将出现浮动工具栏，使用工具栏提供的命令按钮可以进行文本格式的设置，如图 3.1 – 38 所示。

3. 使用"字体"对话框设置

单击"开始"选项卡"字体"组右下角的对话框启动器 ，打开"字体"对话框，即可进行文本格式的相关设置。其中，"字体"选项卡可以设置字体、字形、字号、字体颜色和效果等，如图3.1－39所示；"高级"选项卡可以设置字符间距和位置等，如图3.1－40所示。设置字体格式时，选项卡下方将显示设置效果的预览图，用户可根据需要决定是否选用该效果。

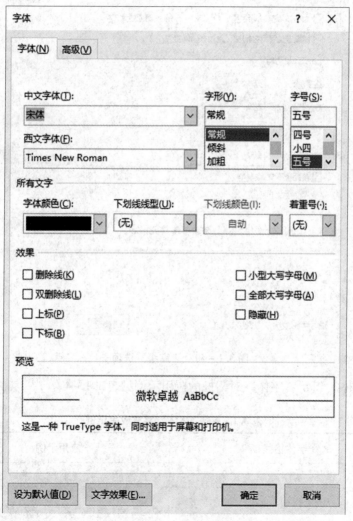

图3.1－39　"字体"选项卡

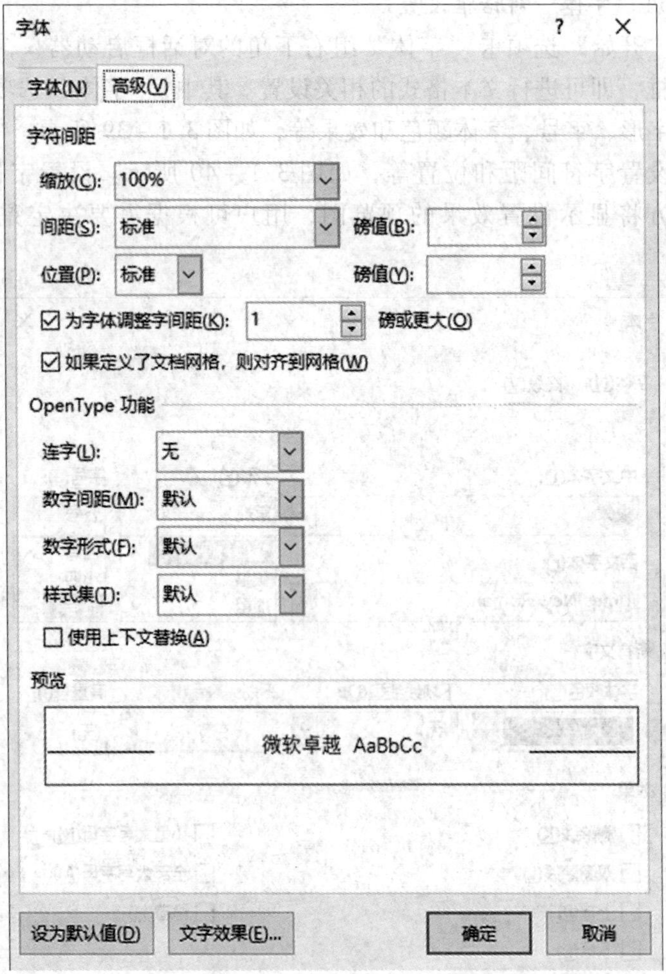

图 3.1 – 40 "高级"选项卡

"字体"组及"字体"对话框的应用示例见表 3.1 – 4。

表 3.1 – 4 "字体"格式应用示例

字体格式	应用示例
默认五号、常规、宋体	人工智能，英文缩写为 AI
四号、黑色、华文新魏、加粗、倾斜、虚下划线	*人工智能，英文缩写为 AI*

续表

字体格式	应用示例
文本效果和版式 Ａ ▾ 设置为"映像丨半映像：接触"	人工智能，英文缩写为 AI
边框、底纹、带圈字符	人工智能，英文缩写为 Ⓐ
文本突出显示 ✍ ▾ 设置为"灰色 – 25%"、拼音指南	rén gōng zhì néng 人工智能，英文缩写为 AI
着重号、缩放 200%	人工智能，英文缩写为 AI
字符间距加宽 3 磅，位置值调整	人 工 智 能 ，英 文 缩 写 为 A I
上标	$(a+b)^3 = a^3 + 3a^2b + 3ab^2 + b^3$
下标	$Fe + CuSO_4 = FeSO_4 + Cu$

4. 设置"中文版式"

中文版式是 Word 2016 提供的又一类字符排版格式，在"开始"选项卡的"段落"组中单击"中文版式"按钮，打开下拉列表，包含纵横混排、合并字符、双行合一、调整宽度、字符缩放等功能，如图 3.1 – 41 所示。中文版式的功能及应用示例见表 3.1 – 5。

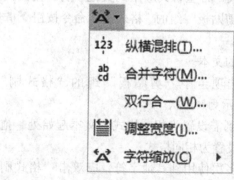

图 3.1 – 41　"中文版式"下拉列表

表 3.1-5　中文版式功能及应用示例

中文版式	功　能	应用示例
纵横混排	将所选字符纵向排列，实现文本纵横混排	人工智能，英文缩写为 AI
合并字符	将所选字符（最多6个）在一行的高度内实现两行排列	人工智能，英文缩写 AI
双行合一	将所选字符在一行的高度内实现两行排列	［人工智能，英文缩写为 AI］
调整宽度	将所选字符调整为指定宽度	人　　工　　智　　能
字符缩放	将所选字符横向缩放指定比例	人 工 智 能

5. 中文简繁体的转换

文档在编辑过程中，有时需要将简体中文转换为繁体，或将繁体中文转换为简体。在选择需转换的文本后，单击"审阅"选项卡中"中文简繁转换"组的相应命令按钮即可，如图 3.1-42 所示。

图 3.1-42　"中文简繁转换"组

6. 格式的复制和清除

对于已经设置好的格式，希望将其应用到其他字符，简捷高效的方法是使用"开始"选项卡中"剪贴板"组的"格式刷"命令按钮 **格式刷**。具体操作步骤如下：

（1）选择已设置格式的文本。

（2）单击"开始"选项卡中"剪贴板"组的"格式刷"命令按钮 **格式刷**，此时鼠标指针显示为 形状。

（3）将鼠标指针移动到需设置为相同格式的文本起始处，拖动鼠标，则鼠标指针所经过的文本被设置为相同格式。

若需将已选字符格式多次使用到其他字符，应双击"格式刷"按钮。当再次单击"格式刷"按钮或按 Esc 键时，即可取消"格式刷"功能。

若要清除已设置的格式，恢复到默认状态，可以采用两种不同的方式：

（1）选择需要清除格式的文本，单击"开始"选项卡中"字体"组的"清除所有格式"按钮🖌。

（2）使用组合键 Ctrl + Shift + Z。

3.1.4.2　设置段落格式

Word 2016 段落是指以段落标记"↵"作为结束的一段文字，是段落格式设置的基本单位。输入文本时，每按一次 Enter 键就会插入一个段落标记，生成一个段落；若删除段落标记，后面一段文本就会连接到前一段文本之后，两段合二为一。

有时，为了排版的需要，按组合键"Shift + Enter"，会显示"↓"标记，显示为两个自然段，实际上，"↓"标记所在自然段与下一自然段是同一段落。

段落格式设置是以段落为单位进行排版的。

1. 段落格式的设置

若是设置一个段落的格式，只需将插入点定位于该段落；若需设置相同格式的段落有多个，应选择多个段落，再进行格式设置。

（1）使用标尺设置段落缩进。段落缩进是指文本与页边距之间的距离，包括"首行缩进""悬挂缩进""左缩进""右缩进"，水平标尺上有四种对应的缩进标记，如图 3.1 - 43 所示。将鼠标指针移动到缩进标记上，将显示其名称。拖动缩进标记，能够直观地调整段落缩进。

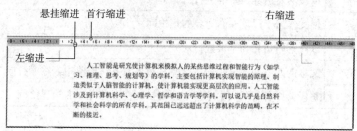

图 3.1 - 43　缩进标记

四种缩进方式的功能见表 3.1 - 6。

表 3.1 - 6　缩进方式功能表

缩进方式	功　　能
首行缩进	设置段落第一行第一个字符的起始位置
悬挂缩进	设置段落中除第一行之外的其他行的起始位置
左 缩 进	设置段落左边界的位置
右 缩 进	设置段落右边界的位置

拖动缩进标记，下方会出现一条虚的竖线，表示缩进的实际位置。如果在拖动缩进标记的同时按住 Alt 键，那么标尺上会显示出具体的缩进值。

（2）使用对齐按钮设置段落水平对齐方式。段落对齐方式是指段落中的文字在水平方向排列对齐的基准，包括"左对齐""居中对齐""右对齐""两端对齐""分散对齐"5 种，位于"开始"选项卡的"段落"组中。如图 3.1-44 所示。

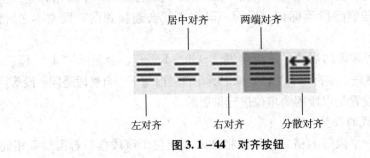

图 3.1-44　对齐按钮

对齐方式的含义见表 3.1-7。

表 3.1-7　对齐方式的含义

对齐方式	含　义
左 对 齐	以段落左边界为基准进行对齐
居中对齐	使文本居于段落左右边界的正中间
右 对 齐	以段落右边界为基准进行对齐
两端对齐	文本的左右两端分别向段落左右边界对齐，段落中未输满行向左对齐
分散对齐	将段落中各行的文本字符等距离排列在段落左、右边界之间

（3）使用"段落"对话框设置段落参数。单击"开始"选项卡中"段落"组右下角的对话框启动器按钮，打开"段落"对话框，在"缩进和间距"选项卡中可以设置段落对齐方式、大纲级别、缩进方式、间距以及行距，如图 3.1-45 所示。

在"间距"栏中，通过"段前"和"段后"数字框可以设置所选段落与上一段或下一段之间的距离。"行距"表示所选段落中各行之间的距离，有单倍行距、1.5 倍行距、2 倍行距、最小值、固定值、多倍行距等六种不同的设置。

图 3.1－45 "段落"对话框

（4）复制或删除段落格式。段落格式存储在段落标记中，当结束一个段落，按 Enter 键开始新段落时，段落格式也随之应用到新段落中。另外，使用"剪贴板"组中的"格式刷"按钮，也可以将所选段落的格式应用到其他段落中，操作方式与复制字符格式相同。

需要清除段落格式时，只需在选择段落后，使用快捷键 Ctrl + Q 即可。

2. 项目符号和编号

文档编辑过程中，经常要在某些段落前加上编号或特定符号，手工输入不仅效率低下，而且在增、删段落时，还需要修改编号顺序，容易出错。可以使用 Word 2016 提供的自动添加项目符号和编号的功能，该功能以段落为单位，每一段落为一个项目。

（1）输入文本时自动创建项目符号和编号。

①自动创建项目符号。先输入一个星号"＊"，再输入一个空格，星号会自动变成黑色圆点的项目符号。输入一段文本后按 Enter 键，新的段落开始处将自动创建同样的项目符号。若要结束自动创建项目符号，在新起的段落按Backspace 键，删除插入点前的项目符号，或者再按一次 Enter 键。

②自动创建编号。在输入文本时，先输入"1、"" (1)""一、""第一、""A、"等格式的起始编号，然后输入文本。当按 Enter 键时，在新的段落开始处就会自动接续上一段进行编号。如果要结束自动创建编号，在新起的段落按 Backspace 键删除插入点前的编号，或者再按一次 Enter 键。在建立编号的段落中，删除或插入某一段落时，系统能够重新自动连续编号，不需人工调整。

如果不想在输入时自动创建项目符号或编号，可以选择"文件"菜单中的"选项"命令，打开"Word 选项"对话框，在"校对"选项卡中单击"自动更正选项"按钮，在新打开的"自动更正"对话框中单击"键入时自动套用格式"标签，取消"自动项目符号列表"和"自动编号列表"的选择，如图 3.1 - 46 所示，依次单击"确定"按钮即可。

（2）为已输入的文本添加项目符号和编号。选择需要添加项目符号或编号的段落，单击"开始"选项卡中"段落"组的"项目符号"按钮三 ▼或"编号"按钮三 ▼，可以在选定的段落前设置默认或最近使用过的项目符号或编号。

（3）选择其他项目符号和编号。单击"开始"选项卡中"段落"组的"项目符号"或"编号"按钮右侧的下拉箭头，将有打开更多的项目符号或编号列表供选择使用，如图 3.1 - 47 所示。

图 3.1 - 46 "自动更正"对话框

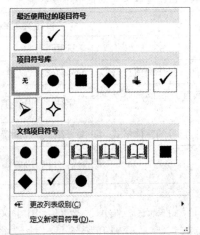

"项目符号"样式   "编号"样式

图 3.1 – 47 其他项目符号和编号

如果需要选择其他项目符号和编号样式，或进一步设置其他参数，可以单击"定义新项目符号"或"定义新编号格式"按钮，在打开的"定义新项目符号"或"定义新编号格式"对话框中设置，如图 3.1 – 48 所示。

"定义新项目符号"对话框   "定义新编号格式"对话框

图 3.1 – 48 定义新项目符号和编号对话框

定义新项目符号和编号对话框中的参数含义见表 3.1 – 8。

表 3.1 – 8 定义新项目符号和编号对话框中参数表

定义新项目符号		自定义新编号格式	
选项	含 义	选项	含 义
符号	打开"符号"对话框,选择其他符号作为项目符号	编号样式	设置编号基本样式
图片	打开"插入图片"对话框,选择其他图片作为项目符号	字体	设置编号的字体格式
字体	打开"字体"对话框,设置项目符号的字体格式	编号格式	设置编号的格式
对齐方式	设置项目符号的对齐方式	对齐方式	设置编号的对齐方式

（4）重新编号、继续编号和设置编号起始值。有时，由于文档编写结构的调整，对于已经设置编号的段落，需要重新开始编号、接续前面的段落编号或自定义一个起始编号，可以采用以下两种方法：

①将插入点定位于需重新编号的段落，在"编号"按钮的下拉列表中选择"设置编号值"命令，打开"起始编号"对话框，从中选择"开始新列表"、"继续上一列表"或"值设置为"，单击"确定"按钮，如图 3.1 – 49 所示。

②右击需重新编号的段落，在弹出的快捷菜单中选择"重新开始于 1"、"继续编号"或"设置编号值"，如图 3.1 – 50 所示。

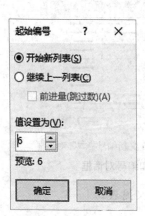

图 3.1 – 49 "起始编号"对话框

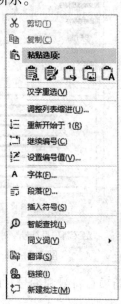

图 3.1 – 50 编号设置快捷菜单

（5）设置多级列表。单击"开始"选项卡中"段落"组的"多级列表"按钮，可以创建多达 9 级的多级项目符号和编号，且编号和项目符号可以混合使用。需要注意的是：

①多级符号应逐级设置。对于每一级项目，用户应首先选择设置的级别，再设置该级项目符号或编号。

②若需将项目降低一个级别，可在选择该项目后，单击"开始"选项卡中"段落"组的"增加缩进量"按钮或按 Tab 键。

③若需将项目提升一个级别，可在选择该项目后，单击"开始"选项卡中"段落"组的"减少缩进量"按钮 或按组合键 Shift + Tab。

例如：使用"多级列表"功能将图 3.1 – 51 中的原文设置为多级编号和多级项目符号形式。

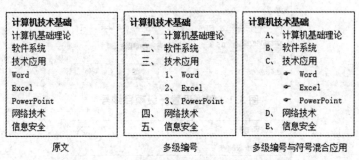

图 3.1 – 51　多级编号和多级项目符号示例

具体操作步骤如下：

①选择原文中"计算机技术基础"之下的所有文本。

②单击"开始"选项卡中"段落"组的"多级列表"按钮，选择"定义新的多级列表"命令，打开"定义新的多级列表"对话框。

③在"单击要修改的级别"列表中选择"1"。

④在"此级别的编号样式"中选择"一，二，三（简）…"。

⑤在"输入编号样式的格式"文本框的"一"后面添加顿号"、"。

⑥在"对齐位置"和"文本缩进位置"数值框均输入"0.5 厘米"，所有参数设置值如图 3.1 – 52 所示。

⑦在"单击要修改的级别"列表中选择"2"，设置编号样式、格式、对齐方式等参数设置值如图 3.1 – 53 所示。

⑧单击"确定"按钮，此时，所有选定的文本前均已设置一级项目编号为大写数字加顿号。

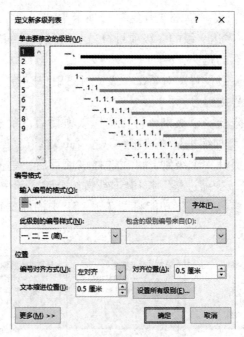

图 3.1 – 52　设置一级项目编号

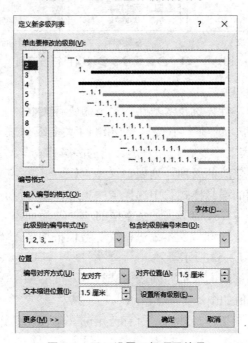

图 3.1 – 53　设置二级项目编号

⑨选择"Word""Excel""PowerPoint"等文本,单击"开始"选项卡中"段落"组的"增加缩进量"按钮▸☰或按 Tab 键,使其降低一个级别,显示二级项目编号为数字加顿号。

若是设置多级项目符号,基本步骤与上述相同,只是在设置编号样式时,应在"此级别的编号样式"中选择"新建项目符号...",其他相同,不再赘述。

(6)删除项目符号和编号。若要删除项目符号和编号,在选择相应的项目后,单击"开始"选项卡中"段落"组的"项目符号"或"编号"按钮右侧的下拉箭头,单击下拉列表中的"无"选项即可。

3. 边框和底纹

编辑文档时,为了使文档更加引人注目,可以根据需要为字符、段落、甚至文档页面添加边框和底纹,使整个版面设计更具艺术性。边框是围绕在字符、段落或页面四周的线框,而底纹则是填充在字符或段落下面的背景色,如图 3.1-54 所示。

人工智能是 21 世纪尖端技术之一,智能机器人是当前 人工智能 领域热门的研究方向,专家系统也是 人工智能 中非常重要的应用领域。

字符边框

人工智能从最初只在科幻电影中存在,到如今出现在我们的生活中,应用领域已是非常广泛。智能家居、智能楼宇、智能社区、智能网络、智能电力、智能交通、智能控制技术等,智能无处不在。

段落边框和底纹   页面边框

图 3.1-54 边框和底纹应用

(1)设置或取消设置字符/段落边框。设置或取消设置字符/段落边框,常用下列两种方式:

①单击"开始"选项卡中"字体"组的"字符边框"按钮A,可以快速为字符添加简单的边框,或取消已设置的边框。

②选择要添加边框的字符或段落,单击"开始"选项卡中"段落"组中"边框"下拉箭头▦ ▾,在下拉菜单中选择需要的边框样式,或选择"边框和底纹"命令,打开"边框和底纹"对话框,在"边框"选项卡中进行相关设置,如图 3.1-55 所示。

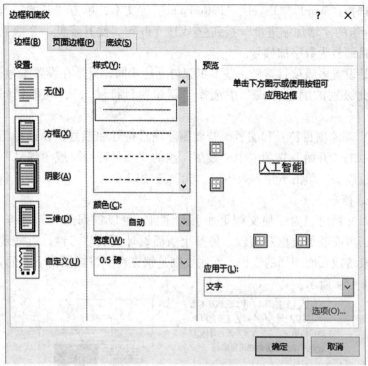

图 3.1 – 55　"边框"选项卡

"边框"选项卡中各选项的功能见表 3.1 – 9。

表 3.1 – 9　"边框"选项卡选项功能

选　项		功　能
设　置	无	没有边框，或取消已设置的边框
	方框	在选择的字符或段落四周设置常规边框
	阴影	在边框的右下角带有少量阴影
	三维	具有窗口或画框效果
	自定义	通过右侧"预览"的边框按钮自由设置或取消上、下、左、右边框
样　式		设置边框的线型样式
颜　色		设置边框颜色
宽　度		设置边框的宽度
应用于		设置边框应用的对象为文字或段落

（2）设置或取消设置页面边框。页面边框是指文档每页显示的边框，有时可以使打印出的文档更加美观。单击"边框和底纹"对话框的"页面边框"选项卡，可以设置页面边框的样式、颜色和宽度，或取消已有设置；在"艺术型"下拉列表中选择一种样式，可以设置更丰富的艺术效果，如图 3.1 – 56 所示。

若是在"页面边框"选项卡的"应用于"下拉列表框中选择"整篇文档"选项，所有的页面都将应用所选边框样式；如果选择"本节"选项，只对当前的"节"设置有效。"节"请参看本书第 3.1.7.1 节。

（3）设置或取消置底纹。设置底纹不同于设置边框，底纹设置只对字符、段落有效，不能应用于页面。单击"边框和底纹"对话框的"底纹"选项卡，可以设置或取消底纹的颜色和图案，在"应用于"下拉列表中可以设置添加底纹的对象，包括文字或段落，如图 3.1 – 57 所示。

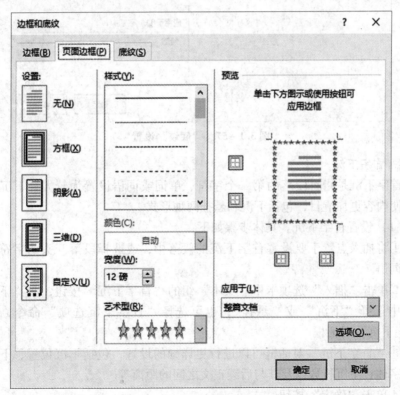

图 3.1 – 56　"页面边框"设置

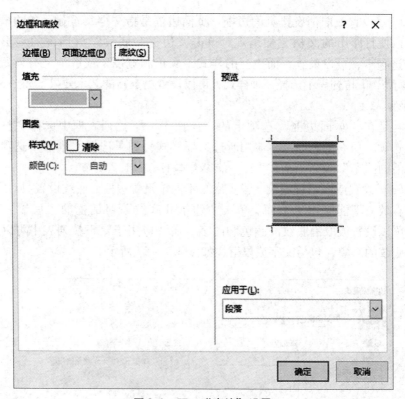

图 3.1 - 57   "底纹"设置

4. 首字下沉

首字下沉是指将段落的第一个字符、单词或词语设置为较大且下沉的格式，使内容更加醒目，包括下沉和悬挂两种形式。

（1）设置首字下沉。具体步骤如下：

①将插入点置于要设置首字下沉的段落中，或选择段落开头的字符、单词或词语。

②单击"插入"选项卡中"文本"组的"首字下沉"按钮，在"下拉列表"中选择"下沉"或"悬挂"；也可选择"首字下沉选项"命令，打开"首字下沉"对话框。

③"首字下沉"对话框可以进行更详细的设置，包括下沉位置、下沉字符的字体、下沉行数以及其与后续正文之间的距离等。

④单击"确定"按钮。

如图 3.1 - 58 所示为下沉模式，如图 3.1 - 59 所示为悬挂模式。

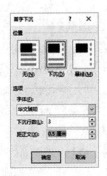

智
能助理显身手。只需对咖啡机说一句“我想喝杯咖啡”，甚至无需告诉它口味是什么，一杯不加糖、脱脂奶的美式咖啡就到了你手边，答案就在往日积累的口味偏好数据中。
首字下沉
位置
无(N)
下沉(D)
悬挂(M)
选项
字体(F):
华文琥珀
下沉行数(L):
3
距正文(X):
0.5 厘米
确定
取消

图 3.1－58　下沉及参数示例

智
能助理显身手。只需对咖啡机说一句“我想喝杯咖啡”，甚至无需告诉它口味是什么，一杯不加糖、脱脂奶的美式咖啡就到了你手边，答案就在往日积累的口味偏好数据中。
首字下沉
位置
无(N)
下沉(D)
悬挂(M)
选项
字体(F):
华文行楷
下沉行数(L):
3
距正文(X):
0.5 厘米
确定
取消

图 3.1－59　悬挂及参数示例

(2) 取消首字下沉。只需在“首字下沉”下拉列表或对话框中选择“无”即可。

3.1.5　表格应用

表格是日常工作中经常使用的形式，简明扼要、数据清晰，其应用十分广泛，如会议议程、成绩统计、求职履历、财务报表等，如图 3.1－60 所示为“小组赛程”表应用示例。

人工智能小组赛					
时间 组别	上　午			下　午	
人工智能方案设计	8:00-8:50	梦想成真队	休 息	14:00-14:50	城市之光队
	9:00-9:50	绿森林队		15:00-15:50	小月河队
	10:00-10:50	WTD 队		16:00-16:50	爱心甲乙丙队
人工智能应用系统	8:00-8:50	爱码队		14:00-14:50	绿色卫士队
	9:00-9:50	小虎队		15:00-15:50	心向蓝天队
	10:00-10:50	军都山下队		16:00-16:50	Y&M 队

图 3.1－60　“小组赛程”表应用示例

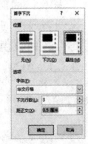

3.1.5.1　创建表格

常规表格由若干横行和竖列构成，最邻近的两条横线与两条竖线所形成的长方形格子称为单元格。每个单元格是独立的编辑单元，用于存放文字、数字或图形。单元格可以根据需要进行合并或拆分。

1. 使用"表格"按钮创建表格

使用"表格"按钮的方法创建表格，直观简捷，可以生成最多 8 行、10 列的简单表格，具体步骤如下：

（1）将插入点置于要创建表格的位置。

（2）单击"插入"选项卡中"表格"组的"表格"下拉箭头。

（3）在下拉列表显示的网格中拖动选择所需的行数和列数，网格上方同时显示已选定的行、列数值。以"小组赛程"表为例，应拖动选择 6 列、8 行的网格，如图 3.1－61 所示。松开鼠标，即可生成表格。

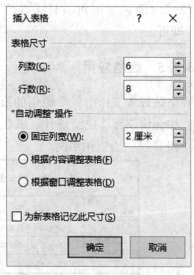

图 3.1－61　"表格"按钮　　　　图 3.1－62　"插入表格"对话框

2. 使用"插入表格"命令创建表格

使用下拉列表中的"插入表格"命令创建表格，可以进行更为精确的设置，具体步骤如下：

（1）将插入点置于要创建表格的位置。

（2）单击"插入"选项卡中"表格"组的"表格"按钮，在下拉列表中选择"插入表格"命令，打开"插入表格"对话框。如图 3.1 - 62 所示。

（3）在"插入表格"对话框中指定行数、列数及列宽，单击"确定"按钮。

3. 使用内置表格模板创建表格

Word 2016 提供了一些内置表格样式，用户可以根据需要选择使用，提高效率。单击"插入"选项卡中"表格"组"表格"按钮，在下拉菜单中选择"快速表格"命令，然后在弹出的子菜单中选择需要的内置表格样式，如图 3.1 - 63 所示。

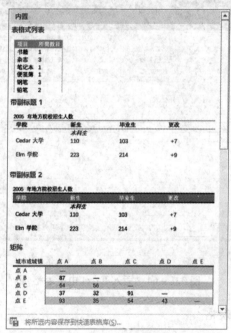

图 3.1 - 63　内置表格样式

4. 手动绘制表格

有时需要创建不规则表格，或绘制斜线表头等，使用"绘制表格"功能，可以如同用笔一样，随心所欲地绘制复杂的表格。

单击"插入"选项卡中"表格"组"表格"按钮，在下拉列表中选择"绘制表格"命令，此时鼠标指针变为笔形，即可绘制任意表格。

如果在绘制过程中出现错误，将插入点定位在表格中，将出现"表格工具"选项卡,单击"布局"子选项卡,在"绘图"组中单击"橡皮擦"按钮,待鼠标指针变成橡皮形状时,单击要删除的表格线段,或沿着线段方向拖动鼠标,该线段呈高亮显示,松开鼠标,即可删除该线段。

5. 插入 Excel 电子表格

单击"插入"选项卡中"表格"组的"表格"按钮,在下拉菜单中选择"Excel 电子表格"命令,可以在插入点位置插入 Excel 电子表格,窗口切换到Excel,充分利用 Excel 的数据管理功能,如图 3.1 – 64 所示。在表格之外单击,可以返回 Word 2016 窗口。关于 Excel 的使用,详见本书第 3.2 节"表格处理软件 Excel 2016"。

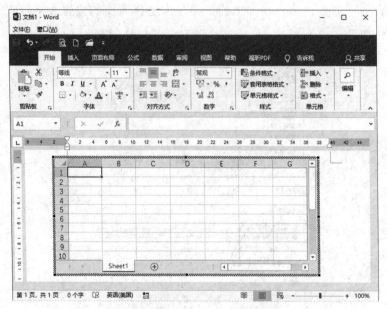

图 3.1 – 64　插入 Excel 电子表格

3.1.5.2　编辑表格

表格创建之后,通常要对它进行进一步修改完善,以满足不同的需要。

1. 选择表格

(1) 使用鼠标选择。表格创建完毕,鼠标指针移动到表格不同位置时,形状会发生变化。当鼠标指针到达单元格左侧框线,由 I 型变为↗时,表示位于单元格选择栏中;当鼠标指针到达表格左侧框线,变为↗时,表示位于行选择栏中;当鼠标指针到达表格最上框线,变为↓时,表示位于列选择栏中;当鼠标指针移动到表格任意位置,其左上角即出现全选框⊞。

使用鼠标操作，可以直观地选择表中不同对象，具体使用见表 3.1 – 10。

表 3.1 – 10 鼠标选择表格对象

选择对象		操 作
一个单元格		单击单元格选择栏
一行		单击行选择栏
一列		单击列选择栏
多个单元格、行、列	连续	拖动选择。或者选择一个对象（单元格、行或列）后，按住 Shift 键，单击选择其他对象
	不连续	按住 Ctrl 键，依次单击选择其他单元格、行或列选择栏
全表		单击全选框

（2）使用"选择"命令。将插入点置于表格中，选择"表格工具"选项卡中的"布局"子选项卡，在"表"组中单击"选择"命令按钮，如图 3.1 – 65 所示，即可在下拉菜单中选择需要的对象：单元格、列、行或表格。

图 3.1 – 65 "选择"下拉菜单

2. 插入操作

在表格中，插入单元格或行、列，可以采用不同的方式：

（1）在要插入新单元格（或行、列）的位置选择一个或多个单元格（或行、列）。

（2）选择"表格工具"选项卡，在"布局"子选项卡的"行和列"组中（如图 3.1 – 66 所示）执行不同操作，插入不同对象。

①单击任一插入按钮，可以在所选对象的上方或下方插入一行或多行，也可以在所选对象的左侧或右侧插入一列或多列。

②单击"行和列"组右下角的对话框启动器按钮，打开"插入单元格"对话框（如图 3.1 – 67 所示），可以在所选对象左侧或上方插入单元格或行、列。

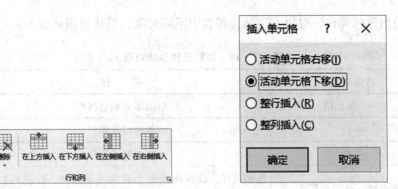

图 3.1-66 "行和列"功能组   图 3.1-67 "插入单元格"对话框

此外，将插入点定位在表格右侧框线之外，按 Enter 键，可以在插入点所在行下方插入新行；若要在表格最后一行下方添加新行，也可以将插入点定位到表格最后一个单元格，然后按 Tab 键。

3. 删除操作

在 Word 2016 中，可以删除单元格、行、列，甚至整个表格。选择要删除的单元格、行或列，选择"表格工具"选项卡，在"布局"子选项卡的"行和列"组中单击"删除"按钮，打开下拉菜单，如图 3.1-68 所示，执行不同操作，删除不同对象。

(1) 单击任一删除命令，可以删除所选的行、列或表格。

(2) 单击"删除单元格…"命令，打开"删除单元格"对话框（如图 3.1-69 所示），可以删除所选单元格或行、列。

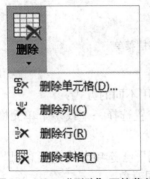

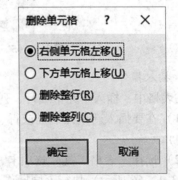

图 3.1-68 "删除"下拉菜单   图 3.1-69 "删除单元格"对话框

4. 调整表格

(1) 自动调整行高和列宽。选择需要调整的行或列，打开"表格工具"选项卡的"布局"子选项卡，在"单元格大小"组中单击"自动调整"按钮，从弹出下拉菜单中选择相应命令，即可便捷地调整表格的行与列，下拉菜单如图 3.1 – 70 所示，命令功能见表 3.1 – 11。

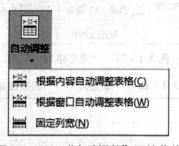

图 3.1 – 70　"自动调整"下拉菜单

表 3.1 – 11　"自动调整"命令功能

命　令	功　　能
根据内容自动调整表格	根据单元格的内容自动调整表格的行高和列宽
根据窗口自动调整表格	根据窗口大小自动调整表格的行高和列宽
固定列宽	单元格的内容到达所在列宽度时自动换行，使列宽保持不变

（2）使用鼠标拖动调整行高、列宽。调整行高时，将鼠标指针指向需调整行的下边框，或将鼠标指针指向垂直标尺上的行标记▬，使鼠标指针变成双向箭头，拖动鼠标至所需位置，表格行高随之改变。

调整列宽时，先将鼠标指针指向表格中所要调整列的边框，待鼠标指针变成双向箭头时，使用以下几种不同的操作方法，可以达到不同的调整列宽效果：

①拖动边框，边框左右两列的宽度发生变化，而整个表格的总体宽度不变。

②按住 Shift 键并拖动鼠标，边框左边一列的宽度发生改变，整个表格的总体宽度随之改变。

③按住 Ctrl 键并拖动鼠标，边框左边一列的宽度发生改变，边框右边各列也发生均匀变化，而整个表格的总体宽度不变。

此外，当鼠标指针移动到表格时，即可在表格右下角出现正方形的尺寸框 口。将鼠标指针移动到尺寸框，变成倾斜的双向箭头，拖动鼠标即可调整表格行高、列宽。若在拖动过程中按住 Shift 键，表格的大小将按等比例调整。

（3）使用命令按钮调整行高和列宽。选择需要调整的行或列，打开"表格工具"选项卡的"布局"子选项卡，在"单元格大小"组中使用不同的命令按钮调整行高和列宽，如图 3.1 – 71 所示，按钮功能见表 3.1 – 12。

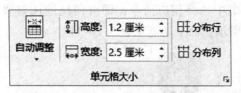

图 3.1 - 71   "单元格大小"组

表 3.1 - 12   "单元格大小"组按钮功能

按　钮	功　能
高　度	设置所选行的高度
宽　度	设置所选列的宽度
分布行	均分所选行的高度
分布列	均分所选列的宽度

（4）使用对话框调整行高和列宽。选择需要调整的行或列，选择"表格工具"选项卡中的"布局"子选项卡，在"单元格大小"组中单击对话框启动器按钮，打开"表格属性"对话框，选择"行"或"列"选项卡（如图3.1 - 72 所示），在数值框中输入要调整的行高或列宽值，单击"确定"按钮，即可精确地调整行高与列宽。此外，还可以通过"上一行"或"下一行"、"前一列"或"后一列"调整上、下行的高度和前、后列的宽度。

"行"选项卡   "列"选项卡

图 3.1 - 72   "表格属性"的"行""列"选项卡

（5）调整表格的位置。表格位置的调整可以采用以下两种不同的方法：

①拖动表格左上角的全选框⊞，可以将表格移动到其他位置。

②右击表格，在弹出的快捷菜单中选择"表格属性"命令，打开"表格属性"对话框，选择"表格"选项卡，设置表格的对齐方式和文字环绕方式，如图3.1-73所示。

| "表格"选项卡 | 对齐和文字环绕示例 |

图3.1-73　表格的对齐方式和文字环绕方式

（6）复制或移动表格中的数据。表格中数据的复制或移动与文本的复制和移动相同，可以使用鼠标、"剪贴板"操作，也可使用快捷键等多种方式，此处不再赘述。

3.1.5.3　美化表格

好的表格，应有典型精确的数据、合理的结构、美观的视觉效果。

1. 设置边框和底纹

为表格添加边框和底纹，具体步骤如下：

（1）选择需要设置边框和底纹的单元格、行、列或表格。

（2）单击"表格工具"选项卡中的"设计"子选项卡，使用"边框"组设置，如图3.1-74所示。

①单击相应的命令按钮，可以设置不同的边框样式、颜色、粗细等。

②单击"边框刷"按钮，可以将已设置的边框样式应用到其他的表格边框，直到再次单击取消。

③单击"边框"组右下角的对话框启动器按钮，打开"边框和底纹"对话框设置。

（3）单击"表格工具"选项卡中的"设计"子选项卡，在"表格样式"组中使用"底纹"命令按钮，可以添加底纹；也可以选择需要的"表格样式"应用到表格。

图 3.1 – 74　"边框"组

2. 合并与拆分

制作表格，有时需要将多个单元格合并为一个，或是将一个单元格拆分成多个。示例"小组赛程"表的表头、行标题和列标题及"休息"区域都使用了单元格合并功能。合并与拆分单元格均需使用"表格工具"选项卡中"布局"子选项卡的"合并"组，如图 3.1 – 75 所示。

（1）合并单元格。选择需要合并的单元格后，单击"合并"组中的"合并单元格"按钮，或是右击选中的单元格，在弹出的快捷菜单中选择"合并单元格"命令，即可将选择的单元格合并为一个。

（2）拆分单元格。拆分单元格是合并单元格的逆操作。选择要拆分的单元格，单击"合并"组中的"拆分单元格"按钮，或是右击选中的单元格，在弹出的快捷菜单中选择"拆分单元格"命令，将打开"拆分单元格"对话框（如图 3.1 – 76 所示），设置需拆分的列数和行数即可。

（3）拆分表格。若要将表格拆分为上、下两个表格，首先将插入点置于要拆分表格的位置，然后单击"合并"组的"拆分表格"命令或使用快捷键 Ctrl + Shift + Enter，可以将表格一分为二，插入点所在行成为下一个表格的第一行。

如果要合并两个表格，只需删除两个表格之间的段落标记即可。

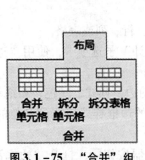

图 3.1 – 75　"合并"组

图 3.1 – 76　"拆分单元格"对话框

3. 设置表格文本格式

（1）设置表格文本字形、字体、字号和颜色。选择表格中需设置格式的字符，按照 Word 2016 文档中文本字体格式设置方法操作。

（2）设置单元格中文本的对齐方式。选择需要设置文本对齐方式的单元格，使用"表格工具"选项卡中"布局"子选项卡的"对齐方式"组，可以设置文本在单元格中水平及垂直方向的 9 种对齐方式，如图 3.1 –77 所示。

示例"小组赛程"表中的文本除了斜线表头外，其余单元格采用了"水平居中"或"中部两端对齐"的方式。

（3）设置表格文本排版方向。选择需要调整文本方向的单元格，单击"对齐方式"组中"文字方向"按钮，可将文本的排版方向在水平与垂直之间转换。

示例"小组赛程"表中的文本"休息"即为垂直排版方式。

4. 制作表格斜线

制作表格，有时会用到斜框线，常用以下几种方法：

（1）选择单元格，在"开始"选项卡的"段落"组中单击"边框"下拉箭头，在下拉菜单中选择"斜下框线"或"斜上框线"命令。

（2）选择单元格，在"表格工具"选项卡的"设计"子选项卡中，单击"边框"组的"边框"下拉箭头，在下拉菜单中选择"斜下框线"或"斜上框线"命令，如图 3.1 –78 所示。

（3）在"插入"选项卡的"表格"组中，单击"表格"下拉按钮，选择"绘制表格"命令，鼠标指针呈笔形显示，即可绘制表格框线，包括斜线。

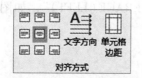

图 3.1 –77　"对齐方式"组　　　图 3.1 –78　"边框"下拉菜单

5. 跨页表格使用相同标题

有时表格数据较多，需要跨页显示。为了使读者准确了解每页数据内容，应使分布在各页的表格具有相同的标题。

例如：如图 3.1 - 79 所示为 2 页显示的"小组赛成绩表"，每页具有相同标题。具体设置步骤如下：

人工智能小组赛成绩表						
参赛小组	评委1	评委2	评委3	评委4	评委5	平均分
梦想成真队	78	82	85	80	83	
绿森林队	79	78	82	75	83	
WTD 队	91	92	90	89	93	
城市之光队	78	85	81	83	82	
小月河队	95	96	95	97	95	
爱心甲乙丙队	88	85	90	87	83	

人工智能小组赛成绩表						
参赛小组	评委1	评委2	评委3	评委4	评委5	平均分
爱码队	85	88	91	89	90	
小虎队	77	73	80	81	78	
军都山下队	96	97	96	95	96	
绿色卫士队	82	85	81	88	86	
心向蓝天队	80	82	86	87	88	
Y&M 队	90	88	91	92	90	

图 3.1 - 79　具有相同标题的跨页表格

（1）制作"小组赛成绩表"，并设置好格式。

（2）选择作为标题的第一和第二行。

（3）在"表格工具"选项卡的"布局"子选项卡中，单击"数据"组的"重复标题行"按钮。

当标题内容发生变化时，只需在表格的第一页标题行修改，其他页的标题行的内容会自动随之改变；若要取消每页都有表头，再次单击"数据"组的"重复标题行"按钮即可。

3.1.5.4　表格数据处理

1. 数据计算

在 Word 2016 表格中，可以对数据进行常用的数学计算，以方便、快速地得到计算结果。

例如：计算"小组赛成绩表"中的平均分，具体步骤如下：

（1）将插入点置于第一队的"平均分"所在单元格中。

（2）在"表格工具"选项卡的"布局"子选项卡中，单击"数据"组的"公式"按钮，打开"公式"对话框。

（3）在"公式"文本框中输入"= AVERAGE(LEFT)"，如图 3.1 - 80 所示。

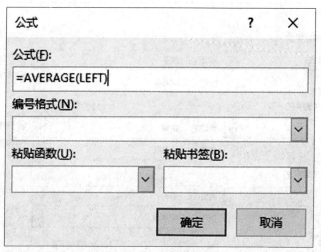

图 3.1 – 80 "公式" 对话框

（4）单击"确定"按钮。

（5）将上述计算结果复制到其他小组的"平局分"单元格，按"F9"键，即可对结果单元格中的值自动重新计算。

上述计算使用的是函数方法。根据不同需求，括号中的参数可以是LEFT、RIGHT、ABOVE 等，若对应的左侧、右侧或上面的单元格有空白单元格，Word 2016 将从最后一个不为空且是数字的单元格开始计算。其他函数的使用可参考 Excel 中的函数应用。

2. 数据排序

在 Word 2016 中，可以方便地将表格中的数据按笔划、数字、日期或拼音顺序进行升序或降序排列。

例如：将"小组赛成绩表"中的平均分由高到低排序，具体步骤如下：

（1）计算所有参赛队伍的平均分后，选择第二行至最后一行。

（2）在"表格工具"选项卡的"布局"子选项卡中，单击"数据"组的"排序"按钮，打开"排序"对话框。

（3）设置主要关键字为"平均分"，类型为"数字"，排列顺序为"降序"，如图 3.1 – 81 所示。

（4）单击"确定"按钮。

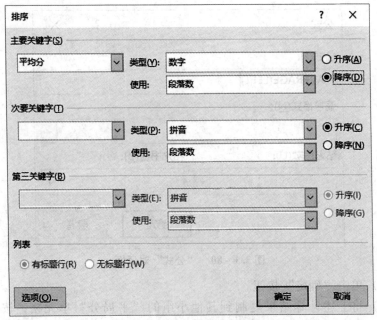

图 3.1 –81　"排序"对话框

3.1.6　图文混排

在文档中插入各种图形对象，如图片、形状、艺术字、文本框等，可以使文档版面更加生动形象，更具吸引力。

3.1.6.1　应用图片

在 Word 2016 文档中插入图片与形状，使用"插入"选项卡的"插图"组，如图 3.1 –82 所示。

图 3.1 –82　"插图"组

1. 插入联机图片

单击"插入"选项卡中"插图"组的"联机图片"按钮，打开"插入图片"对话框，如图 3.1 –83 所示，用户可以选择通过"必应"（Bing）搜索引擎搜索的图片，也可以选择保存在 OneDrive 中的图片。

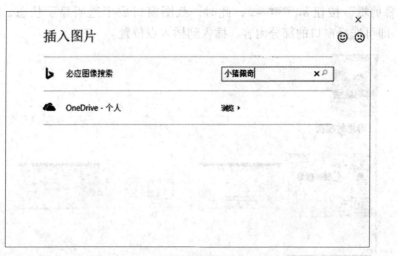

图 3.1 - 83　"插入联机图片"对话框

2. 插入本机图片

单击"插入"选项卡中"插图"组的"图片"按钮，打开"插入图片"对话框，如图 3.1 - 84 所示，选择本机保存的图片文件，可以是多种格式，如 BMP、JPEG、TIF、PNG 等。

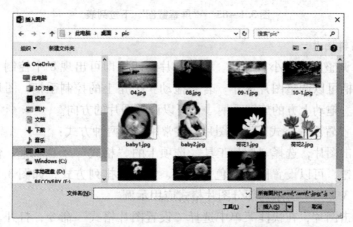

图 3.1 - 84　"插入本机图片"对话框

3. 插入屏幕截图

单击"插入"选项卡中"插图"组的"屏幕截图"按钮，在"可用的视窗"列表中单击需要截图的窗口，即可将该窗口插入到插入点所在位置，如图 3.1 - 85 所示；也可在打开需要截图的窗口后，切换到 Word 文档，单击

"屏幕剪辑"按钮 📷 屏幕剪辑(C)，此时，截图窗口成半透明显示状态，拖动鼠标，即可选择窗口的部分内容，插入到插入点位置。

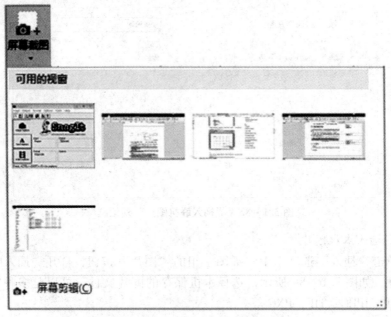

图3.1-85 "屏幕截图"下拉列表

4. 编辑图片

（1）调整图片大小、方向。单击图片，四周即可出现8个控制手柄，拖动控制手柄可以调整图片大小。若是拖动4个角上的控制手柄，图片将按原比例缩放。拖动上方的旋转手柄 @，可以调整图片的方向。

（2）设置图片格式。设置图片格式常用以下两种方式：

①单击图片，选择"图片工具"选项卡的"格式"子选项卡，使用相应的命令按钮，可以设置图片颜色、样式、大小和排列方式，如图3.1-86所示。如图3.1-87所示为部分图片格式应用示例。

②右击图片，在快捷菜单中选择"设置图片格式"命令，打开"设置图片格式"任务窗格，进行格式设置。

图3.1-86 "图片工具"选项卡的"格式"子选项卡

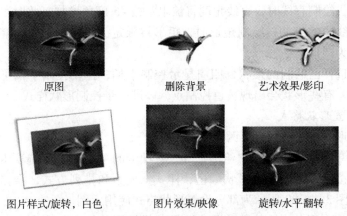

原图　　　　　　　　删除背景　　　　　　艺术效果/影印

图片样式/旋转，白色　　　图片效果/映像　　　旋转/水平翻转

图 3. 1 – 87　图片格式应用示例

（3）文字环绕。文字环绕是指图片等对象与文字之间的位置关系，包括四周型、紧密型、穿越型、上下型、衬于文字下方、浮于文字上方等多种方式，在图文混排中时常可见。恰当地应用文字环绕，可以使文档更加生动，增加感染力。

打开"图片工具"选项卡的"格式"子选项卡，在"排列"组中单击"位置"或"文字环绕"按钮，从中可以选择不同的环绕方式，如图 3. 1 – 88 所示。

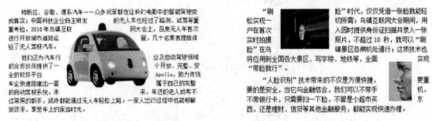

　　　紧密型环绕　　　　　　　　　　　　四周型环绕

图 3. 1 – 88　文字环绕应用示例

3. 1. 6. 2　应用形状

在 Word 2016 中，包含了线条、矩形、箭头、流程图、标注等丰富的形状。可以对绘制的形状进行颜色填充、调整大小、旋转方向，以及与其他图形形状组合成更为复杂的图形。形状可以复制、移动和删除，操作方式如同图片。

1. 插入形状

单击"插入"选项卡中"插图"组的"形状"按钮，打开下拉列表，如图 3. 1 – 89 所示，选择需要的形状，在文档中拖动鼠标绘制即可。

绘制形状时，若同时按住 Shift 键，可限定所绘制的形状为特殊形状或角度。例如：绘制直线时，直线角度将被限定按 45 度角增加，此时可以完成水平或垂直线段的绘制；绘制矩形时，矩形被限定为正方形；绘制椭圆时，椭圆被限定为圆形。

单击选择已绘制的形状，四周显示控制手柄，拖动控制手柄可以调整形状的大小。有些形状会出现黄色控制点，以进一步控制形状样式。

2. 设置形状格式

设置形状格式常用以下两种方式：

（1）单击形状，选择"绘图工具"选项卡的"格式"子选项卡，使用相应的命令按钮，可以设置形状颜色、样式、大小和排列方式，操作方式如同图片，如图 3.1 – 90 所示为部分设置形状格式应用示例。

（2）右击形状，在快捷菜单中选择"设置形状格式"命令，打开"设置形状格式"任务窗格，进行格式设置。

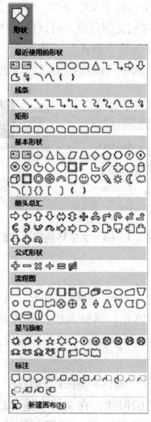

图 3.1 – 89　"形状"下拉列表

"星与旗帜"形状原图　　调整黄色控制点　　形状填充、轮廓、效果

图 3.1 – 90　设置形状格式应用示例

3. 为形状添加文字

右击需添加文字的形状，在弹出的快捷菜单中选择"添加文字"命令，此时在形状中出现插入点，输入文字即可。可以采用文档中字符排版的方法，对形状中添加的文字进行格式设置。

如图 3.1 – 91 所示即为多种形状的综合应用，且可以在椭圆形状中添加文字。

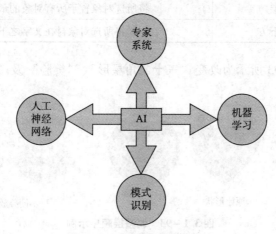

图 3.1 – 91　为形状添加文字

4. 叠放次序

在文档中插入多个图形对象时，包括图片、形状、艺术字、文本框等，系统按照先插入的图形对象放在下面、后插入的图形对象放在上面的顺序形成"层"。改变"层"的顺序，也就调整了图形对象的叠放次序，从而呈现新的构图，更贴切地表达文档主题。

选择图形对象后，单击工具选项卡的"格式"子选项卡，在"排列"组中有"上移一层"和"下移一层"两个按钮，单击下拉箭头，将显示下拉菜单，如图 3.1 – 92 所示，其功能含义见表 3.1 – 13。

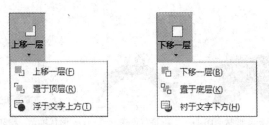

图 1-92　"上移一层"与"下移一层"下拉菜单

表 3.1-13　"上移一层"与"下移一层"下拉菜单命令功能

命　令	功　能
上移一层	将所选对象向上调整一个层次
置于顶层	将所选对象置于所有对象的最上层
浮于文字上方	将所选对象浮在文字之上
下移一层	将所选对象向下调整一个层次
置于底层	将所选对象置于所有对象的最下层
衬于文字下方	将所选对象衬在文字之下

如图 3.1-93 所示为改变"三十二角星形"、"笑脸"及"心形"形状的层顺序示意图。

原始形状　　　　　　　　　　　　　　不同叠放次序

图 3.1-93　调整层顺序示例

5. 图形对象的组合

当用多个简单的图形组成了一个较复杂的图形后，实际上每一个简单图形还是一个独立的对象，这对移动整个图形来说十分困难，甚至可能由于操作不当而破坏整个图形。为此，Word 2016 提供了组合多个图形的功能，将多个简单图形组合成一个整体的图形对象，便于图形的移动、复制、删除、旋转等操作。多个图形组合的步骤如下：

（1）按住 Shift 键，依次单击各个需要组合的图形。

（2）右击已选择的图形，从快捷菜单中选择"组合"→"组合"命令。

组合前，每个图形都有各自的控制手柄，可以单独调整。组合成一个整体图形后，既可以选择整体图形，统一调整，如图 3.1-94 所示，也可以选择其中的图形，单独调整。

若要取消图形的组合，可右击组合图形，从快捷菜单中选择"组合"→"取消组合"命令。

组合前控制手柄　　　　　　　　组合后控制手柄

图 3.1-94　图形组合前后控制手柄比较

3.1.6.3　应用艺术字

艺术字因其生动醒目的艺术效果，常应用于各种标题、海报、广告和演示文稿中。

1. 插入艺术字

插入艺术字的方法有以下两种：

（1）打开"插入"选项卡，在"文本"组中单击"艺术字"按钮，在下拉列表中选择一种艺术字样式，即可在插入点处插入所选的艺术字样式，如图 3.1-95 所示。在文本框中输入文本。

图 3.1-95　选择艺术字样式

（2）先输入文本，再选择文本，然后打开"插入"选项卡，在"文本"组中单击"艺术字"按钮，在下拉列表中选择一种艺术字样式，即可将该文本应用所选的艺术字样式。

2. 设置艺术字格式

设置艺术字格式常用以下两种方法：

（1）选择艺术字，打开"绘图工具"选项卡的"格式"子选项卡，使用相应的命令按钮，可以设置艺术字颜色、样式、大小和排列方式，操作方式如同图片，如图 3.1-96 所示为部分艺术字应用示例。

（2）右击形状，在快捷菜单中选择"设置形状格式"命令，打开"设置形状格式"任务窗格，进行格式设置。

艺术字样式，字体　　　　艺术字样式，形状轮廓　　艺术字样式，形状效果

图 3.1-96　艺术字应用示例

3.1.6.4　应用文本框

文本框是一种特殊的图形对象，可以存放文本、图片或表格（可插入到横排文本框中）等。文本框可置于页面中的任何位置，并随意地调整其大小和设置格式。应用文本框，能够使文档排版更加灵活方便。

1. 插入内置文本框

选择"插入"选项卡，在"文本"组中单击"文本框"按钮，打开下拉列表，显示系统内置的文本框样式，包括简单文本框、边线型提要栏、基本型引言等，如图 3.1-97 所示，用户根据需要单击选择相应的样式即可。

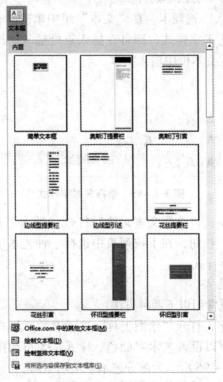

图 3.1-97　"文本框"下拉列表

2. 手动绘制文本框

选择"插入"选项卡，在"文本"组中单击"文本框"按钮，从下拉列表中选择"绘制文本框"或"绘制竖排文本框"命令，此时待鼠标指针变为十字形状，按住左键拖动，即可绘制横排或竖排文本框，如图 3.1－98 所示。

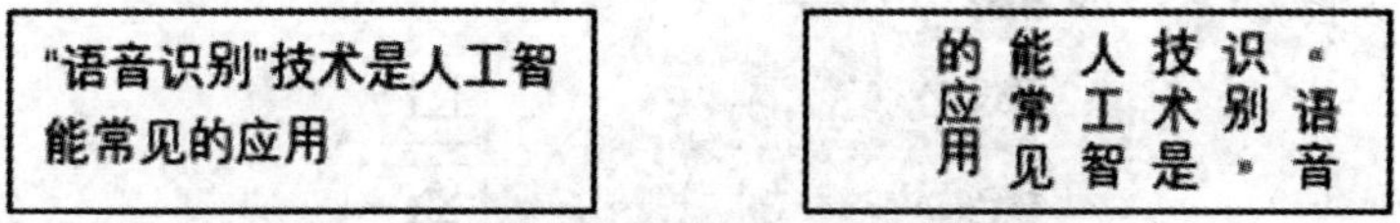

图 3.1－98　横排与竖排文本框

3. 设置文本框格式

设置文本框格式常用以下两种方法：

（1）选择文本框，打开"绘图工具"选项卡的"格式"子选项卡，使用相应的命令按钮，可以设置文本框颜色、样式、大小和排列方式，操作方式如同图片。

（2）右击文本框，在快捷菜单中选择"设置形状格式"命令，打开"设置形状格式"任务窗格，进行格式设置。

例如：设置如图 3.1－99 所示文本框格式，基本思路如下：

图 3.1－99　文本框格式示例

①设置文本字体为"华文彩云"。

②设置文本框高度为 3.76 厘米、宽度为 3.97 厘米。

③设置形状轮廓为虚线，1.5 磅。

④设置形状效果为阴影，并在"设置形状格式"任务窗格中设置距离为 12 磅，如图 3.1－100 所示。

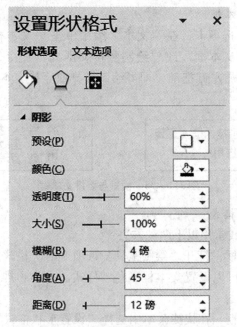

图 3.1 –100 "设置形状格式"任务窗格

4. 文本框的链接

若是在两个文本框之间建立了链接，当主文本框的内容输满时，将自动转入次文本框存放；而主文本框的内容减少时，次本框中的内容能够自动上移到主文本框中，使排版更灵活高效。

建立链接的文本框应是同一类型（均为"横排"或"竖排"），且是当前文本框与空白文本框之间建立链接。

例如：创建如图 3.1 –101 所示的文本框链接，基本思路如下：

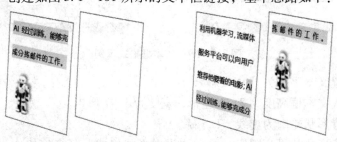

未创建文本框链接　　　　　　　　　　　已创建文本框链接

图 3.1 –101　文本框链接示例

（1）建立两个横排文本框，设置格式，本例设置了"形状效果→三维旋转→透视：左向对比透视"。

（2）其中一个文本框输入文本、插入图片，作为主文本框，另一个空白文本框作为次文本框。

（3）单击选择主文本框，打开"绘图工具"选项卡的"格式"子选项卡，在"文本"组中单击"创建链接"按钮 ☞ **创建链接**，鼠标呈 ❺ 形状，将其移动到次文本框，此时鼠标呈 ❻ 状，单击鼠标，即可将主文本框与次文本框建立链接。

（4）在主文本框中继续输入字符，则超出文本框范围的字符自动进入次文本框。

3.1.7　文档的页面设置与打印

3.1.7.1　设置文档页面格式

在 Word 2016 中创建空白文档时，实际上是应用了一个以 A4 纸为基准的 Normal 模版，用户可以根据实际需要对版面进行重新设置。页面格式就是基于节或整篇文档设置每一页的外观及属性。

1. 页和节

（1）页和节的基本概念。

①页，是指为打印纸质文档所设置的页。编辑文档时，如果当前页面已满，Word 2016 将自动另起新页显示。当用户需要在特定的位置分页时，也可以主动插入分页符。

②节，是文档设置页面格式的一个单位。创建文档后，Word 2016 将默认的页面格式应用于整个文档，若要使页内或各页间的版面有不同设置（比如，在纵向排版的文档中需要将表格排版横向显示），可以将文档分成"节"，然后对各"节"设置不同的格式。若文档没有分节，系统将整个文档视为一节，因此，"节"可小至一个段落，大至整篇文档。

若文档中插入了分页符和分节符，单击"开始"选项卡中"段落"组的"显示/隐藏编辑标记"按钮 ↯，将显示符号，如图 3.1 – 102 所示。

（2）设置分页和分节。若要设置分页和分节，需插入分页符和分节符，具体步骤如下：

①将插入点置于新节或新页的起始处。

②单击"布局"选项卡中"页面设置"组的"分隔符"按钮，打开"分隔符"下拉列表，如图 3.1 – 103 所示。

③选择分隔符类型。若选择"分节符"，须指明下一节的起始位置，具体含义见表 3.1 – 14。

④单击"确定"按钮。

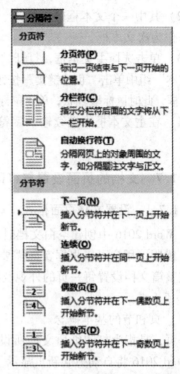

图 3.1－102　分页符与分节符　　　图 3.1－103　"分隔符"下拉列表

表 3.1－14　分节符参数表

选 项	作 用
下一页	在插入点处插入分节符，并强制分页，新节从下一页开始
连 续	在插入点处插入分节符，不强制分页，新节从下一行开始
偶数页	在插入点处插入分节符，并强制分页，新节从下一偶数页开始。若该分节符已经在偶数页上，则其下面的奇数页为空白页
奇数页	在插入点处插入分节符，并强制分页，新节从下一奇数页开始。若该分节符已经在奇数页上，则其下面的偶数页为空白页

（3）取消分页和分节。若要取消分页和分节，可将插入点定位于分页符或分节符处，按 Backspace 或 Delete 键即可。

2. 设置文字方向

在 Word 2016 中输入文本，默认的文字排列方向是水平的，有时候为了排版设计的需要，将文档的字符排列方向设置为垂直，如图 3.1－104

所示。

水平　　　　　　垂直　　　　将中文字符旋转270度

图 3.1 – 104　文字方向示例

单击"布局"选项卡中"页面设置"组的"文字方向"按钮，在下拉列表中直接选择方向，如图 3.1 – 105 所示；也可以在列表中选择"文字方向…"命令，打开"文字方向 – 主文档"对话框，进一步设置，如图 3.1 – 106 所示。文字方向的调整可以应用于整篇文档、插入点之后，也可以应用于文本框中。

图 3.1 – 105　"文字方向"下拉列表　　图 3.1 – 106　"文字方向 – 主文档"对话框

3. 设置页边距

页边距是指文本编辑区的边界到纸张边界之间的距离。新建一个文档时，Word 2016 默认的设置是：左右页边距为 3.17 厘米，上下页边距为 2.54 厘米。调整页边距可以采用以下两种不同方法：

（1）使用标尺进行直观设置。水平标尺和垂直标尺中间的白色区域表示文本编辑区，两端的灰色区域表示页边距，拖动白、灰区域的分界线，能够调整页边距，简洁而直观。拖动时，若同时按住 Alt 键，可在标尺上显示页边距的数值。

（2）使用"页面设置"功能组进行精确设置。在"布局"选项卡的"页面设置"组中单击"页边距"按钮，可在其下拉列表中选择一种页边距样式，如图 3.1–107 所示。此外，也可以在下拉列表中选择"自定义边距"命令，打开"页面设置"对话框，在"页边距"选项卡中设置上、下、左、右页边距的值；若文档需要装订，可以设置装订线的位置及距离；选择纸张方向、应用范围等，如图 3.1–108 所示。

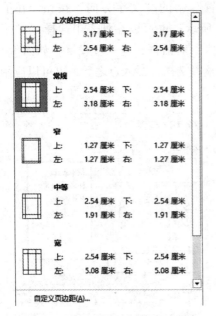 

图 3.1–107　"页边距"下拉列表　　图 3.1–108　"页面设置"对话框

4. 设置纸张

默认情况下，Word 2016 使用宽 21 厘米、高 29.7 厘米的 A4 纸纵向排版显示，用户可以根据需要重新选择和设置。

（1）在"布局"选项卡的"页面设置"组中单击"纸张方向"按钮，可在其下拉列表中选择纸张方向。

（2）在"布局"选项卡的"页面设置"组中单击"纸张大小"按钮，可在其下拉列表中选择纸张大小。此外，也可以在下拉列表中选择"其他纸张大小"命令，打开"页面设置"对话框，在"纸张"选项卡中设置。

5. 设置页面背景

默认情况下，新建的 Word 文档背景是白色，用户可以根据需要，为其添加背景或水印，增强视觉效果。

（1）设置页面颜色。打开"设计"选项卡，在"页面背景"组中，单击"页面颜色"下拉箭头，打开下拉列表，如图 3.1 – 109 所示，可进行如下选择：

①单击选择一种颜色，作为背景。

②单击"其他颜色"命令，打开"颜色"对话框，如图 3.1 – 110 所示，选择新的颜色。

③单击"填充效果"命令，打开"填充效果"对话框，如图 3.1 – 111 所示，可选择"渐变""纹理""图案""图片"作为背景。

④单击"无颜色"命令，取消已设置的背景颜色。

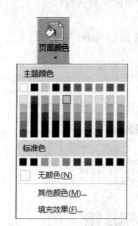

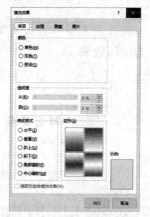

图 3.1 – 109　"页面颜色"　　图 3.1 – 110　"颜色"对话　　图 3.1 – 111　"填充效果"
　　　下拉列表　　　　　　　　　　　　　　　　　　　　　　　　　对话框

通过"页面颜色"命令所设置的背景可在"页面视图"和"Web 版式视图"下显示，但不能打印。

（2）设置水印。打开"设计"选项卡，在"页面背景"组中单击"水印"下拉箭头，打开下拉列表，如图 3.1 – 112 所示，可进行如下选择：

①在样式列表中选择内置水印。

②单击"自定义水印"命令，打开"水印"对话框，如图 3.1 – 113 所示，设置图片或文字水印。

③单击"删除水印"命令，取消已设置的水印。

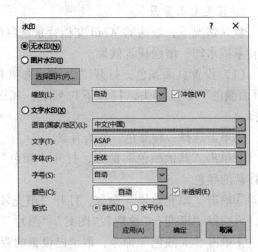

图 3.1–112　"水印"下拉列表　　　　图 3.1–113　"水印"对话框

通过"水印"方式制作的背景，既可显示，也可打印。如图 3.1–114 所示为水印效果。

图片水印

文字水印

图 3.1–114　水印效果

6. 分栏

浏览报纸杂志，经常可以看到分栏排版的形式，页面布局错落有致，富有变化。如图 3.1–115 所示为不同的分栏效果。

图 3.1-115　分栏示例

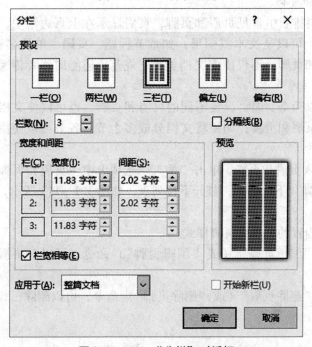

图 3.1-116　"分栏"对话框

分栏格式可应用于已选择的文本、插入点所在的节、插入点之后的文本或整篇文档。如果要对某一节或整篇文档分栏，插入点可定位于需分栏的节或文档的任一位置；若是对部分文本分栏，则应首先选择这些文本，再进行设置，分栏的文本将成为独立的一节。

若要设置分栏，需打开"布局"选项卡，在"页面设置"组中单击"分栏"下拉箭头，在下拉列表中选择所需分栏，或者选择"更多分栏"命令，打开"分栏"对话框，在其中进行相关分栏设置，包括栏数、每栏宽度、栏间距和分割线等，如图3.1－116所示。

（1）在"预设"列表中可以选择不同的分栏方式，也可在"栏数"中输入分栏的数量。其中，"一栏"或"栏数"为1，表示没有分栏或取消已设置的分栏。

（2）分栏后，若选择了"栏宽相等"，则各栏的宽度相同，栏与栏之间的距离相等，否则，可在"宽度和间距"框中分别设置各栏宽度和间距。

（3）选择"分隔线"，可在各栏之间加一条分隔线。

（4）在"应用于"下拉列表中可以选择分栏的对象是节、整篇文档，或是插入点之后。

7. 页眉和页脚

文档资料排版中常见页眉和页脚，页眉显示在上页边距中，页脚显示在下页边距中，可以是文本或图形，如章节标题、页码、单位名称、徽标等。得体的页眉和页脚，不仅能使文档美观、规范，还能向读者传递文档的提示信息。

用户可以为奇、偶页设置不同的页眉和页脚，也可以使文档或节的首页采用不同的页眉和页脚；如果将文档分成多个节，各节可以使用不同的页眉和页脚。

（1）插入页眉和页脚。单击"插入"选项卡中"页眉和页脚"组的"页眉"或"页脚"下拉箭头，打开下拉列表，如图3.1－117所示，可进行如下选择：

①选择内置的页眉或页脚样式。

②单击"编辑页眉"（或"编辑页脚"）命令，可以对页眉或页脚进行编辑。

③单击"删除页眉"（或"删除页脚"）命令，可以删除已设置的页眉或页脚。

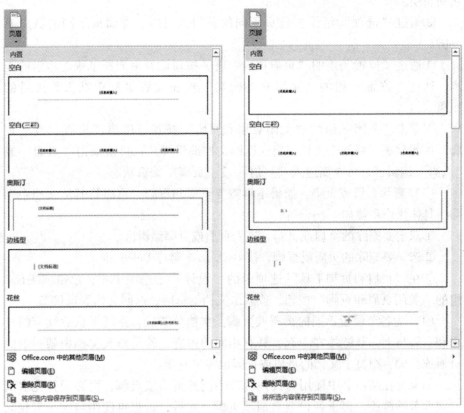

"页眉"下拉列表　　　　　　　　　"页脚"下拉列表

图 3.1－117　"页眉"和"页脚"下拉列表

（2）编辑页眉和页脚。插入页眉或页脚后，即可打开"页眉和页脚工具"选项卡的"设计"子选项卡，如图 3.1－118 所示，可以进行如下操作：

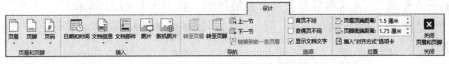

图 3.1－118　"设计"子选项卡

①通过"插入"组在页眉或页脚区输入文本、插入日期时间、文档信息和图片。

②通过"导航"组的"转至页脚"或"转至页眉"按钮，在页眉或页脚

之间切换。

③通过"选项"组设置首页不同的页眉或页脚、奇偶页不同的页眉或页脚。

④通过"位置"组的"页眉顶端距离"按钮设置页眉距纸张上边沿的距离，通过"位置"组的"页脚底端距离"按钮设置页脚距纸张下边沿的距离。

⑤单击"关闭"组的"关闭页眉和页脚"按钮，退出"页眉"或"页脚"编辑状态，或双击文档编辑区返回文档编辑模式；再次双击"页眉"或"页脚"编辑区，可重新进入"页眉"或"页脚"编辑状态。

（3）删除页眉或页脚。如果不再需要页眉和页脚，可以将其从文档中删除。具体操作步骤如下：

①双击要删除的页眉或页脚，进入页眉或页脚编辑区。

②选择要删除的页眉或页脚，按 Backspace 键或 Delete 键。

③在"页眉和页脚工具"选项卡的"设计"子选项卡中，单击"关闭"组的"关闭页眉和页脚"按钮，或双击文档编辑区，返回文档编辑状态。

（4）为各节设置不同的页眉或页脚。文档分节后，系统默认后续节的页眉和页脚与上一节链接在一起，具有相同的内容。若是修改文档中某一节的页眉或页脚，则整个文档的页眉或页脚也随之改变。

如果要在某一节中使用与其他各节不同的页眉或页脚，则必须首先取消与前面节的链接，再重新设置页眉或页脚。此后，若想再使用与前一节相同的页眉和页脚，恢复链接即可。

为某节设置不同的页眉或页脚，具体可采用以下操作步骤：

①双击要重新设置的页眉或页脚，进入页眉或页脚编辑区。系统随之自动打开"页眉和页脚工具"选项卡的"设计"子选项卡，此时，"导航"组的"链接到前一条页眉"按钮呈选择显示，页眉和页脚编辑区右侧显示"与上一节相同"，表示本节与上一节是链接的，如图 3.1 – 119 所示。

②单击"链接到前一条页眉"按钮 链接到前一条页眉，取消本节与上一节的链接。

③删除本节中原有的页眉或页脚内容，重新输入，并设置格式。

④单击"上一节" 上一节 或"下一节" 下一节 按钮，可以跳转至上一节（或下一节）的页眉或页脚。

⑤单击"关闭"组的"关闭页眉和页脚"按钮。

若要恢复与上一节的链接，使用与上一节相同的页眉或页脚，在"设计"子选项卡中再次单击"链接到前一条页眉"按钮，使其呈选择显示状态即可。

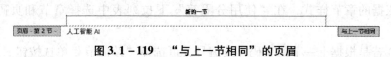

图 3.1 – 119 "与上一节相同"的页眉

8. 使用页码

页码是给文档每页所编的号码，标明次序，方便读者阅读和查找，也使得纸质文档的整理更加井然有序。页码通常被添加在页眉或页脚中，也可以添加到其他位置。

（1）插入页码。插入页码，常用两种方式。打开"插入"选项卡，在"页眉和页脚"组中单击"页码"按钮；或者在进入页眉页脚编辑状态时，自动打开"页眉页脚工具"选项卡的"设计"子选项卡，单击"页眉和页脚"组的"页码"按钮，均可以打开下拉菜单，如图 3.1 – 120 所示，在页面顶端、页面底端、页边距或当前位置中选择不同页码位置和样式。不需要页码时，可以选择"删除页码"命令。

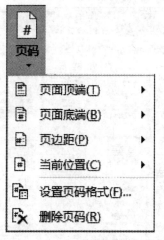
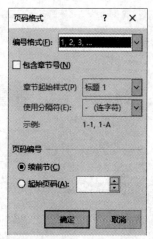

图 3.1 – 120 "页码"下拉菜单   图 3.1 – 121 "页码格式"对话框

（2）设置页码格式。在"页码"下拉菜单中选择"设置页码格式"命令，打开"页码格式"对话框，如图 3.1 – 121 所示，在对话框中进行页码的格式设置。

①在"编号格式"下拉列表中选择合适的页码数字格式。

②若文档包括多个章节，并且希望在页码位置能体现出当前章节号，可以选择"包含章节号"复选框。然后在"章节起始样式"下拉列表中选择编号所依据的章节样式，在"使用分隔符"下拉列表中选择章节和页码的分隔符。

③若是根据上一节的页码连续编号，可选择"续前节"单选按钮。

④如果在本节中重新开始页码编号，可选择"起始页码"单选按钮，并设置起始页码。

3.1.7.2　文档打印

通常情况下，文档编辑、排版完毕，先对其进行打印预览，浏览总体布局及打印效果，并根据需求进行修改和调整，直到满意，并最终打印文档。这样可以减少耗材，提高打印效率。

1. 文档的打印预览

执行菜单"文件"→"打印"命令或单击"快速访问工具栏"的"打印预览和打印"按钮 🔳，在"打印"窗口中可以预览打印效果，且可以拖动右下方的滑块进行显示比例调整，如图 3.1－122 所示。

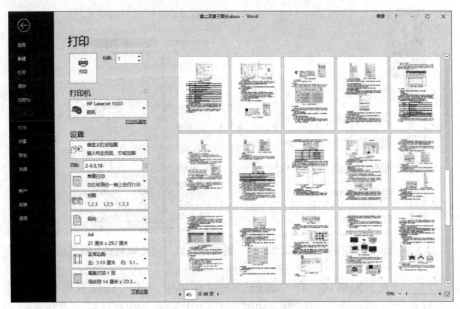

图 3.1－122　"打印"窗口

2. 打印文档

通过预览文档并对排版效果满意，就可以打印文档。Word 2016 提供了灵活的打印功能，可以打印一份或多份文档，也可以打印文档的一页或多页。打印文档常用以下两种方法：

（1）使用"快速打印"按钮直接打印。若是打印当前文档的全部内容，只需单击"快速访问工具栏"的"快速打印"按钮即可，操作起来十分简单。

（2）使用菜单设置打印参数。执行菜单"文件"→"打印"命令，打开"打印"窗口，在窗口中设置打印份数、打印机属性、打印页数和双页打印等。设置打印页数时，若是打印连续页，页码之间用连字符"－"连接，若需打印的页是不连续的，页码之间用逗号"，"分隔。例如："2－6，9，18－"表示打印第 2 至 6 页、第 9 页以及第 18 至最后一页。

3.1.8　长篇文档的高效编辑

对于篇幅较长的文档，如书籍、著作等，在撰写之前，通常需要先拟定提纲，明确文档的整体结构布局；撰写过程中，根据需要对各级标题和内容设置不同的格式和样式；对文中的专业术语或引用语句添加注释、引用出处与参考文献；快速对文档进行顺序调整、提取目录；交给其他人员审阅，提出修改意见，并留下修订痕迹……Word 2016 提供了十分高效的编辑方式。

3.1.8.1　使用模板和样式

1. 使用模板

模板是一种已经设计好了格式、样式与其他属性，可以直接模仿和套用的特殊文档。

（1）选择模板。通过菜单"文件"→"新建"文档时，右窗格即显示多种模板。

①"空白文档"，已包含文档的初始设置，如页边距、纸张大小与文字方向、字体属性等，为进一步设计排版奠定了基础。

②用户可以根据需要选择其他模板。例如，选择"包含封面照片的学生报告"模板，将创建一个基于该模板的新文档，包括封面及内容页，如图 3.1－123 所示。用户可以进一步进行调整设置。

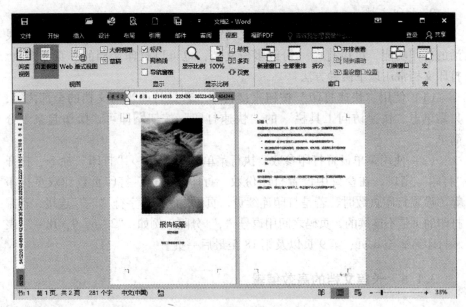

图 3.1 – 123　基于"学生报告"模板创建文档

　　③在"搜索联机模板"文本框中输入关键字，例如"宣传"，可显示搜索到的相关模板，如图 3.1 – 124 所示。

图 3.1 – 124　搜索联机模板

（2）创建模板。用户可以根据需求创建自己的文档模板，也可以根据已有的模板建立新文档，在对其进行相应的修改后，将其保存为模板文件。

例如：创建如图 3.1 - 125 所示模板文件，基本步骤如下：

图 3.1 - 125　根据已有模板创建模板

①执行菜单"文件"→"新建"命令。

②在"搜索联机模板"文本框中输入关键字"邀请函"，单击"开始搜索"按钮 🔍。

③在搜索到的模板列表中选择"带装饰物和蓝色丝带的假日聚会海报"。

④在新文档中进行编辑修改，直到满意。

⑤执行菜单"文件"→"另存为"命令，单击"浏览"按钮，打开"另存为"对话框。

⑥在"另存为"对话框中选择文档类型为"Word 模板（*.dotx）"，在"文件名"文本框中输入文件名，如"AI 模板"。

⑦单击"保存"按钮，即可创建模板。

⑧需要使用该模板时，执行菜单"文件"→"新建"命令，在"个人"选项中选择"AI 模板"即可，如图 3.1 - 126 所示。

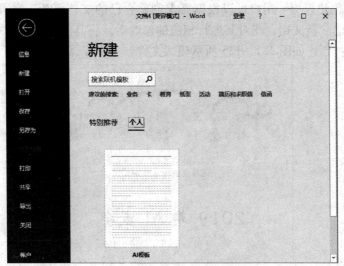

图 3.1 – 126　使用创建的模板

2. 使用样式

样式是一组特定的格式组合，包括字体、字形、字号等字符格式和对齐、间距、缩进等段落格式。如果应用某个样式到选定的文本，则该文本就具有这个样式所包含的所有格式。

Word 2016 提供了许多内置的样式，如"正文""标题 1""引用"等，也可以创建自己的样式。

（1）应用内置样式。应用内置样式，可以采用如下步骤：

①选择要应用某种内置样式的文本。

②打开"开始"选项卡，在"样式"组中单击需要的样式；或者单击"其他"按钮▼，弹出样式库及命令列表，在列表中选择其他样式，如图 3.1 – 127 所示；也可以单击"样式"组右下角的对话框启动器按钮，打开"样式"任务窗格，如图 3.1 – 128 所示，单击需要的样式。

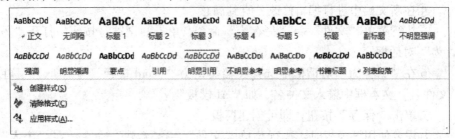

图 3.1 – 127　样式库及命令列表

（2）新建样式。如果已有的内置样式不符合需求，可以建立新的样式。

在"样式"任务窗格中，单击"新建样式"按钮 ，打开"根据格式设置创建新样式"对话框，如图 3.1－129 所示，按需求进行设置。

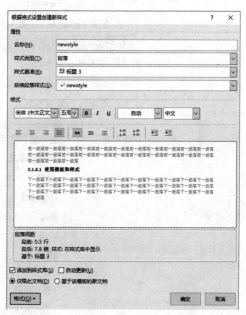

图 3.1－128　"样式"任务窗格　　图 3.1－129　"根据格式设置创建新样式"对话框

①在"名称"文本框中输入要新建的样式的名称。

②在"样式类型"下拉列表中选择"字符"或"段落"选项。

③在"样式基准"下拉列表框中选择该样式的基准样式。

④单击"格式"按钮，可以为字符或段落设置格式。

新建的字符和段落样式将显示在样式库列表和任务窗格中。

（3）修改样式。修改样式，常用以下方式：

①在"样式"任务窗格中，单击需要修改样式右侧的下拉箭头，在下拉菜单中单击执行"修改"命令，如图 3.1－130 所示，打开"修改样式"对话框，即可修改样式。修改完毕，单击"确定"按钮，系统将修改结果自动应用到具有该样式的字符和段落。

②在样式库列表中右击要修改的样式，在弹出的快捷菜单中选择"修改"命令，进行修改。

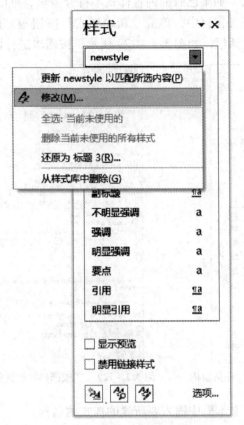

图 3.1－130　"修改"样式

（4）删除样式。在 Word 2016 中，可以删除自定义样式，但不能删除模板的内置样式。删除样式，常用以下方式：

①在"样式"任务窗格中，单击需要删除样式右侧的下拉箭头按钮，在下拉菜单中选择"删除"命令，打开"确认删除样式"对话框，如图 3.1－131 所示，单击"是"按钮，即可删除该样式。

②在"样式"任务窗格中单击"管理样式"按钮 ⚡，打开"管理样式"对话框，如图 3.1－132 所示，在"选择要编辑的样式"列表框中选择要删除的样式，单击"删除"按钮，即可删除选中的样式。

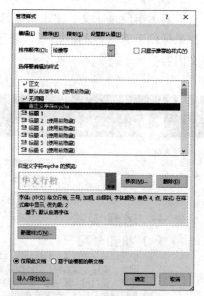

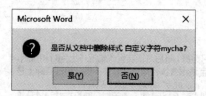

图 3.1 – 131　"确认删除样式"对话框　　**图 3.1 – 132　"管理样式"对话框**

3.1.8.2　文档大纲

大纲在文档中起着整体布局、提纲挈领的作用。撰写长篇文档，先拟定大纲，再添加内容，可以使文档结构合理、条理清晰、内容贴切，在 Word 2016 中，利用大纲调整层次顺序十分方便快捷，也为自动提取目录奠定了基础。

1. 使用大纲视图

大纲视图适宜制作、调整和显示具有复杂层次结构的文档大纲。在大纲视图下，可以将文档的各级标题分别设置为不同的标题样式，并根据需要显示指定级别的层次结构。

（1）查看文档大纲。单击"视图"选项卡，在"视图"组中单击"大纲视图"按钮，可以切换到大图模式，同时打开"大纲"选项卡，在"大纲工具"组的"显示级别"下拉列表框中选择显示级别，例如"2 级"，即可显示到预先设置好的二级及以上的标题内容，如图 3.1 – 133 所示。段落前有不同标记，含义如下：

⊕：表示本段是标题，且含有下级标题或所属文本。单击可以选择该标题及下级标题和文本，双击可以展开或折叠标题。

⊝：表示本段是标题，不含下级标题或文本。

◉：表示本段是正文，单击可以选择该段文本。

如果标题下有灰色的波浪线，表示该标题下有隐藏未显示的下级子标题或正文内容。

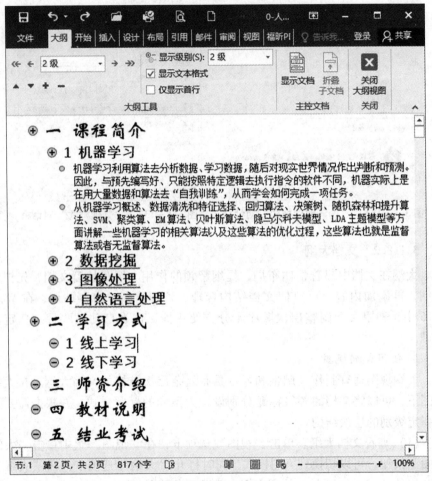

图3.1-133 大纲视图

（2）设置大纲。Word 2016 允许为文档设置 9 个级别的大纲标题以及正文。级别最高的是 1 级，其次是 2 级……最低为 9 级，分别对应着样式库中的"标题1"至"标题9"，没有设置大纲级别的是"正文文本"。

大纲视图易于建立一个文档的大纲结构。如果是一个新建文档，切换到大纲视图中，默认输入文本为大纲的最高级别，即 1 级大纲，若需设置为其他级别，可以使用"大纲工具"组中的命令按钮，具体功能见表 3.1 - 15。

表 3.1 - 15　"大纲工具"组命令按钮功能及说明

按　钮	名　称	功　能
≪	提升至标题 1	将所选对象提升为 1 级标题
←	升级	将所选对象提升级别
1 级　　▼	大纲级别	设置插入点所在段落为 1 至 9 级大纲级别或正文
→	降级	将所选对象降低级别
 ≫	降级为正文	将所选对象降低为正文文本
▲	上移	将所选对象向上移动位置
▼	下移	将所选对象向下移动位置
➕	展开	展开所选标题，显示下级标题内容
➖	折叠	折叠所选标题，隐藏下级标题内容
显示级别(S):	显示级别	设置显示大纲到几级
☑ 显示文本格式	显示文本格式	设置是否显示文本格式
☐ 仅显示首行	仅显示首行	选择时，仅显示各段首行，其余行用"…"省略。

通常，用户习惯在页面视图中输入文本，如果没有设置大纲级别，则所有段落都均为"正文文本"，在大纲视图下中使用"大纲工具"命令按钮设置即可，完成后，单击"关闭大纲视图"按钮，返回页面视图。

调整大纲级别，也可以使用快捷键。每按一次 Tab 键，级别就会降低一级；每按一次 Shift + Tab 组合键，级别就会提升一级。

2. 导航窗格

显示文档结构，除了使用大纲视图之外，导航窗格也是一种非常好的方式。

单击"视图"选项卡，在"显示"组中选中"导航窗格"复选框，将打开"导航"任务窗格，在此查看文档的结构，如图 3.1－134 所示。

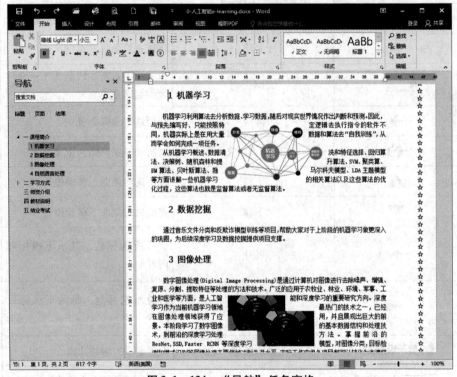

图 3.1－134　"导航"任务窗格

"导航"任务窗格显示出已设置大纲级别的层次结构，一些标题前显示不同的标记，含义如下：

⊿：表示该标题含有下级子标题，且已展开，单击可以折叠。

▷：表示该标题含有下级子标题，且已折叠，单击可以展开。

单击"导航"任务窗格中的任一标题，如图 3.1－134 中的"1 机器学习"，插入点随即定位在文档编辑区对应的文本处；右击任意标题，将弹出快捷菜单，如图 3.1－135 所示，可以进行提升或降低标题级别、全部展开或折叠标题、删除标题及内容等操作。

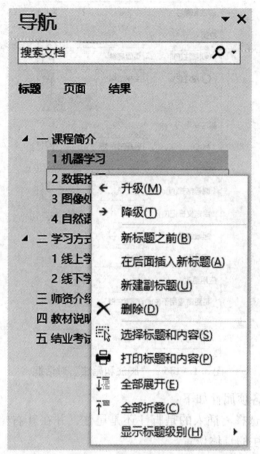

图 3.1－135　　"导航"任务窗格快捷菜单

3.1.8.3　文档注释

在 Word 2016 中，可以使用脚注、尾注以及题注功能对相应内容进行注释说明。

1. 脚注与尾注

脚注默认注释在当前页的底端，也可以选择显示在文字下方，用一条直线与正文分隔开；而尾注则注释在文档或节的末尾。

单击"引用"选项卡，在"脚注"组中单击"插入脚注"或"插入尾注"按钮，即可在文档中插入脚注或尾注。若要对脚注或尾注进行其他属性设置，可单击"脚注"组右下角的对话框启动器按钮，打开"脚注和尾注"对话框，如图 3.1－136 所示。

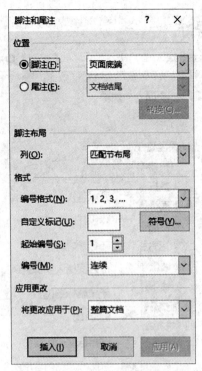

图 3.1 – 136　　"脚注和尾注" 对话框

对话框中的各项属性如下：

（1）位置：选择需插入的是脚注还是尾注，并在其右侧的下拉列表中选择插入脚注或尾注的具体位置。

（2）脚注布局：设置脚注的布局方式，匹配节或每行 1 至 4 列显示。

（3）格式：定义注释标记的格式。如果选用自动编号格式，在"编号格式"下拉列表中选择需要的样式；如果选用自定义标记，可在右侧的文本框中输入符号或单击"符号"按钮选择符号。"起始编号"设置第一个注释的编号，通常是"1"，也可以是其他正整数。"编号"方式根据脚注或尾注而有所不同，脚注可以选择"连续"、"每节重新编号"或"每页重新编号"；而尾注则只有"连续"或"每节重新编号"两种选择。

（4）将更改应用于：可选择将所作的标注应用于"整篇文档"还是"本节"。

当属性设置完毕，单击"插入"按钮，即可在插入点处插入一个注释标记，并且在脚注或尾注位置设置与其对应的注释编号，插入点自动移到该注释编号处，在此可以输入注释的具体内容。

阅读文档时，若要查看文档中的注释内容，可以将鼠标移到注释标记处，注释文本便会自动显示出来，如图 3.1 – 137 所示。如果想要修改注释文本，可以双击注释标记，或者将插入点移到脚注或尾注位置，即可进行修改。

图 3.1 – 137　查看脚注

2. 题注

在文档中插入图形、公式、表格时，需要进行连续编号，采用添加"题注"的方法，将提高工作效率。

打开"引用"选项卡，在"题注"组中单击"插入题注"按钮，打开"题注"对话框，如图 3.1 – 138 所示。

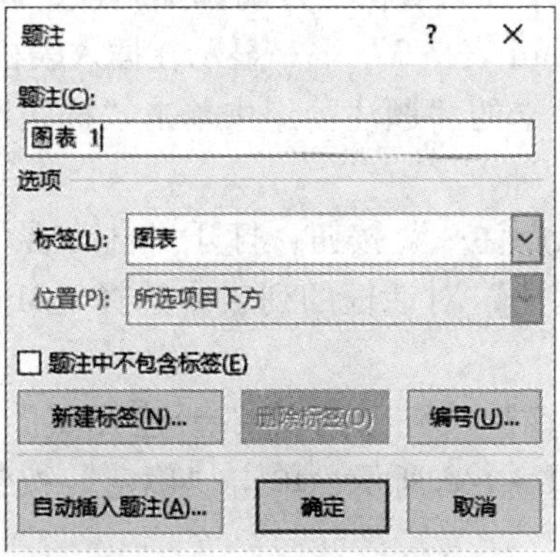

图 3.1 – 138　"题注"对话框

图 3.1 – 139   "自动插入题注"对话框

（1）自动添加题注。可以在插入表格、图表、公式或其他项目时自动添加题注。

在"题注"对话框中单击"自动插入题注…"按钮，打开"自动插入题注"对话框。从"插入时添加题注"列表中，选择需要自动添加题注的对象，再设置"使用标签""位置""编号"等属性。若对内置标签不满意，可以单击"新建标签"按钮，自定义一个标签。设置完毕，单击"确定"按钮。

此后，每当插入有关的对象时，Word 2016 便自动为其添加题注。

例如：需要在文档中插入表格时自动添加题注，题注编号为"Word 表格 1""Word 表格 2""Word 表格 3"……显示在插入表格之上。实现步骤如下：

①在"引用"选项卡的"题注"组中单击"插入题注"按钮，打开"题注"对话框。

②单击"自动插入题注…"按钮，打开"自动插入题注"对话框。

③在"自动插入题注"对话框的列表中选择"Microsoft Word 表格"，如图 3.1 – 139 所示。

④单击"新建标签"按钮，打开"新建标签"对话框，输入标签名"Word 表格"，如图 3.1 – 140 所示，单击"确定"按钮，返回"自动插入题注"对话框。

⑤依次单击"确定"按钮。

此后每当插入一个 Word 表格时，系统会自动在表格的上方添加一个标签为 "Word 表格" 的题注，并且自动编号。

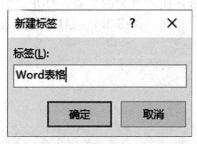

图 3.1－140　"新建标签" 按钮框

（2）手动添加题注。自动添加题注适用于将要插入的某些对象。如果需要添加题注的对象已经插入在文档中，或者该对象不是 "自动插入题注" 列表框中的对象，抑或只是想在文档中用题注的方法为其他对象编号，如定理、图示、案例等，可以采用手动添加题注的方法。具体操作如下：

①在 "引用" 选项卡的 "题注" 组中单击 "插入题注" 按钮，打开 "题注" 对话框。

②单击 "标签" 右侧的下拉箭头，在下拉菜单中选择适宜的标签；也可单击 "新建标签" 按钮重新设置。

③完成之后，单击 "确定" 按钮，系统即在插入点所在位置处添加上一个指定格式的题注。

题注的编号是按照其在文档中的前后位置顺序排列，若在某些添加了题注的对象之前又插入了同类的对象，并且也添加了同样标签的题注，则后面的这类题注的编号将自动修改。如果移动了有关对象的位置或删除了某些对象，也可以右击编号，在快捷菜单中选择 "更新域" 命令来更新题注的编号。

（3）取消自动添加题注。不再需要自动添加题注时，可以将其取消，通常采用以下方式：

① 在 "题注" 对话框中选择需要取消的标签，单击 "删除标签" 按钮。

② 在 "自动插入题注" 对话框中取消复选框中的对勾号。

3.1.8.4　文档目录

当文档中的标题设置了大纲级别，或者设置了标题的样式，就可以利用 Word 2016 的自动生成目录的功能插入目录。当文档内容发生变化时，可以对目录进行自动更新；利用目录的链接，可以快速定位到所需阅读的内容，十分方便。

1. 生成目录

将插入点定位在需要插入目录的位置，打开"引用"选项卡，在"目录"组中单击"目录"按钮，如图 3.1 - 141 所示，在下拉列表中选择目录样式。

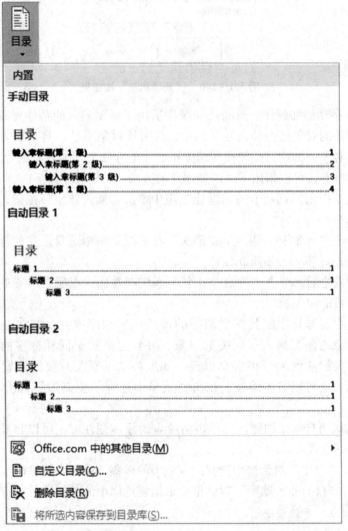

图 3.1 - 141　"目录"下拉列表

此外，可以在"目录"下拉列表中单击选择"自定义目录"命令，打开

"目录"对话框，进行属性设置，如图 3.1 – 142 所示，属性含义如下：

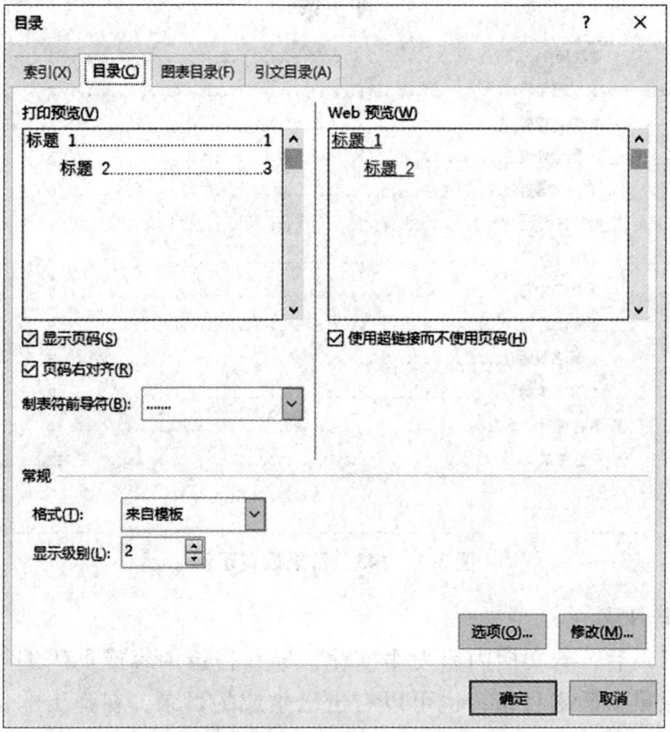

图 3.1 – 142　"目录"对话框

（1）"打印预览"下面两个复选框，可以用来选择是否在目录中显示页码及页码是否右对齐。如果选择了显示页码，并且页码采用的是右对齐方式，还可以继续在"制表符前导符"下拉列表框中选择页码前导符（即标题名称与页码之间的填充符号）的式样。

（2）若选择了"使用超链接而不使用页码"复选框，表示在 Web 版式视图下的目录没有页码，而是采用超链接的方式，可从目录直接链接到相应的正文部分去浏览。

（3）"格式"下拉列表，用于选择几种已设定的目录格式；"显示级别"数字框，用于选择目录中包含的标题级别，默认值为 3 级，可以根据需要增加或减少级别，如 2 级。

插入的目录，可以重新调整格式，如同字符、段落。如图 3.1 – 143 所示即为目录设置应用示例。按住 Ctrl 键，单击目录标题，可以将插入点快速定位到文档对应的内容。

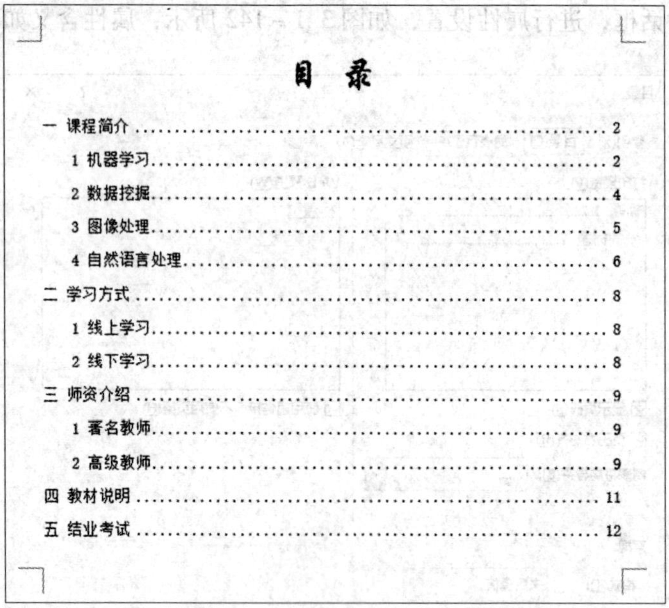

目 录

一 课程简介 ………………………………………………………… 2
1 机器学习 ………………………………………………………… 2
2 数据挖掘 ………………………………………………………… 4
3 图像处理 ………………………………………………………… 5
4 自然语言处理 …………………………………………………… 6
二 学习方式 ………………………………………………………… 8
1 线上学习 ………………………………………………………… 8
2 线下学习 ………………………………………………………… 8
三 师资介绍 ………………………………………………………… 9
1 著名教师 ………………………………………………………… 9
2 高级教师 ………………………………………………………… 9
四 教材说明 ………………………………………………………… 11
五 结业考试 ………………………………………………………… 12

图 3.1－143　目录设置示例

2. 更新目录

生成目录后，若文档内容发生变化，导致目录内容或页码编号与文档不一致，可以重新插入目录，也可以右击已生成的目录，在弹出的快捷菜单中选择“更新域”命令，打开“更新目录”对话框，如图 3.1－144 所示。在“更新目录”对话框中，可以选择“只更新页码”或“更新整个目录”选项，然后单击“确定”按钮，目录即可更新。

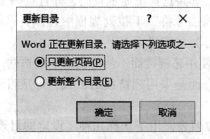

图 3.1－144　“更新目录”对话框

3.1.8.5　文档修订与批注

文档制作完成，常需要修改，Word 2016 默认没有修改痕迹。使用修订功能，可以将用户修改的每项操作以不同的颜色标识出来；使用批注功能，可以对选定内容进行注释，方便用户进行查看、对比和最终决策修改。修订与批注示例如图 3.1-145 所示。

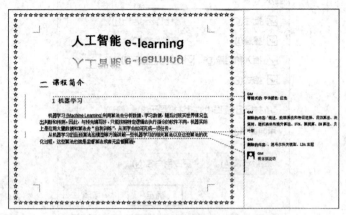

图 3.1-145 修订与批注示例

1. 文档修订

打开"审阅"选项卡，在"修订"组中单击"修订"按钮的下拉箭头，在下拉菜单中选择"修订"命令，使按钮呈深灰色显示，即可进入修订状态，再次单击，可关闭修订。

默认修订状态情况下，新输入的内容将添加红色下划线、删除的内容或设置的格式将在文档页面右侧的标记区显示说明，同时，改动的段落左侧标记一条竖线。

在"修订"组中，单击"显示以供审阅"按钮 所有标记，在下拉列表中可以选择查看修订的方式，包括简单标记、所有标记、无标记、原始状态。

单击"显示标记"按钮 显示标记，在下拉列表中可以选择需要查看的修订类型，如格式、批注，通过"批注框"设置修订显示的位置。

单击"审阅窗格"按钮 审阅窗格，可以打开或关闭审阅窗格，单击右侧的下拉箭头，在下拉列表中可以选择垂直或水平的审阅窗格。

单击"修订"组右下角的对话框启动器按钮，打开"修订选项"对话框，如图 3.1-146 所示，可以设置修订显示的内容。单击下面的"高级选项"按钮，将打开"高级修订选项"对话框，如图 3.1-147 所示，可以设置标记的样式和颜色，若选择"颜色"项是"按作者"，则在改变用户后，系统自动分配其他颜色，以示区分。若要改变用户，需单击"修订选项"对话框下面的"更改用户名"按钮，打开"Word 选项"对话框，在"常规"选项卡的"用户名"文本框中输入新的用户名。

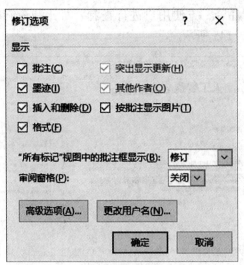

图 3.1-146　"修订选项"对话框

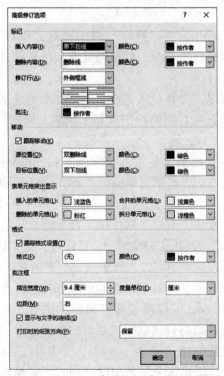

图 3.1-147　"高级修订选项"对话框

在"审阅"选项卡的"更改"组中,单击"上一条" 🔁 上一条或"下一条"⤵下一条按钮，可以快速将插入点定位到"上一条"或"下一条"修订处，方便查看和修改；单击"接受"或"拒绝"按钮的下拉箭头，在下拉菜单中选择相应命令，可以"接受"或"拒绝"当前或全部修订的内容。

2. 文档的批注

批注并不实际修改文档内容，通常用于审阅者对文档提出意见、建议或观点等。

将插入点定位在要添加批注的位置，或选择需要添加批注的文本，打开"审阅"选项卡，在"批注"组中单击"新建批注"按钮，系统将在文档页面右侧的标记区自动显示一个红色的批注框，用户在其中输入内容即可。

插入批注后，可以对其进行编辑，设置格式。在"审阅"选项卡的"批注"组中，单击"上一条"或"下一条"按钮，可以快速将插入点定位到"上一条"或"下一条"批注处。不需要批注时，可以单击"删除"按钮，或者右击批注，在弹出的快捷菜单中选择"删除批注"命令。

3.2 表格处理软件 Excel 2016

Excel 是一种用于组织、管理、计算、分析、传递和共享数据的电子表格应用程序，它是微软 Office 组件的一部分。

3.2.1 Excel 2016 基础知识

3.2.1.1 Excel 的主要功能

Excel 是一个通用性很强的应用程序，其优势是进行数值计算，但对于非数值计算的应用也有出色表现。Excel 的主要功能有以下几个方面：

（1）数值处理：在 Excel 中，我们可以运用公式和函数等功能来对数据进行计算。Excel 内置了 400 多个函数，分为多个类别。利用函数，用户几乎可以完成大多数领域的常规计算任务。

（2）组织列表：在一个 Excel 文件中可以存储许多独立的表格，表格可以二维表的形式组织、存储数据。

（3）数据分析：要从大量的数据中获得有用的信息，仅仅依靠计算是不够的，Excel 专门提供了一组现成的数据分析工具。排序、筛选和分类汇总是最简单的数据分析方法，它们能够合理地对表格中的数据做进一步的归类与统计。数据透视表是 Excel 最具特色的数据分析功能，只需几个步骤就能转换成各种类型的报表，以不同的方式展示数据的特征。

（4）创建图表：可创建多种图表，如柱形图、饼图、折线图等，使得原本复杂枯燥的数据表格变得生动起来，从而直观形象地传达信息。

（5）访问其他数据：可以从多种数据源导入数据。

（6）创建多媒体文件：可以在 Excel 工作表中插入图片、自选图形、声音和视频等多种格式的文件。

（7）数据处理的自动化功能：虽然 Excel 自身的功能已经能够满足绝大部分用户的需求，但对一些用户更高的数据计算和分析需求，通过内置的 VBA 编程语言，用户可以定制 Excel 的功能，开发出适合自己的自动化解决方案。用户还可以使用 Excel 的宏功能将经常要执行的操作过程记录下来，自动完成一个复杂的任务。

（8）信息传递与共享：Excel 不但可以与其他 Office 组件无缝链接，而且可以帮助用户通过 Internet 与其他用户进行协同工作，方便地交换信息。

3.2.1.2　启动 Excel 程序

启动 Excel 同启动其他 Microsoft Office 软件一样，有以下几种方法：

（1）单击任务栏上的"开始"按钮，然后选择"所有程序""Excel"。打开如图 3.2 – 1 所示的界面。

默认情况下，启动 Excel 后，自动打开一个名为"工作簿 1"的空白工作簿，这个工作簿是一个可以包含多个工作表的文件，默认为 1 个工作表。

（2）通过双击桌面上的 Excel 快捷方式图标，即可启动 Excel 程序。

（3）单击"任务栏"上的 Excel 图标，也可以启动 Excel 程序。

（4）双击已存在的 Excel 工作簿，可以启动 Excel 程序并且同时打开此工作簿文件。

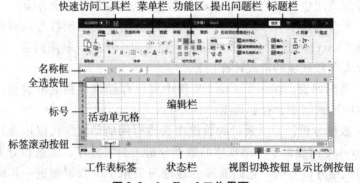

图 3.2 – 1　Excel 工作界面

3.2.1.3　Excel 工作窗口组件

Excel 工作窗口组成如图 3.2 - 1 所示，由应用程序窗口和工作簿窗口两大部分组成，其中主要包括以下元素：

（1）标题栏：用来显示软件名称及正在处理的工作薄名称。

（2）菜单栏：用来分类存放本应用所有的操作命令。

（3）工具栏：用来存放常用工具，可以自行定义。

（4）名称框：用来显示当前活动单元格或所选区域的名称。

（5）编辑栏：用来显示当前活动单元格中的数据或公式。

（6）状态栏：位于窗口底部，可提供有关选定命令和操作进程的信息。

3.2.1.4　Ribbon 功能区选项卡

Ribbon 功能区选项卡是 Excel 界面中的重要元素，位于标题栏的下方，如图 3.2 - 2 所示。功能区由一组选项 Ribbon 卡面板组成，单击选项卡标签可以切换到不同的选项卡功能面板。

当选定某个选项卡时，被选定的选项卡称为"活动选项卡"，如图 3.2 - 2 所示的功能区中，"数据"为被选中的"活动选项卡"。每个选项卡中包含了多个命令组，每个命令组通常由一些密切相关的命令所组成。如图 3.2 - 2 所示的"数据"选项卡中包含了"获取和转换数据""查询和连接""排序和筛选""数据工具""预测"和"分级显示"6 个命令组。

图 3.2 - 2　Ribbon 功能区选项卡

3.2.1.5　上下文选项卡

Excel 2016 还包含了许多附加的选项卡，它们只在进行特定操作时才会显示出来，因此也被称为"上下文选项卡"。例如，当选中 SmartArt 对象时，就会出现"SmartArt"上下文选项卡，如图 3.2 - 3 所示。其中包括"设计"和"格式"两个子选项卡，用于对所选对象格式的编辑。

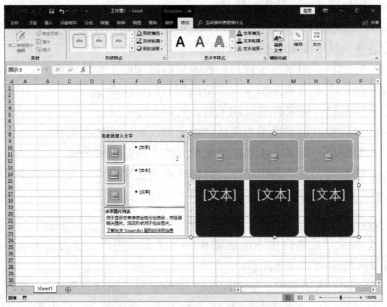

图 3.2 - 3 "SmartArt 工具" 选项卡

3.2.2 理解工作簿、工作表和单元格

3.2.2.1 工作簿

在 Excel 中创建的文件叫作工作簿，是保存表格内容的文件，其后缀名为
".xlsx"。在工作簿文件中，可以包含一个或多个工作表，最多可包含 255 个
工作表。在默认情况下，启动 Excel 后系统会自动创建一个名为"工作簿 1"
的工作簿文件，包含名称为"Sheet1"的一个工作表。可以同时打开多个工
作簿，每个工作簿对应一个窗口。

3.2.2.2 工作表

工作表由一些横向和纵向的网格组成，横向的称为行，纵向的称为列。
在 Excel 2016 中，工作表最大行数为 1 048 576 行，最大列数为 XFD（A - Z、
AA - XFD），共 16 384 列。每个工作表有一个名字，体现在工作表标签上，
只有一个工作表是当前工作表。

3.2.2.3 单元格

每个工作表由独立的单元格组成，单元格是输入数据、处理数据及显示
数据的基本单位，也就是说，在 Excel 中输入数据或计算数据都是在单元格中

进行的。在单元格中可以输入数值、文本、公式和日期等数据。单元格由它所在的行、列所确定的坐标来标识和引用，在表示或引用单元格时，列标符号在前面，行号在后面，例如，B5 表示第 2 列、第 5 行所代表的单元格，V6 表示第 22 列、第 6 行所代表的单元格。

3.2.3　Excel 所使用的数据类型

在 Excel 工作表中，用户输入或者粘贴的任何数据都出现在活动单元格中。在 Excel 处理的数据中，文本、公式、数值和日期是最常见的数据，此外，还有逻辑值和错误值等一些特殊的数据类型。

3.2.3.1　数值

数值是指所有代表数量并需要进行数值计算的数字形式，如人员数量、考试分数、统计数据等。数值也可以是日期或时间。

除了普通的数字外，还有一些带有特殊符号的数字也被 Excel 理解为数值，例如百分号"%"、货币符号"￥"、千间隔符","和科学计数符号"E"。

提示 1：Excel 可以表示和存储的数字最大可以精确到 15 位有效数字，对于超出 15 位有效数字的数值，Excel 无法进行精确的计算和处理。

提示 2：对于一些很大或很小的数值，Excel 会自动以科学计数法来表示，例如，123 456 789 123 会以科学计数法表示为 1.234 57E + 11，即为 $1.234\,57 \times 10^{11}$。

3.2.3.2　日期和时间

在 Excel 中，日期和时间是以一种特殊的数值形式存储的，这种数值形式称为"序列值"（Series）。序列值的范围是 1 ~ 2 958 465。

在 Windows 操作系统上所使用的 Excel 版本中，日期系统默认为"1900 日期系统"，即以 1900 年 1 月 1 日作为序列值的基准日，当日的序列值计为 1，天数每增加一天，序列值加 1。在 Excel 中可表示的最大日期是 9999 年 12 月 31 日，当日的序列值为 2 958 465。

由于日期存储为数值的形式，因此它具有数值的所有运算功能，例如，要计算两个日期之间相距的天数，可以直接在单元格中输入两个日期，再用减法运算的公式来求值。

日期系统的序列值是一个整数数值，一天的数值单位就是 1，那么 1 小时就可以表示为 1/24 天，1 分钟就可以表示为 1/（24 × 60）天，等等，一天中的每一个时刻都可以由小数形式的序列值来表示。

当用户使用时间时，只需把日期序号系统扩展到小数位。换句话来说，Excel 通过使用一天的一部分来处理时间。因为只需在日期序号后加上时间小数部分就可以表达完整的日期/时间序号。

如果输入的时间值超过 24 小时，Excel 会自动以天为整数单位进行处理。如 26∶13∶14，转换为序列值为 1.0925，即 1 天 +2 小时 13 分 14 秒。

用户一般不需要注意这些序号（或时间的小数序号），只需在单元格中输入可识别的时间即可。

Excel 把日期和时间当作特殊的数值。这些数值的特点是：它们采取了日期或时间的格式，因为这些格式更容易被理解。

3.2.3.3 文本

文本通常是指一些非数值性的文字、符号等，如姓名、单位名称、课程名称等。除此之外，不需要进行数值计算的数字也可以保存为文本形式，如身份证号、电话号码、邮政编码等。

文本不能用于计算，但可以比较大小。

在 Excel 2016 中，单元格内最多可显示 1024 个字符，而在编辑栏中最多可以显示 32 767 个字符。

提示：以数字开头的文本仍会被看作文本。比如，用户在单元格中输入"12 苹果"，Excel 会把它看作文本而不是数值。因此，不能使用这个单元格进行数值计算。

3.2.3.4 公式

公式是 Excel 中非常重要的内容，许多强大的计算功能都是通过公式来实现的，这些公式通过使用单元格中的数值（甚至文本）来计算出所需要的结果。

输入公式时以等号" = "开头，当用户在单元格内输入公式并确认后，默认情况下会在单元格内显示公式的运算结果，编辑栏内显示公式的内容。

要想在单元格内显示公式的内容，可以在 Excel 功能区上单击"公式"选项卡，在"公式审核"命令组中单击"显示公式"切换按钮，这样公式的内容就直接显示在单元格中了，再次单击该按钮，则显示公式计算结果。

公式可以是简单的数学公式，也可以包括 Excel 中功能强大的函数。

3.2.3.5 逻辑值

逻辑值只有两个，TRUE（真）和 FALSE（假）。

逻辑值之间或者逻辑值与数值之间进行运算时，可以认为 TRUE 等同于 1，FALSE 等同于 0。例如，TRUE + TRUE = 2。

但是在逻辑判断中，不能将逻辑值和数值当作一样的。如公式 = TRUE < 6，结果是 FALSE。

Excel 中的大小比较规则为：数字 < 字符 < 逻辑值 FALSE < 逻辑值 TRUE。

除了数据，工作表还能够存储图表、自选图形、图片和其他的对象。这些对象并不包含在单元格中，而是驻留在工作表的绘图层（它是一个位于每个工作表上面的不可见的图层）中。

3.2.4 工作簿的基本操作

3.2.4.1 工作簿类型

通常情况下，Excel 文件是指 Excel 工作簿文件，扩展名为".xlsx"。

Excel 工作簿有多种类型，当保存一个新的工作簿时，可以在"另存为"对话框的"保存类型"下拉列表中选择所需要保存的 Excel 文件格式。

3.2.4.2 创建工作簿

1. 创建空白工作簿

用户可以通过以下几种方法创建新的工作簿：

（1）双击桌面上 Excel 的快捷图标，打开 Excel 程序窗体，在右侧单击"空白工作簿"命令。

（2）在功能区上依次单击"文件""新建"命令，在右侧单击"空白工作簿"命令。

（3）按 Ctrl + N 组合键。

2. 使用模板创建工作簿

模板是可以重复使用的预先定义好的工作表方案。Excel 2016 的模板文件的扩展名为".xltx"或".xltm"，前者不包含宏代码，后者可以包含宏代码。

Excel 2016 为用户提供了很多可快速访问的电子表格模板文件，展示在 Excel"新建"窗口中，如图 3.2 - 4 所示。

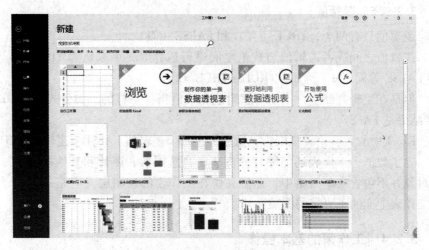

图 3.2 - 4 Excel 可用模板列表

单击其中一个缩览图，如"校历"，会弹出该模板的预览界面，如图 3.2 - 5 所示。单击"创建"按钮，即可下载并使用该模板。

图 3.2 - 5 "校历"模板

除了列表中显示的可用模板外，还可以通过顶端的搜索框获取更多的联机模板。例如，在搜索框中输入"图表"，然后单击搜索按钮，Excel 会显示出与之有关的更多模板缩览图，如图 3.2 - 6 所示。通过右侧的类别筛选器，还可以进一步缩小搜索的范围。

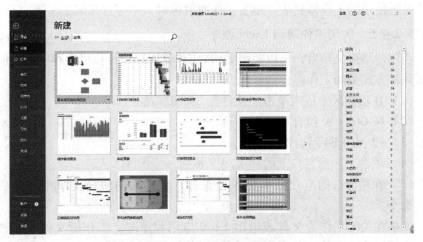

图 3.2 - 6 搜索联机模板

用户还可以创建自定义工作簿模板，当完成自定义设置后，使用"开始""另存为"命令，在"保存类型"下拉列表中选择"Excel 模板（ * . xltx）"，然后单击"保存"按钮，即可创建一个基于自定义模板的新工作簿。

3.2.4.3　保存工作簿

可以使用以下几种方式保存当前窗口的工作簿：

（1）在功能区上依次单击"文件""保存"（或"另存为"）命令。

（2）单击"快速访问工具栏"上的"保存"按钮。

（3）按 Ctrl + S 组合键。

（4）按 Shift + F12 组合键。

3.2.4.4　打开工作簿

1. 直接通过文件打开

如果用户知道工作簿所保存的确切位置，利用 Windows 的资源管理器找到文件所在路径，直接双击文件图标即可打开。

2. 使用"打开"对话框

如果用户已经启动了 Excel 程序，那么可以通过使用"打开"命令打开指定的工作簿。

用以下几种方式可以显示"打开"对话框：

（1）在功能区依次单击"文件""打开"命令。

（2）按 Ctrl + C 组合键。

（3）在功能区依次单击"文件""打开"命令，在"最近"项中会显示用户最近使用的工作簿列表，单击工作簿名称时，即可打开该工作簿。

3.2.4.5 关闭工作簿和 Excel 程序

当用户结束工作后，可以关闭 Excel 工作簿以释放计算机内存。可以使用以下几种方式关闭工作簿：

（1）在功能区上依次单击"文件""关闭"命令。

（2）按 Ctrl + W 组合键。

（3）按 Alt + F4 组合键。

（4）单击工作簿窗口上的"关闭"按钮。

（5）在功能区的空白处右键单击鼠标，在弹出的快捷菜单中选择"关闭"命令。

如果在关闭工作簿文件或退出 Excel 应用程序时，工作簿文件没有被保存，在关闭窗口之前，Excel 会提示用户保存工作簿文件。

3.2.5 工作表的操作

3.2.5.1 创建工作表

1. 创建工作簿时一同创建

默认情况下，Excel 在创建工作簿时，自动包含了名为"Sheet1"的 1 张工作表。用户可以通过设置来改变新建工作簿时所包含的工作表数目。

单击功能区中的"文件"命令，然后单击左侧最下方的"选项"，打开"Excel 选项"对话框，如图 3.2 – 7 所示。在"常规"选项卡中的"包含的工作表数"微调框内，可以设置新工作簿默认所包含的工作表数目，数值范围为 1 ~ 255，单击"确定"按钮保存设置并退出"Excel 选项"对话框。

2. 从现有的工作簿中创建

可以通过以下几种方式在当前工作簿中创建一个新的工作表：

（1）在"开始"选项卡中依次单击"插入""插入工作表"命令，则会在当前工作表左侧插入新工作表。

（2）在当前工作表标签上右键单击鼠标，在弹出的快捷菜单中选择"插入"命令，在打开的"插入"对话框中选择"工作表"，然后单击"确定"按钮。

（3）单击工作表标签右侧的"新工作表"按钮，则会在当前工作表的右侧插入新工作表。

（4）按 Shift + F11 组合键，则会在当前工作表左侧插入新工作表。

图 3.2 - 7　在"Excel 选项"对话框中设置工作表的数量

提示：如果需要批量增加多张工作表，可以在第一次插入工作表操作后，按 F4 键重复操作，即可在当前工作表的左侧添加多张工作表。

3.2.5.2　使一个工作表成为当前工作表

1. 激活当前工作表

在 Excel 的操作过程中，当前工作簿只有一个，在当前工作簿中，当前工作表也只有一个，作为用户输入和编辑等操作的对象和目标，在工作表标签上，"当前工作表"的标签背景会以反白显示。

要将其他工作表作为当前工作表，可以直接单击目标工作表标签。

2. 同时选定多张工作表

用户可以同时选中多个工作表形成"组"。在工作组模式下，用户可以方便地同时对多个工作表进行统一格式的设置，也可以进行复制、删除等操作。

可以使用以下几种方式同时选定多张工作表以形成工作组：

（1）如果用户需要选定多个不连续的工作表，按住 Ctrl 键的同时，用鼠标依次单击需要选定的工作表标签，就可以同时选定多个工作表。

（2）如果用户需要选定多个连续的工作表，可以先单击其中的一个工作表标签，然后按住 Shift 键，再单击连续工作表中的最后一个工作表标签，即可同时选定工作表。

（3）如果要选定当前工作簿中的所有工作表组成工作组，可以在任一工作表标签上右键单击鼠标，在弹出的快捷菜单中选择"选定全部工作表"命令。

同时选中多个工作表后，在 Excel 窗口的标题栏上显示"组"字样。被选定的工作表标签都将以反白状态显示。

用户如果想取消工作组的操作模式，可以单击工作组以外的某个工作表标签；如果所有工作表都在工作组内，则单击任意一个工作表标签即可，或者在工作表标签上右键单击鼠标，在弹出的快捷菜单中选择"取消组合工作表"命令。

如果工作簿中有多个工作表，使得所有的标签不会全都显示出来，可以使用"标签滚动"按钮来滚动显示工作表的标签。

3.2.5.3 插入工作表

用户可以根据需要把不同的元素放在不同的工作表中，而不是把所有的数据全都放在一个工作表中。

可以通过以下的方法增加工作表：

（1）在"开始"选项卡中，依次单击"插入""插入工作表"命令按钮。

（2）按 Shift + F11 组合键。

（3）在工作表的标签上单击鼠标右键，从快捷菜单中选择"插入"命令，打开"插入"对话框，从对话框中选择要插入的"工作表"，如图 3.2 - 8 所示。

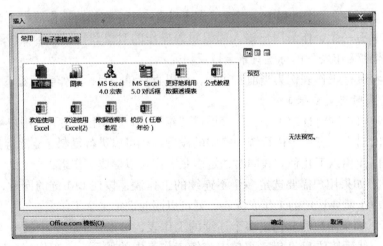

图 3.2 - 8 "插入"工作表对话框

当在工作簿中添加一个工作表时，Excel 会在当前工作表前添加一个新的工作表，新插入的工作表会成为当前工作表。

3.2.5.4 删除工作表

如果一个或多个工作表不再被使用，那么可以通过以下两种方法来删除：

（1）选中要删除的工作表，在"开始"选项卡中依次单击"单元格"命令组中的"删除""删除工作表"命令按钮。

（2）在工作表标签上单击鼠标右键，在弹出的快捷菜单中选择"删除"命令。

如果工作表中包含有数据，Excel 会提示用户是否确实要删除此表，会弹出如图 3.2 - 9 所示的警告对话框。如果这个表从来没有被使用过，Excel 会立即删除它，而不进行确认。

图 3.2 - 9 删除包含数据工作表的警告对话框

提示：如果想同时删除多个工作表，用户可以在选定多个工作表后进行删除操作。

注意：删除工作表是 Excel 中无法进行撤销的操作，如果用户不慎误删除了工作表，将无法恢复。但是在某些情况下，马上关闭当前工作簿，选择不保存刚才所做的修改，能够有所挽回。

工作簿至少包括一张可视工作表，所以，当工作簿窗口中只剩一张工作表时，会无法删除此工作表。

3.2.5.5 改变工作表的名字

Excel 工作表的默认名称为 Sheet1、Sheet2 等，它们没有很好的描述性。用户可以更改当前工作簿中的工作表名称，选定待修改名称的工作表后，可以使用以下几种方法为工作表重命名：

（1）在"开始"选项卡中依次单击"单元格"命令组中的"格式""重命名工作表"命令按钮。

（2）在工作表标签上单击鼠标右键，在弹出的快捷菜单中选择"重命名"命令。

（3）双击工作表标签。

完成以上任意一种操作后，选定的工作表标签会显示灰色背景，表示当前处于工作表标签名称的编辑状态，此时可输入新的工作表名称。

注意：为工作表重新命名时，不得与工作簿中现有的工作表重名，工作表名不区分英文大小写，但不能包含下列字符："＊""／""："" ？""〈""〉"。

3.2.5.6 改变工作表标签的颜色

Excel 允许改变工作表标签的颜色。用户可以对工作表标签使用不同的颜色来标识工作表。

要改变工作表标签的颜色，可以用鼠标右键单击工作表标签，在快捷菜单中选择"工作表标签颜色"命令，然后在"设置工作表标签颜色"对话框中选择颜色。

3.2.5.7 移动和复制工作表

1. 使用对话框移动或复制工作表

通过复制操作，工作表可以在另一个工作簿或者同一个工作簿内创建副本。

工作表还可以通过移动操作，在同一个工作簿中改变排列顺序，也可以在不同的工作簿间转移。可以使用以下两种复制和移动工作表的方法：

（1）在要移动或复制的工作表标签上单击鼠标右键，在弹出的快捷菜单上选择"移动或复制"命令，打开"移动或复制工作表"对话框，如图 3.2 - 10 所示。

图 3.2 - 10 "移动或复制工作表" 对话框

（2）选中需要进行移动或复制的工作表，在"开始"选项卡中依次单击

"单元格"命令组中的"格式""移动或复制工作表"命令，打开"移动或复制工作表"对话框，如图 3.2-10 所示。

在"移动或复制工作表"对话框中，单击"工作簿"右侧的下拉按钮，在下拉列表中可以选择将要复制或移动的目标工作簿，用户也可以选择新建工作簿，如图 3.2-11 所示。

图 3.2-11 "移动或复制工作表"对话框中"工作簿"选项下拉列表

"下列选定工作表之前"列表框中显示了指定工作簿中所包含的全部工作表，

图 3.2-12 "移动或复制工作表"对话框中"下列选定工作表之前"下拉列表

可以选择复制或移动的工作表的在全部工作表中的排列位置，如图 3.2-12 所示。勾选"建立副本"复选框为"复制"方式，取消勾选则为"移动"方式。

在移动或复制工作表的操作中，如果当前工作表与目标工作簿中的工作表名称相同，则会被自动重新命名，例如，"Sheet1"会被更名为"Sheet1（2）"。

设置完毕后，单击"确定"按钮退出"移动或复制工作表"对话框，完成工作表的复制或移动操作。

2. 使用鼠标拖动移动或复制工作表

单击工作表标签把它拖放到所需的位置（同一个工作簿内或不同的工作簿之间）以移动表格。拖放的时候，鼠标变成了一个表格样的小图标，同时还出现了一个引导箭头。

单击工作表标签，按住 Ctrl 键，把它拖放到所需的位置（同一个工作簿之间或不同的工作簿之间）以复制表格。拖放时，鼠标变成了一个表格样的小图标，上面还有一个加号。

如果在工作簿中已有一表格具有与被移动或复制的表格相同的名称，Excel 会保证它们的名称具有唯一性。例如，"Sheet1"会被改为"Sheet1（2）"。

提示：无论是移动还是复制，都可以同时对多个工作表进行操作。

3.2.5.8 隐藏或者显示工作表

如果需要的话，可以隐藏工作簿中的工作表。当工作表被隐藏时，它的标签也会被隐藏。工作簿至少要有一个可见的工作表，也就是不能隐藏工作簿中的所有工作表。

要隐藏工作表，在"开始"选项卡中，依次单击"单元格"命令组中的"格式""隐藏和取消隐藏""隐藏工作表"命令按钮。当前工作表（或者所选的工作表）将被隐藏。

如果要显示被隐藏的工作表，依次单击"单元格"命令组中的"格式""隐藏和取消隐藏""取消隐藏工作表"命令。Excel 将打开一个对话框，如图 3.2 – 13 所示，里面列出了所有被隐藏的工作表。选择需要再次显示的工作表，然后单击"确定"按钮。

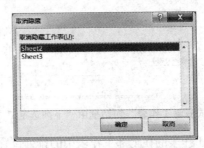

图 3.2 – 13　"取消隐藏"对话框

提示：不能从这个对话框中选择多个工作表，所以，需要为想显示的工作表重复使用这个命令。

3.2.5.9　放大或缩小以更好地查看工作表

一般来说，屏幕上显示的内容都是 1：1 的比例。用户可以改变"显示比例"，范围从 10% 到 400%。

单击"视图"选项卡中"显示比例"命令组中的"显示比例"命令按钮，打开"显示比例"对话框，如图 3.2-14 所示，然后从对话框中选择所需的缩放系数即可。也可以在"自定义"编辑框中直接输入所需的比例数值。

如果从中选择的是"恰好容纳选定区域"选项，Excel 只对所选择的单元格进行缩放。

图 3.2-14　"显示比例"对话框

3.2.6　行与列的基本操作

3.2.6.1　认识行与列

Excel 作为一个电子表格软件，其最基本的操作形态就是标准的表格，即由横线和竖线所构成的格子。在 Excel 工作表中，由横线所间隔出来的区域称为"行"，由竖线分隔出来的区域称为"列"，行列互相交叉所形成的一个个格子称为"单元格"。

在窗口中，垂直的灰色标签中的阿拉伯数字标识了电子表格的行号，水平的灰色标签中的英文字母则标识了电子表格的列标。这两组标签在 Excel 中分别称为"行标题"和"列标题"。

在工作表区域中，用于划分不同行列的横线和竖线称为"网格线"。默认情况下，网格线不会随着表格内容被实际打印出来。

通过设置可以关闭网格线的显示状态或者更改网格线的颜色。在"Excel

选项"对话框中单击"高级",在右侧的"此工作表的显示选项"项下取消选中"显示网格线"复选框可以关闭网格线的显示。若需要修改网格线的颜色,则可以在"网格线颜色"项中进行设置,设置完成后,单击"确定"按钮。

注意:网格线的设置只对当前选定的工作表有效。

3.2.6.2 行与列的范围

在 Excel 2016 中,工作表最大行数为 1 048 576 行,最大列数为 XFD(A - Z、AA - XFD),共 16 384 列。

在工作表中选中某个单元格,按 Ctrl + ↓组合键可以快速定位到选定单元格所在列向下连续非空的最后一行。如果整列为空或者选定单元格所在列下方均为空,则定位到当前列的最后一行(1 048 576 行);按 Ctrl + →组合键可以快速定位到选定单元格所在行向右连续非空的最后一列。如果整行为空或者选定单元格所在行右方均为空,则定位到当前行的最后一列(XFD 列)。按 Ctrl + Home 组合键可以快速定位到左上角单元格;按 Ctrl + End 组合键可以快速定位到有数据区域的右下角单元格。

3.2.6.3 选择行与列

1. 选择单行或单列

单击某个行或列标题标签,即可选中相应的整行或整列。

除此之外,使用快捷键也可以快速地选定单行或者单列,选中单元格后,按 Shift + 空格组合键,即可选定单元格所在的行;按 Ctrl + 空格组合键,即可选定单元格所在的列(此时需要将中英文切换的快捷键设置为其他快捷键)。

2. 选定相邻连续的多行或多列

单击某行的标签后,按住鼠标左键不放,向上或向下拖动,即可选中与此行相邻的连续多行。选中多列的方法与此类似。

单击行列标题标签交叉处的"全选"按钮,可以选中整个工作表区域。

3. 选定不相邻的多行或多列

选中单行后,按住 Ctrl 键不放,继续单击要选定的其他行的标签,即可选定不连续的多行。选定不相邻的多列,方法与此类似。

3.2.6.4 设置行高和列宽

1. 直接改变行高和列宽

在工作表中选中单行或多行,将鼠标指针放在行与相邻行的行标签之间,此时鼠标指针显示为一个黑色双向箭头,按住鼠标左键不放,向上或向下拖动鼠标，在行标签上方会出现一个提示框，显示当前的行高。调整到所需的行高时，松开鼠标左键即可完成行高的设置。设置列宽的方法与此类似。

2. 精确设置行高和列宽

先选定单行或多行，然后在"开始"选项卡中依次单击"单元格"命令组中的"格式""行高"命令按钮，在弹出的"行高"对话框中输入所需行高的具体数值，然后单击"确定"按钮完成操作。设置列宽的方法与此类似。

另一种方法是在选定行或者列后，单击鼠标右键，在弹出的快捷菜单中选择"行高"或者"列宽"命令。

3. 设置适合的行高和列宽

选中需要调整行高的单行或多行，在"开始"选项卡上依次单击"单元格"命令组中的"格式""自动调整行高"命令，这样就可以将选定行的行高调整到"最合适"的高度。类似地，使用菜单中的"自动调整列宽"命令，则可以设置最合适的列宽，使列中的每一行字符都可以恰好完全地显示。

还有一种自动调整"行高"和"列宽"的方法，更为便捷：选中要调整的行或列，将鼠标指针放置在行标签或列标签之间，此时，鼠标指针显示为黑色双向箭头，双击即可完成"自动调整行高"或"自动调整列宽"的设置。

3.2.6.5 移动和复制行与列

1. 移动行与列

要想移动行或列，可以使用以下 3 种方法：

（1）首先选择要移动的单行或多行，在"开始"选项卡中单击"剪切"命令或按 Ctrl + X 组合键，然后将鼠标定位到目标行上，在"开始"选项卡中依次单击"单元格"命令组中的"插入""插入剪切的单元格"命令，要移动的行被粘贴到当前行的上方。移动列的操作与此类似。

（2）首先选择要移动的单行或多行，在"开始"选项卡中单击"剪切"命令或按 Ctrl + X 组合键，然后将鼠标放在要移动的行的边框上，鼠标变成四向箭头，按住鼠标左键直接将要移动的行拖动到目标位置即可。目标位置如果有数据，会出现提示。移动列的操作与此类似。

（3）首先选择要移动的单行或多行，在"开始"选项卡中单击"剪切"命令或按 Ctrl + X 组合键，然后将鼠标定位到目标行上，在"开始"选项卡中单击"粘贴"命令，要移动的行被粘贴到当前行的位置。如果目标行上有数据，将被覆盖。移动列的操作与此类似。

2. 复制行与列

要想复制行或列，可以使用以下 3 种方法：

（1）首先选择要复制的单行或多行，在"开始"选项卡中单击"复制"命令或按 Ctrl + C 组合键，然后将鼠标定位到目标行上，在"开始"选项卡中依次单击"插入""插入复制的单元格"命令按钮，要复制的行被粘贴到当前行的上方。复制列的操作与此类似。

（2）首先选择要复制的单行或多行，在"开始"选项卡中单击"复制"命令或按 Ctrl + C 组合键，然后按住 Ctrl 键的同时将鼠标放在要复制的行的边框上，鼠标箭头的右上方会出现一个"＋"号，然后按住鼠标左键直接将要复制的行拖动到目标位置即可。如果目标行上有数据，将被覆盖。复制列的操作与此类似。

（3）首先选择要复制的单行或多行，在"开始"选项卡中单击"复制"命令或按 Ctrl + C 组合键，然后将鼠标定位到目标行上，在"开始"选项卡中单击"粘贴"命令，要复制的行被粘贴到当前行的位置。如果目标行上有数据，将被覆盖。复制列的操作与此类似。

3.2.6.6　隐藏和显示行与列

1. 隐藏指定行或列

选定目标行（单行或多行）整行或行中的单元格，在"开始"选项卡中依次单击"单元格"命令组中的"格式""隐藏和取消隐藏""隐藏行"命令，即可完成目标行的隐藏。隐藏列的操作与此类似。

如果选定的对象是整行或者整列，也可以通过在要隐藏的行或列上单击鼠标右键，在弹出的快捷菜单中选择"隐藏"命令来实现隐藏行或列的操作。

2. 显示被隐藏的行或列

在隐藏行或列之后，包含隐藏行或列处的行标题或者列标题标签不再显示连续的序号，隐藏处的标签分隔线也会显示得比其他的分隔线更粗。

可以使用以下 3 种方式取消隐藏：

（1）使用"取消隐藏"命令取消隐藏。在工作表中选定包含隐藏行的区域，在"开始"选项卡中依次单击"单元格"命令组中的"格式""隐藏和取消隐藏""取消隐藏行"/"取消隐藏列"命令，即可将隐藏的行或恢复显示。

如果选定的是包含隐藏的整行或整列，可以通过在其上单击鼠标右键，在弹出的快捷菜单中选择"取消隐藏"命令来显示隐藏的行或列。

（2）使用设置行高列宽的方法取消隐藏。通过将行高或列宽设置为 0，可以将选定的行或列隐藏；反之，将行高或列宽设置为大于 0 的值，则可以让隐藏的行或列变为可见。

（3）用"自动调整行高（列宽）"命令取消隐藏。选定包含隐藏行的区域后，在"开始"选项卡中依次单击"格式""自动调整行高"/"自动调整列宽"命令，即可将其中隐藏的行或列恢复显示。

3.2.7　理解 Excel 的单元格和区域

3.2.7.1　单元格的基本概念

1. 认识单元格

行和列相互交叉所形成的一个个格子称为"单元格"（Cell），单元格是构成工作表最基础的组成元素。由多个单元格组成一张完整的工作表，由单张或多张工作表组成一个工作簿。

单元格通过单元格地址来标识，单元格地址由它所在列的列标题和所在行的行标题组成，例如，单元格 C12 表示的是地址为第 3 列和第 12 行的单元格。

用户可以在单元格内输入和编辑数据，单元格中可以保存的数据包括数值、文本和公式等，除此之外，还可以为单元格添加批注及设置格式。

2. 单元格的选取与定位

在工作表中，当用鼠标单击某个单元格时，这个单元格就称为活动单元格。该单元格的地址会显示在工作表的名称框中，编辑栏中则会显示此单元格中的内容。选取和定位单元格有以下 3 种方式：

（1）用鼠标单击某个单元格，该单元格即被选定。

（2）在工作表的名称框中直接输入目标单元格地址，也可以快速定位到目标单元格所在位置。

（3）在"开始"选项卡中，依次单击"编辑"命令组中的"查找和替换""转到"命令，在弹出的"定位"对话框的"引用位置"文本框中直接输入目标单元格地址，然后单击"确定"按钮完成操作。如图 3.2－15 所示。

图 3.2－15　"定位"对话框

提示：对于隐藏行或列中的单元格，只能通过在名称框中输入地址的方法来激活。

3.2.7.2　区域的基本概念

一组单元格叫作区域，构成区域的多个单元格之间可以是相互连续的，也可以是不连续的。

对于连续的区域可以使用该区域左上角和右下角的单元格地址进行标识，中间用冒号隔开。例如，"A1：E10"表示从 A1 到 E10 单元格的矩形区域。

3.2.7.3　区域的选取

在 Excel 工作表中选取区域后，可以对区域内所包含的所有单元格同时使用相关的命令，如输入、复制、移动和删除数据以及设置单元格格式等。

1. 连续区域的选取

有以下几种方式可以选取连续的单元格：

（1）选定一个单元格，按住鼠标左键拖动到想要选定单元格区域的右下方单元格。

（2）选定一个单元格，按住 Shift 键，然后使用方向键在工作表中选择相邻的连续区域。

（3）选定一个单元格，按 F8 键，进入"扩展"模式，这时状态栏中会显示"扩展式选定"字样。此时单击另一个单元格，则会自动选中一个区域，如果再次单击其他单元格，会改变选中的单元格区域。如果想退出"扩展"模式，再次单击 F8 键。

（4）在工作表的名称框中直接输入区域地址，如"A1：E10"，然后按 Enter 键确认。

（5）使用"开始"选项卡中的"查找和选择""转到"命令，或按 Ctrl + G 组合键，在弹出的"定位"对话框的"引用位置"编辑框中输入目标区域地址，然后单击"确定"按钮。

2. 不连续区域的选取

有以下几种方式可以选取不连续的单元格：

（1）选定一个单元格，按住 Ctrl 键，然后单击或拖曳鼠标选择多个单元格或连续区域。

（2）按 Shift + F8 组合键，进入"添加"模式，然后单击要选取的其他单元格或区域。

（3）在工作表的名称框中输入多个单元格或区域的地址，地址之间用西文状态下的逗号隔开，如"A1，C1：D5，H11：H20"，然后按 Enter 键确认。

（4）使用"开始"选项卡中的"查找和选择""转到"命令，或按 Ctrl + G 组合键，在弹出的"定位"对话框的"引用位置"编辑框中输入多个不连续区域的地址，然后单击"确定"按钮。

3. 多表区域的选取

Excel 允许用户同时在多张工作表上选取多表区域，当选取多表区域后，可以输入相同的数据或设置相同的格式。

选取多表区域及设置单元格格式的操作步骤如下：

（1）在当前工作簿的 Sheet1 工作表中选中一个区域，如 A1：A9。

（2）按 Shift 键，然后单击 Sheet3 工作表标签，此时 Sheet1 ~ Sheet3 的"A1：C9"区域构成一个多表区域，进入工作组的编辑模式，在标题栏上显示"组"的字样。

（3）在"开始"选项卡中单击"字体"命令组中的"填充颜色"下拉按钮，在弹出的颜色面板中选择一种绿颜色，然后在 A1 单元格中输入数值 123。

此时，3 张工作表中的"A1：C9"区域都被填充了绿颜色，且 A1 单元格中都有数值 123。

4. 选取特殊区域

用户可以使用"定位条件"命令选取一个或多个符合特定条件的单元格。

在"开始"选项卡中，依次单击"编辑"选项卡中的"查找和选择""定位条件"命令，或者按 Ctrl + G 组合键，弹出"定位条件"对话框，如图 3.2 - 16 所示。在该对话框中单击某一特定的条件，然后单击"确定"按钮，就会在当前有数据的区域中选定符合条件的所有单元格。

图 3.2 - 16　"定位条件"对话框

如果查找范围中没有符合条件的单元格，Excel 会显示"未找到单元格"提示框。

"定位条件"对话框中各选项的含义如表3.2－1所示。

表3.2－1　定位条件的含义

选　项	含　义
批注	所有包含批注的单元格
常量	所有不包含公式的非空单元格。
公式	所有包含公式的单元格。
空值	所有空单元格
当前区域	当前单元格周围有数据的连续区域
当前数组	选中多单元格数组中的一个单元格，使用此定位条件后可以选中这个数组的所有单元格
对象	当前工作表中的所有对象，包括图片、图表、自选图形和插入文件等
行内容差异单元格	选定区域中，每一行的数据均以活动单元格所在行作为此行的参照数据，横向比较数据，选定与参照数据不同的单元格
列内容差异单元格	选定区域中，每一列的数据均以活动单元格所在列作为此列的参照数据，纵向比较数据，选定与参照数据不同的单元格
引用单元格	当前单元格中公式引用到的所有单元格
批注	所有包含批注的单元格
从属单元格	与"引用单元格"相对应，选定在公式中引用了当前单元格的所有单元格
最后一个单元格	选择工作表中含有数据或者格式的区域范围中最右下角的单元格
可见单元格	当前工作表中含有数据或者格式的区域范围中所有未经隐藏的单元格
条件格式	工作表中所有运用了条件格式的单元格

5. 通过名称选取区域

有时用区域地址来标识和描述区域显得比较复杂，特别是对于非连续区域，需要以多个地址来描述。Excel 允许用户为单元格区域取一个名字，以特定的名称来标识不同的区域，更加直观和方便。如果在公式中运用名称，则可以使公式更加容易理解和编辑。

3.2.8　向工作表中输入内容

3.2.8.1　向工作表中输入文本和数值

要在工作表的单元格内输入文本和数值，先选中目标单元格，使其成为活动单元格，然后就可以直接向单元格内输入数据。数据输入完成后按 Enter 键或单击编辑栏左侧的"输入"按钮或单击其他单元格，都可以确认输入。

按 Enter 键确认输入后，Excel 会自动将下一个单元格激活为活动单元格；使用"输入"按钮确认输入后，Excel 不会改变当前活动单元格。

默认情况下，按 Enter 键后，活动单元格为当前单元格下方的单元格，也可以设置"下一个"激活单元格的方向。使用"文件"→"选项"命令，打开"Excel 选项"对话框，在"高级"选项卡中，单击"按 Enter 键后移动所选内容"复选框下方"方向"的下拉菜单按钮，在下拉菜单中可以选择按 Enter 键确认输入后活动单元格的移动方向，默认为"向下"。

当输入的文本长度长于当前的列宽时，如果右边的单元格为空白，Excel 将完全显示出文本；如果邻近的单元格不为空，单元格将尽可能地显示文本（单元格包括了整个文本，只是没有完全显示出来）。如果需要显示出完整的文本，而邻近的单元格又不为空，可以采取以下几种方法进行调整：

（1）重新编辑文本，使其尽可能完全显示。

（2）增加列宽，以使文本完全显示。

（3）调整字体。

（4）设置文本自动换行使其限制在单元格宽度以内。

（5）使用 Excel 的"缩小字体填充"功能。在"开始"选项卡中，单击"单元格"命令组中"格式"按钮下方的下拉箭头，在打开的下拉菜单中选择"设置单元格格式"命令，打开"设置单元格格式"对话框，选择"对齐"选项卡，勾选"缩小字体填充"复选框，如图 3.2 – 17 所示，然后单击"确定"按钮。

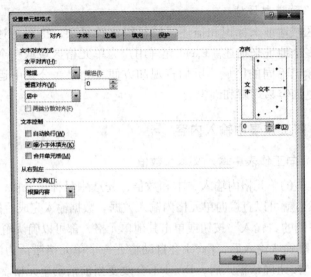

图 3.2 – 17　"设置单元格格式"对话框

对于不需要进行数值计算的数字，如身份证号码、银行卡号、邮政编码等，可在输入数据时，以单引号"'"开始输入数据，系统会将所输入的内容自动识别为文本数据，并以文本形式在单元格中保存和显示。

如果用户在单元格中输入位数较多的小数，如"123.1234567890"，而单元格列宽设置为默认值时，单元格内会显示"123.1235"。这是由于 Excel 系统默认设置了对数值进行四舍五入的显示，但在"编辑栏"中会完整显示所输入的数值。

当用户在单元格中输入非常大或者非常小的数值时，系统会在单元格中自动以科学计数法的形式来显示。

输入大于 15 位有效数字的数值时，Excel 会对原数值进行 15 位有效数字的自动截断处理，如果输入的数值是整数，则会将超过 15 位的部分补 0。

3.2.8.2　向工作表中输入日期和时间

Excel 把日期和时间当作特殊的数值。Excel 为日期和时间规定了严格的输入格式，Excel 会自动辨认输入的数据是否是日期和时间。当输入的是时间或者日期时，单元格的格式就会由"常规"数字格式变成相应的内部日期和时间格式。如果没有辨认出日期或时间格式，Excel 就会将其当作文本格式处理。

如果要在工作表单元格中存储日期和时间，应使用 Excel 预定义的一些日期和时间格式来输入这些值，表 3.2 – 2 列出了 Excel 支持的常用日期格式。

表 3.2 - 2

输入格式	Excel 识别格式
2019 - 1 - 1 或者 2019/1/1	2019 年 1 月 1 日
19 - 1 - 1 或者 19/1/1	2019 年 1 月 1 日
2019 - 1 或者 2019/1	2019 年 1 月
1 - 1 或者 1/1	当前年份的 1 月 1 日
May 20	当前年份的 5 月 20 日

时间的输入规则比较简单，一般分为 12 小时制和 24 小时制两种。采用 12 小时制时，需要在输入时间后加入表示上午或下午后缀"AM"或"PM"，中间用空格分开。时间的输入格式为"10：20：30"或者"10：20：30 AM/PM"。例如，输入"1：23 PM"会被 Excel 识别为"下午 1 点 23 分"。

输入完日期和时间后，用户还可以更改单元格中的日期和时间格式，操作方法如下：

（1）选择需要改变格式的单元格。

（2）在"开始"选项卡中，单击"单元格"命令组中的"格式"下方的下拉箭头，在弹出的下拉菜单中选择"设置单元格格式"命令，在打开"设置单元格格式"对话框中，选择"数字"选项卡，在左侧"分类"列表框中选择"日期"或"时间"。

（3）然后在对话框右侧的"类型"列表框中选择一种格式即可。

3.2.8.3　使用"自动填充"功能输入一系列数值

使用 Excel 的自动填充功能，用户可以方便地在工作表中输入一组连续的数据或文本。Excel 使用自动填充手柄来实现这一功能，填充手柄是激活单元格右下角的小方块。可以拖动填充手柄来复制单元格内容，或者自动完成一系列数据的输入。

如果在按下鼠标右键时拖动自动填充手柄，Excel 将显示带有额外填充选项的快捷菜单。

1. 使用"自动填充"

当用户需要在工作表内连续输入某些"顺序"数据时，如"星期一、星期二、……""甲、乙、丙、……"等，可以利用 Excel 的自动填充功能实现快速输入。

要创建一系列连续的数据或日期等，先选择两个或更多个单元格，这些单元格中已输入了用来填充数据的样式。然后单击填充柄，再将它拖动到想填充数据的单元格上。松开鼠标时，就会发现在经过的单元格上已填充上了数据。

Excel 内置了一些用于填充的"序列"，用户也可以自己定义所需序列。单击"文件"选项卡中的"选项"命令，在打开的"Excel 选项"对话框中选择"高级"，然后在右侧的"常规"项下单击"编辑自定义列表"按钮，打开"自定义序列"对话框。左侧显示的是 Excel 内置的序列，用户可以在右侧"输入序列"中编辑自己的序列，如图 3.2－18 所示。

在某个单元格中输入不同类型的数据，然后拖曳填充柄进行填充操作，Excel 的默认处理方式是不同的。对于数值型数据，Excel 将这种"填充"操作处理为复制方式；对于内置序列的文本型数据和日期型数据，Excel 则将这种"填充"操作处理为顺序填充。

如果按 Ctrl 键在拖曳填充柄进行填充操作，则以上默认方式会发生逆转，即原来处理为复制方式的，将变成顺序填充方式，而原来处理为顺序填充方式的，则变成复制方式。

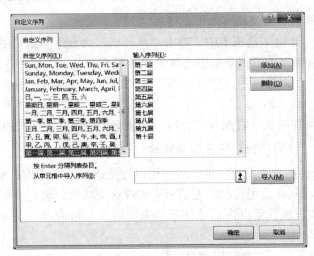

图 3.2－18 "自定义序列"对话框

提示：如果要在已经填充列的相邻列中填充数据，可以在相邻列的某个单元格中输入数据后，双击填充柄即可填充一列数据。

2. 使用填充菜单

除了通过拖动填充柄的方式进行自动填充外，使用 Excel 功能区中的填充命令，也可以在连续单元格中批量输入定义为序列的数据内容。

在"开始"选项卡中依次单击"编辑"命令组中的"填充""序列"命令，打开"序列"对话框，如图 3.2-19 所示。在该对话框中，用户可以选择序列填充的方向为"行"或"列"，也可以根据需要填充序列的数据类型，如"等差序列"、"等比序列"等。如果要使用"日期选项"中的内容，需要在"类型"中选择"日期"选项。

图 3.2-19　"序列"对话框

3. 快速填充

"快速填充"能让一些不太复杂的字符串处理工作变得更简单。例如，能够实现字符串的拆分和合并等功能。

"快速填充"必须在数据区域的相邻列中才能使用，在横向填充时不起作用。

选中填充起始单元格及需要填充的目标区域，然后在"数据"选项卡上单击"快速填充"按钮，或者按 Ctrl + E 组合键。

3.2.8.4　几种数据输入技巧

通过使用一些输入技巧，用户可以将信息输入到 Excel 工作表的过程简化，还可以更快地完成所需工作。

1. 使用记忆或键入功能自动输入数据

Excel 的记忆式键入功能可以方便地在多个单元格中输入相同的文本。使用记忆式键入功能，用户只需在单元格中输入一个文本的第一个字或单词，Excel 就会以本列中其他已输入的文本为基础，自动显示出所有文字，按 Enter 键即可完成整个条目的输入。除了减少输入以外，这项特性还能保证用户输入的正确性和一致性。

2. 输入有分数的数字

当输入一个分数，则需要在整数和分数之间留有一个空格。例如，要输

入一个分数 "一又五分之一"，只需键入 "1 空格 1/5"，然后按 Enter 键。当用户选择这个单元格时，在编辑栏中显示的是 1.2，而在单元格中显示的是分数。

如果只有分数部分（如 1/2），在分数前必须先输入 0 和空格，否则 Excel 会认为用户输入的是一个日期。当单击这个单元格时，在编辑栏中可以看到 "0.5"，在单元格中显示的则是 "1/2"。

如果用户输入分数的分子大于分母，如 15/2，Excel 会自动进行换算，在单元格中将分数显示为 "7 1/2"，在编辑栏里显示为 "7.5"。

3. 在多个单元格同时输入数据

当需要在多个单元格中同时输入相同的数据时，可以同时选中需要输入相同数据的多个单元格，输入所需的数据后，按 Ctrl + Enter 组合键确认输入。

3.2.9　编辑工作表中的内容

对于已经存在数据的单元格，用户可以激活目标单元格后，重新输入新的内容来替换原有数据。但是，如果用户只想对其中的部分内容进行编辑修改，则可以激活单元格进入编辑模式。

编辑工作表中的内容时，可以使用以下几种方法：

（1）双击单元格。可以直接对单元格内容进行编辑。

（2）激活需要编辑的单元格，然后按 F2 键。

（3）激活需要编辑的单元格，然后单击 Excel 工作窗口的 "编辑栏"。这样可以在 "编辑栏" 对单元格内容进行编辑。对于数据内容较多的编辑修改，特别是对公式的修改，建议使用这种方式。

3.2.10　删除单元格中的内容

要想删除单元格中的内容，先单击该单元格，然后按 Delete 键即可删除其中的数值、文本或公式，但不会删除应用于单元格的格式、批注等内容。

如果还想更全面地控制删除的内容，可以在选定目标单元格后，在 "开始" 选项卡上单击 "清除" 下拉按钮，在其下拉菜单中显示出 6 个选项，如图 3.2 - 20 所示。

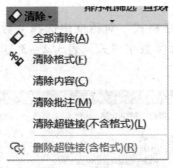

图 3. 2 – 20　"清除"下拉菜单

- 全部清除：清除单元格中的所有内容，包括数据、格式、批注等。
- 清除格式：只清除格式，保留数值、文本和公式。
- 清除内容：只清除单元格中的数据，包括数值、文本、公式等，保留其他。
- 清除批注：删除单元格附加的批注。
- 清除超链接：在单元格弹出"清除超链接选项"下拉按钮，单击后可在下拉列表中选择"仅清除超链接"选项或"清除超链接和格式"选项。
- 删除超链接：清除单元格中的超链接和格式。

3. 2. 11　设置数字格式

Excel 提供了丰富的数据格式化功能，用于提高数据的可读性。

3. 2. 11. 1　使用功能区命令

在 Excel "开始"选项卡的"数字"命令组中，单击"常规"右侧的下拉按钮，打开"数字格式"下拉列表，可以从中选择一种格式应用到当前选中的单元格中。

3. 2. 11. 2　使用"设置单元格格式"对话框对数字进行格式设置

如果用户需要对数据格式进行更多的控制，可通过"设置单元格格式"对话框对数据格式进行更多的设置。

可以使用以下 3 种方法打开"设置单元格格式"对话框：

（1）在"开始"选项卡的"数字"命令组中，单击命令组右下角的"对话框启动器"按钮，或者按 Ctrl + 1 组合键。

（2）在"数字"命令组的格式下拉列表中单击"其他数字格式"选项。

（3）在要设置格式的单元格上单击鼠标右键，在弹出的快捷菜单中选择

"设置单元格格式"命令。

然后在"设置单元格格式"对话框中选择"数字"标签，如图 3.2 - 21 所示，其中显示了 12 类数字格式。表 3.2 - 3 显示了各类数字格式及其注解。

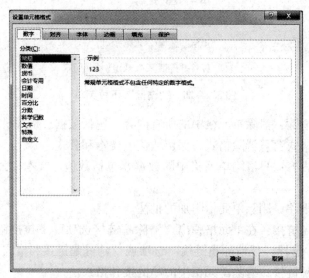

图 3.2 - 21   "设置单元格格式"对话框

表 3.2 - 3   数字格式分类及其注解

数字格式类型	含 义
常规	默认格式。数字显示为整数、小数，或者数字太大、单元格无法显示时，用科学计数法
数值	可以设置小数位数，选择每三位是否用逗号隔开，以及如何显示负数（负号、红色、括号或者同时使用红色和括号）
货币	可以设置小数位数，选择货币符号，以及如何显示负数（用负号、红色、括号或者同时使用红色和括号）。这个格式每三位用逗号隔开
会计专用	货币格式的主要区别在于货币符号一般垂直排列
日期	可以选择不同的日期显示模式
时间	可以选择不同的时间显示

续表

数字格式类型	含　义
百分比	可以选择小数位数并显示百分号
分数	可以从 9 种分数格式中选择一种格式
科学记数	用指数符号（E）显示数字，如 2.22E＋05＝200 000 或 2.05E＋05＝205 000。可以选择 E 左边的小数位数
文本	设置为文本格式后，再输入的数值将作为文本存储，对于已经输入的数值不能直接将其转换为文本格式
特殊	包括三种附加的数字格式（邮政编码、中文小写数字和中文大写数字）
自定义	用户可以自己定义前面没有包括的数字格式类型

3.2.12　格式化单元格和工作表

单元格格式主要包括数字格式、字体和字号、文字颜色、文字对齐方式、边框样式及单元格背景颜色等。

用户可以通过"功能区命令组""浮动工具栏""设置单元格格式"对话框等方式，对单元格格式进行设置和修改。

3.2.12.1　使用不同的字体

可以在工作表中使用不同的字体、字形、字号、颜色和下划线等。在"开始"选项卡的"字体"命令组中提供了常用的字体格式命令。

Excel 2016 中文版的默认字体为"等线"、字号为 11 号。

3.2.12.2　改变文本的对齐方式

在"设置单元格格式"对话框的"对齐"选项卡中，包含了文本对齐方式及文本方向、文字方向和文本控制等命令。默认情况下，数字向列的右边对齐，文本向左对齐。

"方向"选项，可以使用一定角度在单元格中显示文本。用户可以水平、垂直或以－90°～＋90°之间的任何一个角度显示文本。

3.2.12.3　自动换行或缩小字体填充

如果文本太宽不适合于列宽，可以对文本使用"自动换行"或"缩小字体填充"选项来容纳文本。

"自动换行"选项，在单元格中用多行显示文本。

"缩小字体填充"选项，可以减小文本字号，以适应单元格的宽度大小。

3.2.12.4　合并单元格

合并单元格就是合并两个或更多的单元格。合并单元格时，并不合并单元格的内容。合并一组单元格是让一个单元格占有多个单元格的空间。合并单元格的方式包括合并后居中、跨越合并和合并单元格三种。

选中需要合并的单元格区域，在"开始"选项卡中单击"并合后居中"下拉按钮，在下拉列表中可以选择不同的单元格合并方式。

- 合并后居中：将选取的多个单元格进行合并，并将单元格内容在水平和垂直两个方向居中显示。
- 跨越合并：在选取某个单元格区域后，将所选区域的每行进行合并，形成单列多行的单元格区域。
- 合并单元格：将所选单元格区域进行合并，并沿用该区域活动单元格的格式。

3.2.12.5　使用颜色和阴影

在"设置单元格格式"对话框的"填充"选项卡中，可以设置单元格的背景色、填充效果和图案效果。

3.2.12.6　增加边框和线条

在"设置单元格格式"对话框的"边框"选项卡中，可以为单元格设置不同的边框。

首先选择所要增加边框的单元格或区域，在对话框中选择一种线条样式，然后通过单击一个边框图标为线条样式选择边框位置。

3.2.12.7　单元格样式

Excel 2016 预置了部分典型的单元格样式，用户可以直接套用这些样式来快速设置单元格格式。

选中需要套用单元格格式的区域，在"开始"选项卡中单击"单元格样式"命令按钮，在弹出的下拉列表中，单击某一样式，即可为单元格应用此样式。

如需清除已有的单元格格式，可以先选中数据区域，然后在"开始"选项卡中依次单击"清除"→"清除格式"命令按钮，所选单元格区域将恢复到 Excel 默认格式效果。

3.2.12.8　使用自动套用格式功能快速格式化工作表

一些专业的 Excel 表格，通常具有布局合理清晰、颜色和字体设置协调的特点，虽然数据很多，但并不会显得凌乱。

采用"套用表格格式"的方法，能够快速格式化数据表，更便于阅读和查看。

要应用自动套用格式功能，操作如下：

（1）把单元格指针移到所需格式化表格的任意一个地方，Excel 会自动识别表格的边界。

（2）在"开始"选项卡中单击"套用表格格式"下拉按钮。

（3）从列表中的格式中选择一种，弹出"套用表格式"对话框，保留默认的选项，然后单击"确定"按钮。

（4）在"表格工具"的"设计"选项卡中单击"转换为区域"命令，在弹出的提示对话框中单击"是"按钮，即可将"表格"转换为普通数据表。

3.2.12.9　为工作表增加背景

为工作表加背景，可以在"页面布局"选项卡中单击"背景"命令按钮，在弹出的"插入图片"窗格中单击"来自文件"选项，打开"工作表背景"对话框，在该对话框中找到需要插入的背景图片，单击"插入"按钮。

为增强背景图片的显示效果，可以在"视图"选项卡中取消对"网格线"复选框的勾选，使工作表中的网格线不再显示。

注意：该背景只在编辑工作表时显示，不能打印输出。

如果要删除背景，在"页面布局"选项卡中单击"删除背景"按钮即可。

3.2.13　添加单元格注释

有时，需要对单元格的内容做些说明，可通过"新建批注"命令来完成。要对一个单元格加批注，操作步骤如下：

（1）选择要添加"批注"的单元格。

（2）在"审阅"选项卡中，依次单击"批注""新建批注"命令按钮。

（3）在出现的信息框中输入批注内容。

单击工作表的任何一个地方，即可隐藏批注。

包含批注的单元格，会在单元格的右上角显示一个红色的小三角。当把鼠标指针移到含有批注的单元格上时，批注会显示出来。

如果需要显示所有的单元格批注（不管单元格指针的位置），依次单击"批注""显示所有批注"命令。再次选择它将隐藏所有的单元格注释。

要编辑批注，先激活单元格，然后单击鼠标右键，在弹出的快捷菜单中选择"编辑批注"命令。

要想删除批注，激活含有批注的单元格，单击鼠标右键，然后从快捷菜单里选择"删除批注"命令。

3.2.14　复制和移动单元格与区域

复制或移动数据可以把一个单元格中的数据复制或移动到另一个单元格；也可以把一个单元格内的数据复制到一个区域内的单元格里，即原始单元格中的数据被复制到了目标区域内的每一个单元格内。

注意：粘贴信息时，Excel 将覆盖目标单元格的内容且不发出警告信息。

3.2.14.1　复制或移动单元格区域

复制或移动数据的操作步骤如下：

（1）选择需要复制或移动的单元格或区域。

（2）在"开始"选项卡中，单击"剪贴板"命令组中的"复制"或"剪切"命令。

（3）把单元格指针移动到要保存复制或移动内容的目标区域，然后单击"粘贴"命令。

3.2.14.2　使用"粘贴选项"按钮选择粘贴方式

当用户使用"复制"命令后再"粘贴"时，默认情况下在被粘贴区域的右下角会出现"粘贴选项"按钮。单击此按钮，展开"粘贴"命令列表，用户可以根据自己的需要来进行粘贴。

3.2.14.3　使用"选择性粘贴"对话框进行粘贴

1. 粘贴选项

当用户只想复制公式的当前数值而不是公式本身，或者只是想复制数据格式从一个区域到另一个区域。要控制复制到目标区域的内容，可以单击"粘贴"按钮下方的下拉箭头，在下拉列表中选择"选择性粘贴"命令。打开"选择性粘贴"对话框，如图 3.2－22 所示。表 3.2－4 中描述了"选择性粘贴"对话框中各项内容的含义。

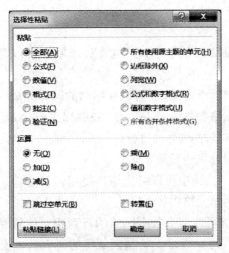

图 3.2－22 "选择性粘贴"对话框

表 3.2－4 "选择性粘贴"对话框中各项内容含义

选项	含 义
全部	粘贴源单元格和区域中的全部复制内容,包括数据、公式、单元格中的所有格式、数据验证及单元格批注。此选项即默认的常规粘贴方式。
公式	粘贴所有数据(包括公式),不保留格式、批注等。
数值	粘贴数值、文本及公式运算结果,不保留公式、格式、批注、数据验证等内容。
格式	只粘贴所有格式(包括条件格式),而不在粘贴目标区域中粘贴任何数值、文本和公式,也不保留批注、数据验证等内容。
批注	只复制单元格批注,不保留单元格内容或格式。
验证	只粘贴数据验证的设置内容,不保留其他任何数据内容和格式。
所有使用源主题的单元	粘贴所有内容,并且使用源区域的主题。一般在跨工作簿复制数据时,如果两个工作簿使用的主题不同,可以使用此选项。
边框除外	复制除边框以外的所有内容。
列宽	仅将粘贴目标单元格区域的列宽设置成与源单元格列宽相同,但不保留任何其他内容。
公式和数字格式	复制所有公式和数字格式,但是不复制数值。
值和数字格式	复制所有当前值和数字格式,但不复制公式本身。
所有合并条件格式	合并源区域与目标区域中的所有条件格式。

2. 运算功能

在"选择性粘贴"对话框中，"运算"区域中还包含着其他一些粘贴功能选项。

● "加""减""乘""除"：可以在粘贴的同时完成一次数学运算。如果复制的不是单个单元格数据，而是一个与粘贴目标区域形状相同的数据源区域，则在运用运算方式粘贴时，目标区域中的每一个单元格数据都会与相应位置的源单元格数据分别进行数学运算。

● 跳过空单元：该选项可以防止用户使用包含空单元格的源数据区域粘贴覆盖目标区域中的单元格内容。

● 转置：该功能可以将源数据区域的行列相对位置互换后粘贴到目标区域。使得行变成列，列变成行。复制区域里的所有公式会被调整，以便转置后能够正常运行。

● 粘贴链接：如果用户认为要复制的数据将被更改，此时应该粘贴一个链接。如果选择"选择性粘贴"对话框中的"粘贴链接"单选按钮，就可以在改变源文档的时候，目标文档也自动改变。

3.2.14.4 对区域使用名称

1. 定义名称

定义单元格或单元格区域的名称，有以下几种方法：

（1）使用名称框定义名称：选中要定义名称的单元格或单元格区域，在"编辑栏"左侧的"名称框"内输入名称，然后按 Enter 键确认。

（2）使用"新建名称"命令定义名称：单击"公式"选项卡中的"定义名称"按钮，弹出"新建名称"对话框，在对话框中输入要命名的名称。名称的命名应尽量直观，以便于查找数据或在公式中引用。

（3）在"名称管理器"中新建名称：在"公式"选项卡中单击"名称管理器"按钮，弹出"名称管理器"对话框。单击对话框中的"新建"按钮，弹出"新建名称"对话框，在此对话框中输入名称。

2. 修改名称

用户可以对已有名称的命名和引用位置进行编辑修改。操作步骤如下：

（1）依次单击"公式""名称管理器"选项，或者按 Ctrl + F3 组合键，打开"名称管理器"对话框。

（2）在"名称"列表中单击需要修改的名称，单击"编辑"按钮，弹出"编辑名称"对话框。

（3）在"名称"编辑框中输入新的命名，在"引用位置"编辑框中修改引用的单元格区域或公式，最后单击"确定"按钮返回"名称管理器"对话框。

（4）单击"关闭"按钮退出"名称管理器"对话框。

当名称出现错误无法正常使用时，可以在"名称管理器"对话框中使用筛选和删除操作。单击"筛选"下拉按钮，在下拉菜单中选择"有错误的名称"选项，如果在筛选后的名称管理器中包含多个有错误的名称，可以按住 Shift 键依次单击最顶端的名称和最底端的名称，选中多个名称，最后单击"删除"按钮，有错误的名称将全部删除。

3. 名称的使用

如果需要在公式编辑过程中调用已定义的名称，可以在"公式"选项卡中单击"用于公式"下拉按钮并选择相应的名称。也可以在公式中直接手工输入已定义的名称。

如果在工作表内已经输入了公式，再进行定义名称时，Excel 不会自动用新名称替换公式中的单元格引用。可以通过设置，使 Excel 将名称应用到已有的公式中。依次单击"公式""定义名称""应用名称"命令按钮，弹出"应用名称"对话框。在"应用名称"列表中选择需要应用于公式中的名称，单击"确定"按钮，被选中的名称将应用到工作簿内的所有公式中。

注意：删除的行或列，如果其中包括定义了名称的单元格或区域，名称就会包含一个无效的指定，公式会显示"#REF！"错误。

3.2.15　查找和替换

利用 Excel 的查找和替换功能，可以很容易地在一个工作表或一个工作簿中的多个工作表间定位信息。还可以查找某个信息，并把它替换成为其他文本信息。

在使用"查找"和"替换"功能之前，必须先选定查找的目标范围。如果要在整个工作表或工作簿的范围内进行查找，则只需单击工作表中的任意一个单元格。

在 Excel 中，"查找"与"替换"位于同一个对话框的不同选项卡。

3.2.15.1　查找信息

在"开始"选项卡中，依次单击"查找和选择""查找"命令按钮，打开"查找和替换"对话框，如图 3.2 - 23 所示。

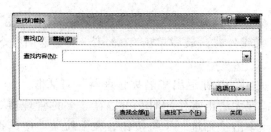

图 3.2 – 23 "查找和替换"对话框中的"查找"选项卡

在"查找内容"栏中输入想要查找的信息，然后单击"查找下一个"按钮或"查找全部"按钮，以定位要查找的信息。

3.2.15.2 替换信息

在"开始"选项卡中，依次单击"查找和选择""替换"命令按钮，打开"查找和替换"对话框，如图 3.2 – 24 所示。在"查找内容"栏中输入要被替换的文本，在"替换为"栏中输入替换后的文本，单击"查找下一个"按钮，定位到第一个匹配的项目，然后单击"替换"按钮，进行替换。如果不想进行替换，单击"查找下一个"按钮。如果要替换所有的项目，单击"全部替换"按钮。

图 3.2 – 24 "查找和替换"对话框中的"替换"选项卡

3.2.15.3 更多查找选项

在"查找和替换"对话框中，单击"选项"按钮可以显示更多查找和替换选项，如图 3.2 – 25 所示。

图 3.2 – 25 "查找和替换"对话框中的"选项"对话框

- 范围：使用"范围"下拉列表将指定查找的范围（当前工作表或整个工作簿）。
- 搜索：使用"搜索"下拉列表将指定查找的方向（按行或按列）。
- 查找范围：使用"查找范围"下拉列表将指定单元格的哪些部分被查找（公式、值或注释）。

使用复选框将指定查找是否区分大小写、是否匹配整个单元格，以及是否区分全角和半角。

3.2.15.4　查找格式

使用"查找和替换"命令还可以定位包含有特殊格式的单元格。用户可以以一种格式来替换另一种格式。

单击"查找和替换"对话框中的"格式"按钮，显示"查找格式"对话框，这个对话框类似"单元格格式对话框"。在"查找格式"对话框中，输入要查找的格式。

单击"替换为"行中的"格式"按钮，显示"替换格式"对话框。在"替换格式"对话框中输入要替换成的格式。

3.2.16　使用图形和图片增强工作表效果

在工作表或图表中使用图形和图片，能够增强工作表的视觉效果。

3.2.16.1　形状

形状是指一组浮于单元格上方的简单几何图形，也称为自选图形。不同的形状可以组合成新的形状，从而在 Excel 中实现绘图。

文本框是一种可以输入文本的特殊形状，文本框可以放置在工作表中的任何位置，用来对表格中的图形或图片进行说明。

1. 插入形状

单击"插入"选项卡中的"形状"下拉按钮，在下拉菜单中选择所需的形状，如"椭圆"，在工作表中拖动即可绘制一个椭圆。

提示：插入线条时，如果同时按住 Shift 键，可以绘制水平、垂直和 45°方向旋转的直线；如果同时按住 Alt 键，可以绘制终点在单元格角上的直线。

2. 编辑形状

Excel 形状是由点、线、面组成的，通过拖放操作形状的顶点位置，可以实现对形状的编辑。

选择形状，在"绘图工具"的"格式"选项卡中依次单击"编辑形状""编辑顶点"命令按钮，使形状进入编辑状态，在图形上显示顶点，拖动顶点即可改变图形形状。如果用户需要对顶点类型进行更改，可在顶点上右击，在弹出的快捷菜单中选择相应的命令即可。

3. 对齐与组合

（1）对齐和分布。当工作表中有多个对象时，可以使用对齐和分布功能对对象进行排列。

按住 Shift 键的同时，逐个单击对象，可同时选中多个对象，在"绘图工具"的"格式"选项卡中依次单击"对齐""顶端对齐"命令，将多个对象排列到同一水平线上，再单击"对齐""横向分布"命令，将多个对象均匀地排列在同一水平线上。

（2）对象组合。多个不同的对象可以组合成一个新的形状。

选择多个对象，在"绘图工具"的"格式"选项卡中依次单击"组合""组合"命令，可将多个对象组合成一个新的组合。若要将组合图形恢复为单个对象，在"绘图工具"的"格式"选项卡中依次单击"组合""取消组合"命令即可。

3.2.16.2　图片

1. 插入图片

在工作表中插入图片有以下两种方法：

（1）直接从图片浏览软件中复制图片，粘贴到工作表中。

（2）单击"插入"选项卡中的"图片"按钮，打开"插入图片"对话框，选择一个图片文件，然后单击"确定"按钮，将图片插入工作表中所选单元格的右下方。

2. 删除背景

删除背景可以删除图片中相应的颜色，删除的部分图片变为透明的背景。操作步骤如下：

（1）选择图片，在"绘图工具"的"格式"选项卡中单击"删除背景"按钮，在功能区显示"背景消除"选项卡，图片背景变为紫红色。

（2）调整图片内的 8 个控制点，将需要保留的图片设置在控制框内，部分深紫色区域如果不需要删除，可单击"背景消除"选项卡中的"标记要保留的区域"按钮，再单击图片中要保留的区域，最后单击"保留更改"按钮，或单击工作表中的任意单元格，将图片背景设置为透明色。

3. 裁剪图片

"裁剪"命令可以删除图片中不需要的矩形部分，"裁剪为形状"命令可以将图片外形设置为任意形状。

选择图片，在"绘图工具"的"格式"选项卡中依次单击"裁剪""裁剪"命令，在图片的 4 个角显示角部裁剪点，4 个边的中点显示边线裁剪点。将鼠标指针定位到裁剪点上，按下鼠标左键不放，移动鼠标指针到目的位置，可以裁剪掉鼠标移动的部分图片。

3.2.16.3　艺术字

艺术字和文本框一样，是浮于工作表单元格之上的一种形状对象，通过对艺术字设置形状、空心、阴影、镜像等效果，为报表增加装饰作用。

1. 插入艺术字

单击"插入"选项卡中的"艺术字"按钮，打开"艺术字"样式列表，单击一种艺术字样式，在工作表中显示一个矩形框，矩形框中显示文本"请在此放置您的文字"，直接输入文本，单击任意单元格，完成插入艺术字的操作。

2. 艺术字转换

单击艺术字，在"绘图工具"的"格式"选项卡中依次选择"文本效果""转换""跟随路径""拱形"选项，可将艺术字排列转换为拱形。

3.2.16.4　SmartArt

SmartArt 在 Office 2010 以前的版本中称为"图示"，即结构化的图文混排模式。

1. 插入 SmartArt

单击"插入"选项卡中的"SmartArt"按钮，打开"选择 SmartArt 图形"对话框，在左侧选择一种图示的类别，在右侧选择一种图示样式，然后单击"确定"按钮在工作表中插入一个关系图示。

2. 插入文字

选择 SmartArt，在"SmartArt 工具"的"设计"选项卡中单击"文本窗格"按钮，打开"在此处键入文字"对话框，然后逐行输入文本。

3.2.16.5　文件对象

Excel 工作表中可以嵌入常用的办公文件，如 Excel 文件、Word 文件、PPT 文件和 PDF 文件等。嵌入 Excel 工作表的文件，将包含在工作簿中，并且可以双击打开。

单击"插入"选项卡中的"对象"按钮，打开"对象"对话框，切换到"由文件创建"选项卡，单击"浏览"按钮，打开"浏览"对话框，在"浏览"对话框中选择一个要插入的文件,单击"插入"按钮关闭"浏览"对话框,在"对象"对话框中选中"显示为图标"复选框,单击"确定"按钮关闭"对象"对话框,在工作表中以图标的形式插入一个文件对象。双击该图标即可打开相应的应用程序,对其进行编辑。

3.2.17 打印工作表

打印工作表时,Excel 只打印激活区域。换句话说,它不会打印所有的单元格,而是只打印那些有数据的单元格。如果工作表含有图表或图片,也将被打印。

3.2.17.1 设定所要打印的内容

有时只需要打印工作表的一部分而不是整个活动区域,或者只是想重复打印报表中的几页而不是所有页。

单击"文件""打印"命令,可以在"设置"项中选择要打印的部分,如图 3.2 – 26 所示。

(1)打印活动工作表:打印所选择的工作表(这是默认设置)。通过按 Ctrl 键单击工作表标签,可以选择多个表。如果选择了多个表格,Excel 会在新的页面上打印每一个表格。

(2)打印整个工作簿:打印整个工作簿,包括图表。

(3)打印选定区域:只打印运行"文件""打印"命令之前选定的区域。

(4)忽略打印区域:忽略在工作表中设置的打印区域。

图 3.2 – 26 "打印"命令的"设置"选项

3.2.17.2 设置页眉或页脚

默认情况下,新的工作簿没有任何页眉或页脚。在"页面布局"选项卡中,单击"页面设置"命令组右下角的"对话框启动器"按钮,打开"页面设置"对话框，选择其中的"页眉/页脚"选项卡，如图 3.2 – 27 所示。

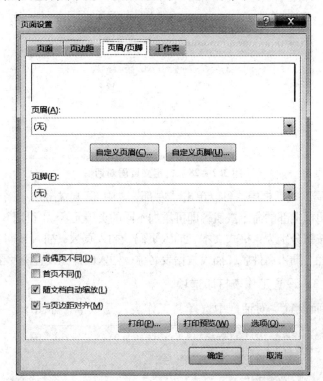

图 3.2 – 27　"页面设置"对话框中的"页眉/页脚"选项卡

（1）奇偶页不同：选中后，可以为奇数页和偶数页指定不同的页眉/页脚。

（2）首页不同：选中后，可以为打印的首个页面指定不同的页眉/页脚。

（3）随文档自动缩放：选中后，如果文档打印时调整了缩放比例，则页眉和页脚的字号也相应进行缩放。

（4）与页边距对齐：选中后，左页眉和页脚与左边距对齐，右页眉和页脚与右边距对齐。

当单击"页眉/页脚"下拉列表框时，Excel 会显示出一组预先设定好的页眉或页脚。如果没有在预先设定中找到所需样式，也可以自定义页眉或页脚。单击"自定义页眉"或"自定义页脚"按钮，Excel 将显示如图 3.2 – 28 所示的对话框。

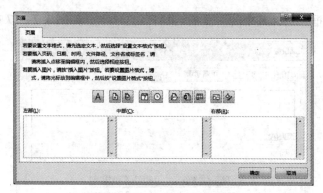

图 3.2 – 28　自定义页眉对话框

在"页眉"对话框中，可以单击"左部""中部""右部"三个编辑框，然后再单击编辑框上部的命令按钮，即可添加不同的页眉元素。"页眉"对话框中从左到右各个按钮分别为：格式文本、插入页码、插入页数、插入日期、插入时间、插入文件路径、插入文件名、插入数据表名称、插入图片和设置图片格式。

3.2.17.3　设置工作表打印选项

在"页面设置"对话框中选择"工作表"选项卡，如图 3.2 – 29 所示。

图 3.2 – 29　"页面设置"对话框中的"工作表"选项卡

1. 选择打印区域

在"打印区域"框中可以定义打印区域。如果用户选择了一定区域的单元格，选择框中将列出选择的区域地址。如果"打印区域"框为空，Excel 将打印整个工作表。

2. 打印行和列标题

如果工作表含有行标题或列标题，那么，在那些没有标题的页也想打印标题时，可以选择行或列作为每一页的标题。

可以设定在每一打印页的顶部重复特殊的行，或者在每一打印页的左边重复特定的列。如要进行该操作，在如图 3.2 – 29 所示的对话框中激活相应的选择框，如"顶端标题列"或"从左侧重复的列数"，然后选择工作表的行或列即可。

3. 在需要处添加分页符

如果打印的报表过长，Excel 会自动处理页面分隔。在打印或预览了工作表以后，它会显示虚线代表分页符。如果用户想要在垂直或水平方向强制分隔页面，可进行如下操作。

在"页面布局"选项卡中，依次单击"分隔符""插入分页符"命令，即可插入分页符。

（1）若插入水平分页符：将指针放在第一列上。

（2）若插入垂直分页符：将指针放在第一行上。

否则，在选中单元格的上方和左侧将同时插入水平分页符和垂直分页符。

4. 取消添加的分页符

把单元格指针移到分页符下的第一行（或者右边的第一列）上，在"页面布局"选项卡中，依次单击"分隔符""删除分页符"命令，即可删除分页符。

5. 查看打印预览

可以通过以下两种方法预览文档：

（1）依次单击"文件""打印"命令，即可在窗口的右侧预览打印的文档。

（2）在"页面设置"对话框中，选择"页面"选项卡，然后单击"打印预览"按钮。

6. 使用分页预览模式

要进入分页预览模式，在"视图"选项卡中单击"分页预览"按钮。窗口中会显示浅灰色的页码，这些页码只用于显示，并不会被实际打印输出。分页符将以蓝色线条的形式显示，并且能够使用鼠标直接进行拖动调整。

进入分页预览模式以后，Excel 将：

（1）改变缩放系数，以便查看更多的工作表内容。

（2）在页面上覆盖显示页码。

（3）用白色背景显示当前打印区域，不打印的数据用灰色背景显示。

（4）显示所有分页符。

在使用分页预览模式时，用户可以拖放边界以改变打印区域或者分页符。改变了分页符，Excel 会自动调整缩放比例，根据用户的设置，使信息能够容纳在所有页中。

3.2.18　使用公式和函数

3.2.18.1　创建公式

公式是 Excel 用来完成计算的表达式，通常包含运算符、单元格引用、数值和函数等元素。在一个空单元格中键入一个等号（=）时，Excel 就认为在输入一个公式。在单元格中输入公式后，公式就被存放在了单元格中，而单元格中显示的是公式计算的结果，公式本身显示在"编辑栏"中。

公式由两个元素组成：操作数和数学运算符。操作数确定了计算中需要使用的数值，可能是常数、其他公式或者是被引用的单元格或单元格区域；数学运算符是指用这些数值完成什么样的计算。

3.2.18.2　单元格引用

在公式中的引用具有以下关系：如果 A1 单元格内的公式为"=B1+C1"，那么 A1 就是 B1 和 C1 的引用单元格，B1 和 C1 就是 A1 的从属单元格。从属单元格与引用单元格之间的位置关系称为单元格引用的相对性，可分为 3 种不同的引用方式：相对引用、绝对引用和混合引用。

提示：只有在公式的复制或移动过程中，才会涉及单元格的引用问题。

1. 相对引用

当把公式复制到其他单元格中时，Excel 保持从属单元格与引用单元格的相对位置不变，因此行或列的引用会随之改变。例如，E2 单元格中的公式是=C2*D2，复制到 E3 中后，公式变为=C3*D3 状态。相对引用的表示方法与单元格地址表示相同，如 B5。

2. 绝对引用

当复制公式到其他单元格时，Excel 保持公式所引用的单元格不会改变，因为引用的是单元格的实际地址。例如，F3 单元格中的公式为=D3*\$F\$1，复制到 F4 中后变为 D4*\$F\$1 状态。在该公式中，运算符左边为相对引用，运算符右边为绝对引用。绝对引用的表示方法为在列标、行号前分别加上$符号，如$ A $ 6。

3. 混合引用

当复制公式到其他单元格时，Excel 仅保持所引用单元格的行或列中有一个是相对引用，另一个是绝对引用。混合引用可分为对行绝对引用、对列相对引用及对行相对引用、对列绝对引用两种。如 D $ 7、$ E3。

在计算银行存款利息的例子中，就使用了混合引用，其公式运算结果如图 3. 2 – 30 所示，计算公式如图 3. 2 – 31 所示。在公式中，第一个单元格的引用为对行相对引用、对列绝对引用。即在公式的复制过程中，列保持不变，行的引用发生变化；第二个单元格的引用为对行绝对引用、对列相对引用。即在公式的复制过程中，行保持不变，列的引用发生变化。

	A	B	C	D	E	F	G	H
1	计算银行存款利息（单位：元）							
2		存款金额 / 存款利率	10000	50000	100000	500000	1000000	
3	一年定期利率	1.75%	175	875	1750	8750	17500	
4	二年定期利率	2.25%	225	1125	2250	11250	22500	
5	三年定期利率	2.75%	275	1375	2750	13750	27500	
6								

图 3. 2 – 30　利用公式计算银行存款利息的结果

	A	B	C	D	E	F	G
1	计算银行存款利息（单位：元）						
2		存款金额 / 存款利率	10000	50000	100000	500000	1000000
3	一年定期利率	0.0175	=$B3*C$2	=$B3*D$2	=$B3*E$2	=$B3*F$2	=$B3*G$2
4	二年定期利率	0.0225	=$B4*C$2	=$B4*D$2	=$B4*E$2	=$B4*F$2	=$B4*G$2
5	三年定期利率	0.0275	=$B5*C$2	=$B5*D$2	=$B5*E$2	=$B5*F$2	=$B5*G$2
6							

图 3. 2 – 31　利用公式计算银行存款利息的公式

当在公式中输入单元格地址时，连续按 F4 功能键，可以在 4 种不同的引用类型中进行循环切换。

3. 2. 18. 3　复制公式

要想把公式复制到其他单元格中，可以使用下列方法：

（1）选择想要复制的公式所在单元格，单击单元格右下角的填充柄，然后将它拖曳到想要填充的单元格即可。

（2）选择想要复制的公式所在单元格，单击“开始”选项卡中的“复制”按钮，然后选择目标单元格或区域，再单击“粘贴”按钮。

3.2.18.4 编辑公式

在对工作表做一些改动时，可能需要对公式进行调整以配合工作表的改动。或者，公式返回了一个错误值，这样用户需要对公式进行编辑以改正错误。

以下是几种进入单元格编辑模式的方法：

（1）双击单元格，这样就可以直接编辑单元格的内容。

（2）按 F2 功能键，这样就可以直接编辑单元格中的内容。

（3）选择需要进行编辑的单元格，然后单击编辑栏。这样用户就可以在编辑栏中编辑单元格中的内容了。

如果包含一个公式的单元格返回一个错误，Excel 会在单元格在左上角显示一个小方块。激活单元格，可以看到一个智能标签。单击智能标签，选择一个选项来更正错误（选项会根据单元格中的内容变化）。

3.2.18.5 引用其他工作簿中的单元格

要引用一个不同工作簿中的单元格，可以使用下面的格式：

= ［工作簿名称］工作表名称！单元格地址

3.2.18.6 循环引用

当公式计算返回的结果需要依赖公式自身所在的单元格的值时，无论是直接还是间接引用，都称为循环引用。如在 A1 单元格中输入公式" = A1 + 1"，或在 B1 单元格中输入公式" = B1"，都会产生循环引用。当在单元格中输入包含循环引用的公式时，Excel 将弹出循环引用警告对话框，如图 3.2 - 32 所示。

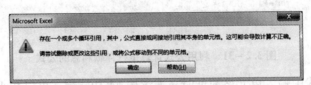

图 3.2 - 32　公式循环引用的警告对话框

3.2.18.7 更正常见的公式错误

有时，当用户输入一个公式时，Excel 会显示一个以#号开头的数值。这就表示公式返回的是一个错误的数值，必须修正公式（或者更正公式引用的单元格内容）以消除错误显示。

表 3.2 - 5 列出了单元格公式中可能出现的错误类型。如果公式引用的单元格有错误数值，公式也有可能返回一个错误值。

表 3.2 − 5　公式中可能出现的错误类型

错误值类型	含　义
#####	当列宽不够显示数字时，或者使用了负的日期或负的时间时出现错误
#VALUE!	公式中含有错误类型的参数时出现错误
#DIV/0!	当数字被 0 除时，或被空单元格除时出现错误
#NAME?	公式引用了一个 Excel 无法识别的名称。当删除一个公式正在使用的名称时，也会返回这种错误
#N/A	通常情况下，查询类函数找不到可用结果时，会返回#N/A
#REF!	当被引用的单元格区域或被引用的工作表被删除时，或者引用类函数返回的区域大于工作表的实际范围时，将返回#REF! 错误
#NUM!	一个值存在的问题。例如，在一个本应该出现正数的地方设置了一个负数
#NULL!	公式引用了两个并不相交区域的交叉点

3.2.19　函数的使用

3.2.19.1　函数参数

"函数"类似于程序，是一个事先定义好的公式，函数强化了公式的功能。函数输出单一数值、文本或特定的数据类型。函数会需要一些特定的输入值，一般被称为"参数"，参数按照指定的顺序结构排列，以便进行特定功能的运算。

根据函数的性质，一个函数可以使用如下参数：无参数、一个参数、固定参数量的参数、不确定数量的参数、可选择参数。

如果一个函数使用了多于一个的参数，用户必须要用逗号把它们隔开。一个参数可以由一个单元格引用、纯数值、纯文本符串或表达式甚至是其他函数组成。

3.2.19.2　插入函数

1. 使用"函数库"命令组插入函数

在 Excel 2016"公式"选项卡的"函数库"命令组中分类放置了一些常用的函数类别按钮，单击某个按钮，弹出该类别的函数列表，从中选择所需要的函数，即可打开输入该函数的对话框。

2. 使用插入函数向导

使用插入函数向导在单元格中应用函数，可采用以下步骤：

（1）单击要应用函数的单元格。

（2）单击"公式"选项卡中的"插入函数"按钮，或单击编辑栏左侧的

"插入函数"按钮，打开"插入函数"对话框，如图 3.2 - 33 所示。

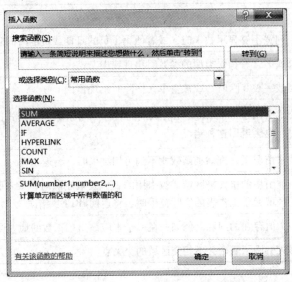

图 3.2 - 33 "插入函数"对话框

（3）Excel 提供了两种查找所要使用函数的方式。一是根据类别选取函数；二是使用搜索的方法，在"搜索函数"编辑框中输入所要使用的函数类别，例如，搜索"统计"类的函数，然后单击"转到"按钮，如图 3.2 - 34 所示；

（4）选取所要使用的函数，然后单击"确定"按钮。

图 3.2 - 34 "搜索函数"编辑框

3. 手动输入函数

熟悉函数后，尤其是对 Excel 中常用的函数熟悉后，在输入这些函数时便可以直接在单元格或编辑栏中手动输入函数，这是最常用的一种输入函数的方式，也是最快的输入方法。

手动输入函数的方法与输入公式的方法基本相同，输入相应的函数名和函数参数，完成后按 Enter 键即可。

3.2.19.3　常用函数的使用

1. 求和函数

函数格式：SUM（number1，［number2］，…，［number255］）

函数功能：使用 SUM 函数可以对所选单元格或单元格区域进行求和计算。

函数参数：参数 number1，number2，…，number255 为 1 到 255 个需要求和的参数。单元格中的逻辑值和文本将被忽略，但当作为参数键入时，逻辑值和文本有效。

需要说明的是：

（1）参数可以是数值、单元格、区域、数字的文本表示（它被解释为数值）、逻辑值甚至是嵌入的函数。

（2）如果参数为错误值或为不能转换成数字的文本，将会导致错误。

SUM 函数的应用如图 3.2 – 35 所示。

	A	B	C	D	E
1				SUM函数应用	
2	数据				
3	12				
4	34		函数	结果	说　明
5	56		=SUM(11,22,33)	66	将 11、22 和 33 相加
6	78		=SUM(A3:A7)	270	将区域A3:A7中的数值相加
7	90		=SUM(A8:A9,44)	44	将区域A8:A9与 44 相加。因为引用非数值的值不被转换，故忽略该区域中的数值
8	'11		SUM("55",66,TRUE)	122	将55、66 和 1 相加。因为文本值被转换为数字，逻辑值 TRUE 被转换成数字 1
9	TRUE				

图 3.2 – 35　SUM 函数的使用

2. 求平均值函数

函数格式：AVERAGE（number1，number2，…，number255）

函数功能：AVERAGE 函数的功能是返回参数的平均值（算术平均值）。

函数参数：参数 number1，number2，…，number255 为需要计算平均值的 1 到 255 个参数。

AVERAGE 函数的应用如图 3.2－36 所示。

	A	B	C	D	E
1			AVERAGE函数应用		
2	数据				
3	100				
4	300		函数	结果	说　明
5	500		=AVERAGE(A3:A7)	500	将区域A3:A7中的数据求平均值
6	700		=AVERAGE(A3:A7,50)	425	将区域A3:A7中的数据与50求平均值
7	900				

图 3.2－36　AVERAGE 函数的使用

3. 条件函数：IF 函数

函数格式：IF（logical_test，value_if_truc，vale_if_false）

函数功能：此函数会测试条件式的结果，若为 true 则返回第二个参数的值，假如为 false 就返回第三个参数的值。

函数参数：参数 logical_test 为条件式，会产生 true 或 false 的结果。参数 value_if_true 是 logical_test 为 true 时返回的值，若省略此参数，逻辑测试为 true 时，则会返回结果值为 true。参数 value_if_false 是 logical_test 为 false 时返回的值，若省略此参数，逻辑测试为 False 时，则会返回结果值为 false。

IF 函数可以使用嵌套，用 value_if_true 及 value_if_false 参数可以构造复杂的检测条件。

IF 函数的应用如图 3.2－37 所示。

	A	B	C	D	E	F
1				IF函数应用		
2	姓名	人员工资	应纳税所得额			
3	小龙女	5000	3400			
4	黄蓉	8000	6400	函数	结果	说　明
5	杨过	7700	6100	=IF(B3>B6,"Y","N")	N	判断B3中的值是否大于B6中的值。如果是，输出Y，如果否，输出N
6	郭靖	10000	8400	=IF(C3>5000,C3*0.2-375,IF(C3>2000,C3*0.15-125,IF(C3>500,C3*0.1-25,C3*0.05)))	385	利用函数的嵌套计算个人所得税
7	李莫愁	9000	7400			

图 3.2－37　IF 函数的使用

4. 单条件求和函数：SUMIF 函数

函数格式：SUMIF（range，criteria，sum_range）

函数功能：SUMIF 函数的功能是对区域中满足条件的单元格求和。

函数参数：其中参数 range 为用于条件判断的单元格区域；criteria 是确定哪些单元格将被相加求和的条件，其形式可以为数字、表达式或文本；sum_range 是需要求和的实际单元格，如果用户忽略这个参数，函数使用与第一个参数相同的区域。

说明：只有符合条件的单元格区域内的数据才被求和。

SUMIF 函数的应用如图 3.2 – 38 所示。

	A	B	C	D	E	F
1			SUMIF函数应用			
2	数据					数据
3						
4	小龙女					100
5	黄蓉		函数	结果	说 明	300
6	杨过	=SUMIF(A4:A8,"杨过",F4:F8)		500	区域A4:A8中等于"杨过"的，将对应区域F4:F8中的数据相加	500
7	郭靖	=SUMIF(A4:A8,">黄蓉",F4:F8)		1500	区域A4:A8中大于"黄蓉"的，将对应区域F4:F9中的数据相加	700
8	李莫愁	=SUM(F4:F8,">500")		1600	将区域F4:F8中大于500的数据相加	900
9						

图 3.2 – 38 SUMIF 函数的使用

5. 基本计数函数：COUNT 函数

函数格式：COUNT（value1，value2，…，value255）

函数功能：COUNT 函数返回区域中包含数字的单元格的个数。

函数参数：参数 value1，value2，…，value255 为包含或引用各种类型数据的参数，但只有数字类型的数据才被计算。

说明：函数 COUNT 在计数时，将把数字、日期或以文本代表的数字计算在内，返回区域中满足特定条件的单元格个数。

COUNT 函数的应用如图 3.2 – 39 所示。

	A	B	C	D	E
1			COUNT函数应用		
2	数据				
3	61				
4	80				
5	75				
6	77				
7	69		函数	结果	说 明
8	55		=COUNT(A3:A8)	6	计算区域A3:A8中包含数字的单元格的个数
9	文本		=COUNT(A3:A12)	7	计算区域A3:A12中包含数字的单元格的个数
10	12月12日		=COUNT(A3:A12,10)	8	计算区域A3:A12中包含数字的单元格以及数值2的个数
11					
12	TURE				
13					

图 3.2 – 39 COUNT 函数的使用

6. 条件计数函数：COUNTIF 函数

函数格式：COUNTIF（range，criteria）

函数功能：COUNTIF 函数的功能是计算区域中满足给定条件的单元格的个数。

参数 range 为需要计算其中满足条件的单元格数目的单元格区域。

参数 criteria 为确定哪些单元格将被计算在内的逻辑条件，其形式可以为数字、表达式或文本。

COUNTIF 函数的应用如图 3.2 - 40 所示。

	A	B	C	D	E	F
1				COUNTIF函数应用		
2	数据					
3						
4	民事案件	200				
5	刑事案件	300		函数	结果	说　明
6	经济案件	100		=COUNTIF(A4:A8,"经济案件")	2	计算区域A4:A8中含有"经济案件"的单元格的个数
7	法律顾问	400		=COUNTIF(B4:B8,">=300")	3	计算区域B4:B8中"大于等于300"的单元格的个数
8	经济案件	500				
9						

图 3.2 - 40　COUNTIF 函数的使用

7. 返回最大值函数：MAX 函数

函数格式：Max（number1，number2，…，number255）

函数功能：MAX 函数的功能是返回一组值中的最大值。

函数参数：number1，number2，…是要从中找出最大值的 1 到 255 个数字参数。

说明：可以将参数指定为数字、空白单元格、逻辑值或文本数值。如果参数不包含数字，函数 MAX 返回 0（零）。

MAX 函数的应用如图 3.2 - 41 所示。

	A	B	C	D	E
1			MAX函数应用		
2	数据				
3	15				
4	12				
5	14				
6	16		函数	结果	说　明
7	10		=MAX(A3:A10)	16	返回左边一组数字中的最大值
8	8		=MAX(A3:A10,22)	22	返回左边一组数字和22之中的最大值
9	5				
10	11				

图 3.2 - 41　MAX 函数的使用

8. 返回最小值函数：MIN 函数

MIN（number1，number2，…，number30）

函数 MIN 函数的功能是返回一组值中的最小值。

"number1，number2，…，number 30" 是要从中找出最小值的 1 到 30 个数字参数。

说明：

（1）可以将参数指定为数字、空白单元格、逻辑值或数字的文本表达式。如果参数为错误值或不能转换成数字的文本，将产生错误。

（2）如果参数中不含数字，则函数 MIN 返回 0。

MIN 函数的应用如图 3.2 – 42 所示。

图 3.2 – 42　MIN 函数的使用

9. 取整函数：INT 函数

函数格式：INT（number）

函数功能：INT 函数的功能是将数字向下舍入到最接近的整数。

函数参数：参数 number 为需要进行向下舍入取整的实数。

INT 函数的应用如图 3.2 – 43 所示。

	A	B	C	D	E
1			INT函数应用		
2	数据				
3	15.5		函数	结果	说　　明
4	-15.5		=INT(A3)	15	将A3中的数值向下舍入到最接近的整数
5			=INT(A4)	-16	将A4中的数值向下舍入到最接近的整数
6			=INT(A3)+0.5	15.5	将函数结果加上0.5
7					

图 3.2 – 43　INT 函数的使用

10. 四舍五入函数：ROUND 函数

函数格式：ROUND（number，num_digits）

函数功能：ROUND 函数的功能是将数字四舍五入到指定的位数。

函数参数：参数 number 为需要四舍五入的数值。num_digits 是小数位数，若为正数，则对小数部分进行四舍五入；若为负数，则对整数部分进行四舍五入。

ROUND 函数的应用如图 3.2 – 44 所示。

	A	B	C	D	E	F	G	H
1				ROUND函数应用				
2	数据	函数		结果	说明			
3	11.56	=ROUND(A3,1)		11.6	将A3单元格中的数据进行四舍五入到小数点后1位			
4		=ROUND(A3,-1)		10	将A3单元格中的数据对整数部分进行四舍五入			
5								

图 3.2 – 44　ROUND 函数的使用

11. 返回排位函数：RANK 函数

函数格式：RANK（number，ref，order）

函数功能：RANK 函数的功能是返回一个数字在一列数字中的排位。

函数参数：参数 number 为需要找到排位的数字。参数 ref 为一个数值数组或数值引用地址。参数 order 为一数字，指明排位的方式。

若 order 为 0 或被省略，则 Excel 把 ref 当成由大到小（降序）排序来评定 number 的排位；若 order 不是 0，则 Excel 把 ref 当成由小到大（升序）排序来评定 number 的排位。

说明： 函数 RANK 对重复数的排位相同。

RANK 函数的应用如图 3.2 – 45 所示

	A	B	C	D	E
1			RANK函数应用		
2	数据				
3	9				
4	8		函数	结果	说　明
5	5		=RANK(A5,A3:A8)	4	判断A5在区域A3:A8中的排序（降序）
6	6		=RANK(A7,A3:A8)	4	判断A7在区域A3:A8中的排序（降序）
7	5		=RANK(A3,A3:A8,1)	6	判断A3在区域A3:A8中的排序（升序）
8	2				

图 3.2 – 45　RANK 函数的使用

3.2.20　图表的使用

3.2.20.1　图表概述

图表是工作表中数据的图形化，可方便用户查看数据的差异、份额和预测趋势。用具有非常好的构思的图表来显示数据，可以使数字更易于理解。

一个图表可以使用存储在许多工作表中的数据，也可以是在不同工作簿中的工作表内的数据。

需要注意的是，图表是动态的。换句话说，图表中的数据系列是被链接到工作表中的数据。如果数据改变，图表会自动更新来反映那些变化。

在创建一个图表之后，还可以改变它的类型、格式，向其添加新的数据系列，或者改变现存的数据系列以使它可以使用不同区域中的数据。

创建的图表有两种方式：

（1）嵌入式图表。嵌入式图表是把图表直接插入到数据所在的工作表中。像其他的绘图对象一样，可以移动一个嵌入式图表，改变大小、比例、调整边界和使用其他操作。适合图文混排的编辑模式。

（2）图表工作表。图表工作表是一种没有单元格的工作表，占据了整个工作表。适合放置复杂的图表对象，以方便阅读。

3.2.20.2　图表的组成

Excel 图表由图表区、绘图区、标题、数据系列、图例、坐标轴和网格线等部分组成，如图 3.2 - 46 所示。

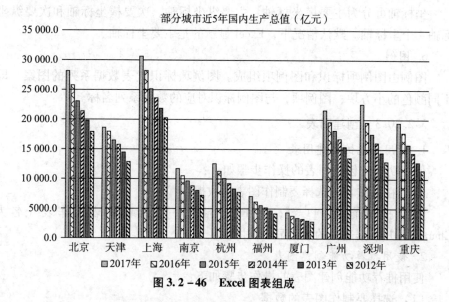

图 3.2 - 46　**Excel 图表组成**

1. **图表区**

图表区是指图表的全部范围，Excel 默认的图表区是由白色填充区域和 50% 灰色细实线边框组成的。选中图表区后，可以改变图表区的大小，还可以快速统一设置图表中文字的字体、大小和颜色。

2. **绘图区**

绘图区是指图表区内的图形表示的区域，即以 4 个坐标轴为边的长方形区域。选中绘图区时，可以改变绘图区的大小，设置绘图区的格式等。

3. **标题**

标题包括图表标题和坐标轴标题。图表标题是显示在绘图区上方的类文本框，坐标轴标题显示在坐标轴外侧的类文本框。图表标题只有一个，而坐标轴标题最多允许有 4 个。

4. **数据系列和数据点**

数据系列是由数据点构成的，每个数据点对应于工作表中的某个单元格内的数据，数据系列对应于工作表中一行或者一列数据。数据系列在绘图区中表现为彩色的点、线、面等图形。

数据系列根据用户指定的图表类型以系列的方式显示图表中的可视化数据。图表中可以有一组到多组数据系列，多组数据系列之间通常采用不同的图案、颜色或符号来区分。

5. 坐标轴

坐标轴可分为主要横坐标轴、主要纵坐标轴、次要横坐标轴和次要纵坐标轴4个坐标轴。默认情况下，Excel 显示的是主要坐标轴。

6. 图例

图例由图例项标识和图例项组成。图例项标识代表数据系列的图案，即不同颜色的小方块；图例项，与图例标识对应的数据系列名称。

3.2.20.3 创建图表

1. 使用功能键创建图表

使用功能键创建图表的操作步骤如下：

（1）在工作表中选择要制作图表的数据。

（2）按功能键 F11 键，在 Excel 插入一个新的图表工作表（名为 Chart1），并根据选择的数值显示此图表。

2. 使用推荐功能创建图表

使用推荐功能创建图表的操作步骤如下：

（1）选择要制作图表的数据。

（2）在"插入"选项卡中，单击"图表"命令组中的"推荐的图表"按钮，打开"插入图表"对话框，如图 3.2-47 所示。

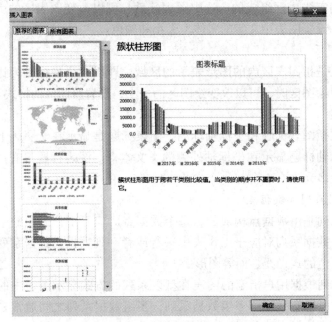

图 3.2-47 "推荐的图表"选项卡

（3）在"推荐的图表"选项卡左侧显示了系统根据所选数据推荐的图表类型，选择一种图表类型后，在右侧即可预览图表效果，单击"确定"按钮完成图表的创建。

3. 使用功能区创建图表

使用功能区创建图表的操作步骤如下：

（1）选择要制作图表的数据区域。

（2）在"插入"选项卡中，单击"图表"命令组中的"插入柱形图"按钮，在弹出的下拉列表中选择需要的柱形图子类型，如图 3.2 – 48 所示。

（3）经过上步操作，即可生成根据选择的数据源和图表样式生成的对应图表。

3.2.20.4　更改数据源

在创建了图表的表格中，图表中的数据与工作表中的数据源是保持动态联系的。当修改工作表中的数据源时，图表中的相关数据系列也会发生相应的变化。如果想交换图表中的纵横坐标，可以单击"切换行/列"按钮；如果需要重新选择作为图表数据源的表格数据，可通过"选择数据源"对话框进行修改。

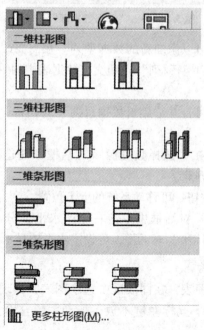

图 3.2 – 48　柱形图子类型列表

选中图表，在"图表工具"的"设计"选项卡中单击"选择数据"按钮，打开"选择数据源"对话框，如图 3.2 – 49 所示。左侧"图例项（系列）"下有 5 个小按钮，分别为"添加""编辑""删除""上移""下移"。

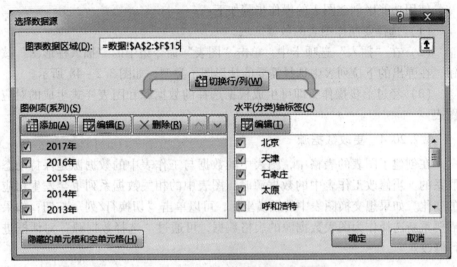

图 3.2 – 49   "选择数据源"对话框

（1）添加按钮：可以添加新的数据系列。在需要改变纵横坐标后添加数据时，可以先使用"切换行/列"按钮交换数据表中的纵横坐标，然后再添加数据。

（2）编辑按钮：可打开"编辑数据系列"对话框，分别修改系列名称和系列值。

（3）删除按钮：在"选择数据源"对话框中任选一个系列，单击"删除"按钮可将此系列删除。

（4）上移/下移按钮：可移动系统的上下位置。

在"选择数据源"对话框中单击右侧"水平（分类）轴标签"的"编辑"按钮，打开"轴标签"对话框，可设定水平轴显示标签的区域。

3.2.20.5　移动图表

在工作表中移动图表：在图表区中选中图表，出现图表容器框，鼠标指针变为十字箭头，按下鼠标左键不放，拖动图表至合适的位置后释放鼠标即可。

在工作表间移动图表：在图表区的空白处单击鼠标右键，在弹出的快捷菜单中单击"移动图表"命令，打开"移动图表"对话框。单击"对象位于"右侧的下拉箭头，在打开的下拉列表中选择目标工作表，然后单击"确定"按钮。此外，也可以选择"新工作表"选项，Excel 会新建一个 Chart 图表工作表。

3.2.20.6　复制图表

使用复制命令：单击图表的图表区，然后单击"开始"选项卡中的"复制"命令或者按 Ctrl + C 组合键，再选择目标单元格，单击"粘贴"命令或者按 Ctrl + V 组合键，可以将图表复制到目标位置。

使用快捷复制：单击图表的图表区，出现图表容器框，将鼠标指针移动到图表容器框上，此时鼠标指针变为十字箭头，按住鼠标左键拖放图表，在不松开鼠标的情况下按住 Ctrl 键，可完成图表的复制。

3.2.20.7　删除图表

要删除一个嵌入式图表，按住 Ctrl 键单击图表（这样会作为一个对象选择图表），然后按 Delete 键。

要删除一个图表工作表，右键单击它的工作表标签，然后从快捷菜单中选择"删除"命令。或者在"开始"选项卡中，依次单击"删除""删除工作表"命令。

3.2.20.8　更改图表类型

更改图表类型的操作步骤如下：

（1）选择需要更改图表类型的图表。

（2）在"图表工具"中选择"设计"选项卡，单击"更改图表类型"按钮，打开"更改图表类型"对话框，选择"所有类型"选项卡，从中选择一种图表的类型。

（3）单击"确定"按钮。

3.2.20.9　设置图表样式

创建图表时，可以快速将一个预定义的图表样式应用到图表中，可以快速生成一个看上去很专业的图表；还可以更改图表的颜色方案，快速更改数据系列采用的颜色；如果需要设置图表中各组成元素的样式，则可以在"图表工具"中选择"格式"选项卡，在其中可以进行自定义设置。

具体操作步骤如下：

（1）选择图表。

（2）单击"图表工具"中的"设计"选项卡，在"图表样式"命令组中单击"快速样式"按钮。

（3）在弹出的下拉列表中选择需要应用的图表样式，即可为图表应用所选图表样式。

（4）单击"图表样式"命令组中的"更改颜色"按钮，在弹出的下拉列表中选择要应用的色彩方案，即可改变图表中数据系列的配色。

3.2.20.10　图表布局

Excel 2016 中提供了 11 中预定义布局样式，使用这些预定义的布局样式可以快速更改图表的布局效果。具体操作步骤如下：

（1）选择图表。

（2）单击"图表工具"中的"设计"选项卡。

（3）在"图表布局"命令组中单击"快速布局"按钮，在弹出的下拉列表中选择需要的布局样式即可。

3.2.20.11　设置图表元素的格式

将数据创建为需要的图表后，为使图表更美观、数据更清晰，还可以对各个图表元素设置格式，包括图表区、绘图区、数据系列、图例、坐标轴和标题等。

具体操作步骤如下：

（1）选择图表。

（2）单击"图表工具"中的"格式"选项卡。

（3）单击"当前所选内容"命令组中"图表元素"右侧的下拉箭头，在打开的下拉列表中选择要修改的图表元素，即可对相应的元素进行修改。

3.2.20.12　在图表中显示数据标志

数据标签是图表中用于显示数据系列中具体数值的元素，添加数据标签后可以使图表更清楚地表示数据的含义。

具体操作步骤如下：

（1）选择图表。

（2）单击"图表工具"中的"设计"选项卡。

（3）单击"添加图表元素"按钮，在弹出的下拉菜单中选择"数据标签"命令，然后在子菜单中选择一种数据标签样式，如图 3.2-50 所示。

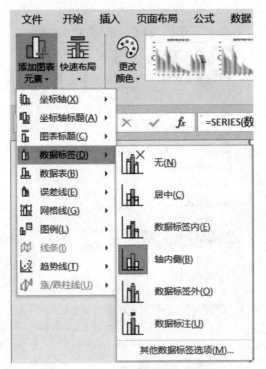

图 3.2 – 50　"数据标签"子菜单

选择图表中的数据系列后，在其上单击鼠标右键，在弹出的快捷菜单中选择"添加数据标签"命令，也可为图表添加数据标签。

如果要对数据标签进行更多的设置，可以选择子菜单中的"其他数据标签选项"命令。

若要删除添加的数据标签，可以先选中数据标签，然后按 Delete 键进行删除。

3.2.20.13　设置图表的图例

创建一个图表后，图表中的图例都会根据该图表的模板自动地放置在图表中的某一位置上，但图例在图表中的位置可以根据需要随时进行调整。

具体操作步骤如下：

（1）选择图表。

（2）单击"图表工具"中的"设计"选项卡。

（3）单击"添加图表元素"按钮，在弹出的下拉菜单中选择"图例"命令，然后在子菜单中选择一种图例位置，如图 3.2 – 51 所示。

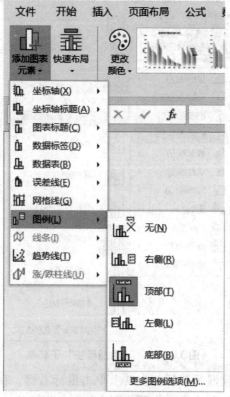

图 3.2 – 51　"图例"子菜单

如果要对图例进行更多的设置，可以选择子菜单中的"更多图例选项"命令。

3.2.20.14　设置图表的网格线

为了便于查看图表中的数据，可以在图表的绘图区中显示水平轴和垂直轴延伸出的水平网格线和垂直网格线。

具体操作步骤如下：

（1）选择图表。

（2）选择"图表工具"中的"设计"选项卡。

（3）单击"添加图表元素"按钮，在弹出的下拉菜单中选择"网格线"命令，然后在子菜单中选择一种要添加的网格线，如图 3.2 – 52 所示。

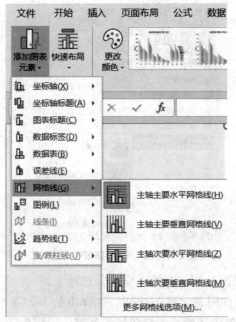

图 3.2 – 52　"网格线"子菜单

如果要对网格线进行更多的设置，可以选择子菜单中的"更多网格线选项"命令。

3.2.20.15　显示图表的数据表

当图表单独置于一张工作表中时，若将图表打印出来，将只会得到图表区域，而没有具体的数据源。若在图表中显示数据表格，则可以在查看图表的同时查看详细的表格数据。

具体操作步骤如下：

（1）选择图表。

（2）单击"图表工具"中的"设计"选项卡。

（3）单击"添加图表元素"按钮，在弹出的下拉菜单中选择"数据表"命令，然后在子菜单中选择一种数据表的样式，如图 3.2 – 53 所示。

3.2.20.16　为图表添加趋势线

趋势线指出了数据的发展趋势。在一些情况下，可以通过趋势线预测出其他的数据。

具体操作步骤如下：

（1）选择图表。

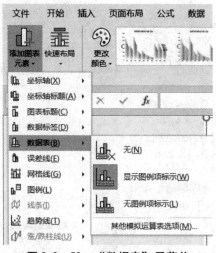

图 3.2 – 53　"数据表"子菜单

（2）单击"图表工具"中的"设计"选项卡。

（3）单击"添加图表元素"按钮，在弹出的下拉菜单中选择"趋势线"命令，然后在子菜单中选择一种趋势线的类型，如图 3.2 – 54 所示。

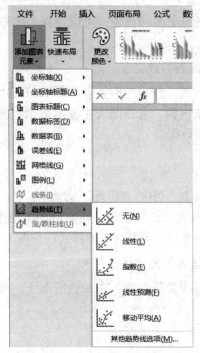

图 3.2 – 54　"趋势线"子菜单

如果要对趋势线进行更多的设置，可以选择子菜单中的"其他趋势线选项"命令。

3.2.21 常用图表类型

3.2.21.1 柱形图和条形图

柱形图是最常见的图表类型，它的适用场合是二维数据集（每个数据点包括两个值 X 和 Y），但只有一个维度需要比较的情况。

柱形图通常沿水平轴组织类别，而沿垂直轴组织数值，利用柱子的高度，反映数据的差异。

柱形图的局限在于只适用中小规模的数据集。图 3.2 – 55 用柱形图显示了我国直辖市 2008 ~ 2017 年的国内生产总值。

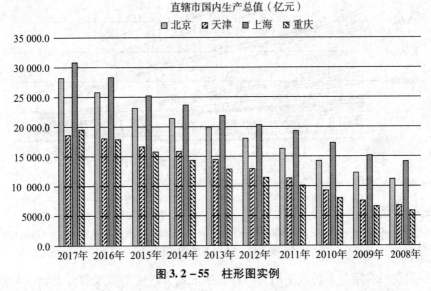

图 3.2 – 55　柱形图实例

条形图类似于水平的柱形图，它使用水平的横条来表示数据值的大小。条形图主要用来比较不同类别数据之间的差异情况。一般把分类项在垂直轴上标出，而把数据的大小在水平轴上标出，这样可以突出数据之间差异的比较，而淡化时间的变化。

3.2.21.2 折线图和面积图

折线图也是常用的图表类型，它是将同一数据系列的数据点在图上用直线连接起来，以等间隔显示数据的变化趋势。

折线图适合二维的大数据集，可以显示随时间而变化的连续数据。

在折线图中，类别数据沿水平轴均匀分布，所有的值数据沿垂直轴均匀分布。

折线图也适合多个二维数据集的比较，不管是用于表现一组或多组数据的大小变化趋势，在折线图中数据的顺序都非常重要，通常数据之间有时间变化关系才会使用折线图。图 3.2－56 用折线图显示了全国主要城市近 10 年的国内生产总值。

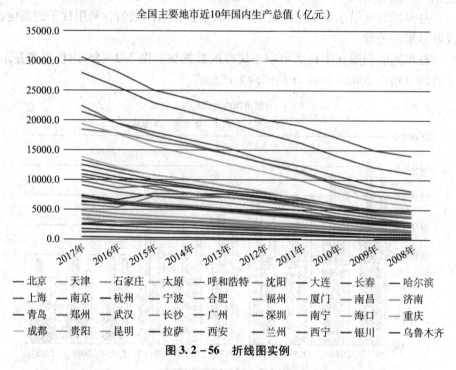

全国主要地市近10年国内生产总值（亿元）

图 3.2－56　折线图实例

面积图实际上是折线图的另一种表达形式，它使用折线和分类轴（Y 轴）组成的面积及两条折线之间的面积来显示数据系列的值，面积图除了具备折线图的特点，强调数据随时间的变化以外，还可以通过显示数据的面积来分析部分与整体的关系。

3.2.21.3　饼图和圆环图

要想显示部分占总体的份额是多少，通常使用饼图。饼图只能使用一个数据系列。

一般在仅有一个要绘制的数据系列（即仅排列在工作表的一列或一行中的数

据），且要绘制的数值中不包含负值，也几乎没有零值时，才使用饼图图表。图3.2-57 用三维饼图描述了 2017 年我国主要城市在国内生产总值中所占的比例。

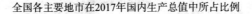

全国各主要地市在2017年国内生产总值中所占比例

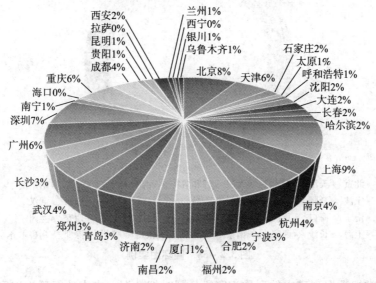

·北京	·天津	·石家庄	·太原	·呼和浩特	·沈阳	·大连	·长春	·哈尔滨
·宁波	·合肥	·福州	·厦门	·南昌	·济南	·青岛	·郑州	·武汉
·南宁	·海口	·重庆	·成都	·贵阳	·昆明	·拉萨	·西安	·兰州
·上海	·长沙	·西宁	·南京	·广州	·银川	·杭州	·深圳	·乌鲁木齐

图 3.2-57　饼图实例

圆环图与饼图类似，也是用来描述比例和构成等信息的，不同之处在于圆环图可以显示多个数据系列。圆环图由多个同心的圆环组成，每个圆环划分为若干个圆环段，每个圆环段代表一个数据值在相应数据系列中所占的比例。

圆环图常用来比较多组数据的比例和构成关系。图 3.2-58 描述了我国主要城市 2015～2017 年国内生产总值所占比例的圆环图。

3.2.22　在数据表中分析数据

3.2.22.1　了解 Excel 数据列表

数据列表是由一行标题（描述性文字）组成的有组织的信息集合。它通常有位于顶部的一行字段标题，以及多行数值或文本作为数据行。用户可以认为它是能够精确存储数据的数据库表格。

全国各主要城市2015～2017年国内生产总值所占比例

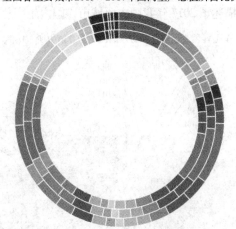

•北京	天津	石家庄	太原	呼和浩特	沈阳	•大连	长春	•哈尔滨
•宁波	合肥	福州	厦门	南昌	济南	青岛	郑州	•武汉
•南宁	海口	重庆	成都	贵阳	昆明	拉萨	西安	•兰州
•上海	长沙	西宁	南京	广州	银川	杭州	深圳	乌鲁木齐

图 3.2 - 58　圆环图实例

通常把数据列表中的列称为字段，同时把数据列表中的行称为记录。

它必须具备以下特点：

（1）每列必须包含同类的信息，且每列的数据类型相同。

（2）列表的第一行应该是标题，用于描述所对应的列的内容。

（3）列表中不能存在重复的标题。

（4）在 Excel 2016 的普通工作表中，单个数据列表的列不能超过 16 384 列，行不能超过 1 048 576 行。

如果一个工作表中包含多个数据列表，列表之间应该以空行或空列进行分隔。

3.2.22.2　创建数据列表

用户可以根据自己的需要创建一张数据列表来满足存储数据的要求，具体操作步骤如下：

（1）表格中的第一行称为"表头"，为其对应的每一列数据输入描述性的文字。

（2）单击数据列表的每一列设置相应的单元格格式，使需要输入的数据能够以正常形态显示。

（3）在每一列中输入相同类型的信息。

3.2.22.3 使用"记录单"添加数据

用户可以在数据列表内直接输入数据，也可以使用 Excel 记录单功能让输入更加方便。Excel 允许使用记录单来添加、删除和查找记录。

具体操作方法如下：

（1）单击数据列表区域中的任意一个单元格。

（2）依次按下 Alt 键、D 键和 O 键，弹出"数据"对话框，如图 3.2-59 所示。对话框的名称取决于工作表的名称，单击"新建"按钮进入新建记录输入状态，如图 3.2-60 所示。

图 3.2-59 "数据"对话框

图 3.2-60 通过"数据"对话框输入
和编辑数据的对话框

● "新建"按钮：如果要输入一项新的记录，单击"新建"按钮清除字段数据，然后就可以在字段编辑框中输入新信息。使用 Tab 键或 Shift + Tab 快捷键可以在字段或各按钮之间进行移动。当单击"新建"（或"关闭"）按钮时，Excel 会把输入的信息添加到数据列表的底部。不定期可以按 Enter 键，这等同于单击"新建"按钮。如果数据列表中含有公式，Excel 会自动把它们添加到新记录中去。

● "删除"按钮：删除已显示的记录。

● "还原"按钮：恢复所编辑的任何信息。必须在单击"新建"按钮之前，单击此按钮。

● "上一条"/"下一条"按钮：显示数据列表中前一条/后一条记录。如果用户输入某一条件，那么此按钮将会显示和此条件相匹配的先前记录。

● "条件"按钮：允许用户输入设置搜索记录的条件。例如，在2017年的编辑栏中输入条件">20000"，然后使用"上一条"和"下一条"按钮显示所有符合条件的记录。

● "关闭"按钮：关闭对话框（即便要输入正在输入的数据）。

3.2.22.4 删除重复值

利用Excel"数据"选项卡中的"删除重复值"按钮，可以快速删除单列或多列数据中的重复值。

提示："删除重复值"命令在判定重复值时不区分字母大小写，但是对于数值型数据将考虑对应单元格的格式，如果数值相同但单元格格式不同，则可能判断为不同的数据。

3.2.22.5 数据排序

排序是对数据列表中的数据进行重新组织安排的一种方式。Excel提供了多种方法对数据列表进行排序，用户可以根据需要按行或列、按升序或降序来排序，也可以使用自定义排序命令。

1. 排序规则

排序的方式有升序和降序两种。各类数据排序方法如表3.2-6所示。

表3.2-6　各类数据排序方法

数据类型	排序方法
数字	从最小的负数到最大的正数
字母	按字母先后顺序。字母排序是否区分大小写，可根据需要进行设置
逻辑值	False排在True之前
错误值	所有错误值的优先级相同
空格	空格始终排在最后
汉字	汉字有两种排序方式：一种是根据汉语拼音的字典顺序进行升序或降序排列；另一种排序方式是按笔画排序，以笔画的多少作为排序的依据

2. 对单个关键字（列）排序

如果要重新排列数据列表，把单元格指针移到要排序的列上，然后在"数据"选项卡中单击"升序"或"降序"按钮，Excel将排序所有数据列表中的行。

说明：如果选择了一整列并对它进行排序，Excel 会显示一个对话框以供选择是对整个数据清单（通过扩展选择的范围）还是只对所选列中的项进行排序。如图 3.2 − 61 所示，如果选择了"以当前选定区域排序"，排序前后所选列中的单元格所在的行是不同的。

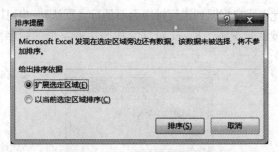

图 3.2 − 61　"排序提醒"对话框

3. 对多个关键字（列）排序

有时，用户可能想通过两列或更多列进行排序。如果想通过两个或三个字段进行排序，操作如下：

（1）在要进行排序的数据表中单击任意一个单元格。

（2）在"数据"选项卡中单击"排序"按钮，在弹出的"排序"对话框中选择"主要关键字"为"所属部门"，然后单击"添加条件"按钮，继续设置"次要关键字"，如图 3.2 − 62 所示。

（3）将"次要关键字"设置为"实发工资"，单击"确定"按钮，完成排序。

图 3.2 − 62　"排序"对话框

注意：在"次要关键字"部分指定的列只用来排列那些具有"主要关键字"相同排序目标的记录，而不是用来控制整个数据清单的排序。可以设置多个"次要条件"。

单击"排序"对话框中的"选项"按钮，打开"排序选项"对话框，如图 3.2 - 63 所示。这些选项的含义如下：

● 区分大小写：让排序区分大小写，以使在降序排序中大写字母排在小写字母的前面。正常情况下，排序不区分大小写。

● 方向：允许用户根据列进行排序而不是行（默认），也可以选择按行排序。

● 方法：默认情况下，Excel 对汉字按照拼音字母的顺序排序，但也可以选择按笔划排序。

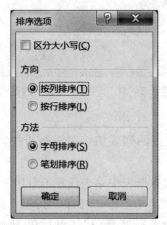

图 3.2 - 63 "排序选项"对话框

多关键字排序可使数据在第一关键字字段相同的情况下，按第二关键字段排序，在第一、第二关键字都相同的情况下，数据按第三关键字段排序，其余的以此类推。但不管有多少关键字段，排序之后的数据总是按第一关键字段排序的。

3.2.22.6 筛选数据列表

筛选数据是把数据表中所有不满足条件的记录行暂时隐藏起来，只显示那些满足条件的记录行。Excel 提供了两种筛选数据列表的命令：

● 筛选：适用于简单的筛选条件。

● 高级筛选：适用于复杂的筛选条件。

1. 筛选

在管理数据列表时，根据某种条件筛选出匹配的数据是一项常见的需求。Excel 提供了一种称为"筛选"的功能。

使用"筛选"的具体步骤如下：

（1）选中列表中的任意一个单元格。

（2）单击"数据"选项卡中的"筛选"按钮，启用筛选功能，此时，数据列表中所有字段的标题单元格会出现下拉按钮，如图 3.2 - 64 所示；

（3）数据列表进入筛选状态后，单击每个字段的标题单元格中的下拉按钮，将弹出下拉菜单，选择其中的选项即可完成筛选。

提示：不同数据类型的字段所能够使用的筛选选项不同。

	A	B	C	D	E	F	G	H	I	J	K	L	M
1	单位名称：东方科技有限公司										2019年 1 月 31日		
2	编	姓名	所属部	基本工	岗位工	奖金	补贴	应发工	扣比例	请假和	扣所得	实发工	签字
3	0001	李耀东	企划部	8000.00	2000.00	500.00	300.00	10800.00	600.00	100.00	1620.00	8480.00	
4	0002	崔英	设计部	4000.00	2000.00	800.00	300.00	7100.00	400.00	33.00	1065.00	5602.00	
5	0003	德宽	生产部	3500.00	1500.00	1000.00	300.00	6300.00	280.00	100.00	945.00	4975.00	
6	0004	杨燕燕	生产部	5500.00	2000.00	600.00	250.00	8350.00	250.00	250.00	1252.50	6597.50	
7	0005	孙晓白	生产部	3800.00	1500.00	1000.00	300.00	6600.00	280.00	0.00	990.00	5330.00	
8	0006	陈彬彬	生产部	4000.00	2000.00	800.00	300.00	7100.00	400.00	0.00	1065.00	5635.00	
9	0007	霍蕾云	生产部	5000.00	2000.00	600.00	250.00	7850.00	250.00	583.00	1177.50	5839.50	
10	0008	王一萍	生产部	3600.00	1500.00	1000.00	300.00	6400.00	280.00	0.00	960.00	5160.00	
11	0009	宋明辉	生产部	4000.00	1500.00	1500.00	300.00	7800.00	400.00	333.00	1170.00	5897.00	
12	0010	高岚	企划部	4000.00	2000.00	1200.00	300.00	7500.00	400.00	0.00	1125.00	5975.00	

图 3.2 - 64　对数据表启用"筛选"

①对单列使用筛选。单击"所属部门"右侧的下拉箭头按钮，打开包含排序和筛选选项的下拉菜单，如图 3.2 - 65 所示。

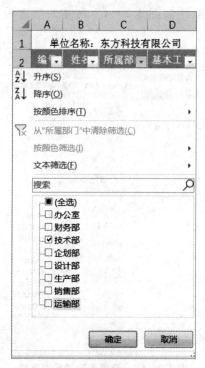

图 3.2 - 65　筛选选项的下拉菜单

	A	B	C	D	E	F	G	H	I	J	K	L	M
1	单位名称：东方科技有限公司										2019年 1 月 31日		
2	编▾	姓▾	所属部▾	基本工▾	岗位工▾	奖金▾	补贴▾	应发工▾	扣社保▾	请假扣▾	扣所得▾	实发工▾	签字▾
34	0032	于萌萌	技术部	5000.00	1500.00	2000.00	300.00	8800.00	280.00	0.00	1320.00	7200.00	
37	0035	单超	技术部	8000.00	2000.00	2000.00	300.00	12300.00	600.00	100.00	1845.00	9755.00	
38	0036	徐凡	技术部	6000.00	2000.00	1500.00	300.00	9800.00	600.00	0.00	1470.00	7730.00	
40	0038	魏明	技术部	4000.00	2000.00	1800.00	300.00	8100.00	400.00	0.00	1215.00	6485.00	
41	0039	关海洋	技术部	5000.00	1500.00	1800.00	300.00	8600.00	280.00	100.00	1290.00	6930.00	
42	0040	赵杰意	技术部	5500.00	2000.00	1800.00	250.00	9550.00	250.00	250.00	1432.50	7517.50	
43													

图 3.2 - 66　"自动筛选"中对单列的筛选结果

勾选"技术部"，则筛选出技术部门的数据，如图 3.2 - 66 所示。

要想取消"筛选"状态，再次单击"数据"选项卡中的"筛选"按钮。

②对多列使用自动筛选。用户可以对数据列表中的任意多列同时指定筛选条件。也就是说，先对数据列表中的某一列设置条件进行筛选，然后在筛选出的记录中对另一列设置条件进行筛选，以此类推。

提示：在对多列同时应用筛选时，筛选条件之间是"与"的关系。

例如，筛选出"所属部门"为"技术部"，"基本工资"大于"5000"的所有数据，设置筛选条件如图 3.2 - 67 所示，筛选后的结果如图 3.2 - 68 所示。

图 3.2 - 67　设置两列的筛选条件

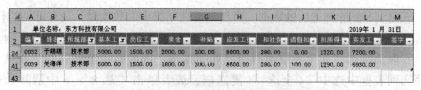

图 3.2 - 68　对数据列表进行两列值的筛选

③使用自定义自动筛选。通常，自动筛选可以为一列或多列选择单一值。如果在下拉列表中选择"自定义"选项，用户可以在筛选数据列表时获得较大的灵活性；Excel 提供了一个如图 3.2 - 69 所示的"自定义自动筛选方式"对话框，通过此对话框允许用户通过以下多个途径筛选数据列表：

- 大于或小于指定值的值。例如，销售额大于 50000 的数据。
- 在一定范围内的值。例如，销售额大于 10000 且小于 50000 的数据。
- 两个离散的值。例如，销售额小于 10000 或大于 50000 的数据。
- 近似匹配：用于筛选数据的条件，有时并不能明确指定为某一项内容，而是某一类内容。例如，筛选所有姓"李"的员工数据。在这种情况下，可以使用"＊"和"？"通配符进行模糊方式的筛选。

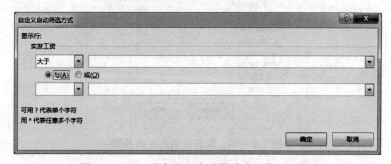

图 3.2 - 69　"自定义自动筛选方式"对话框

④按照字体颜色、单元格颜色或图标筛选。许多用户喜欢在数据列表中使用字体颜色或单元格颜色来标识数据，Excel 的筛选功能支持以这些特殊标识作为条件来筛选数据。

当要筛选的字段中设置过字体颜色或单元格颜色时，筛选下拉菜单中的"按颜色筛选"选项会变为可用，并列出当前字段中所有用过的字体颜色或单元格颜色。选中相应的颜色项，可以筛选出应用了该种颜色的数据。如果选中"无填充"或"自动"和"无单元格图标"命令，则可以筛选出完全没有应用过颜色和图标的数据。

提示：无论是单元格颜色还是字体颜色，一次只能按一种颜色进行筛选。

⑤复制和删除筛选后的数据。当复制筛选结果中的数据时，只有可见的行被复制。同样，如果删除筛选结果，只有可见的行被删除，隐藏的行将不受影响。

⑥取消筛选。如果要取消对指定列的筛选，则可以单击该列的下拉按钮，在筛选列表框中选中"（全选）"复选框，或者单击"从×××中清除筛选"命令，如图 3.2-70 所示。

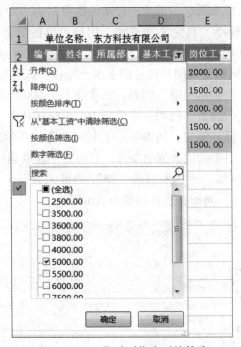

图 3.2-70 取消对指定列的筛选

2. 使用高级筛选

Excel 高级筛选功能是筛选的升级，它不但包含了筛选的所有功能，而且可以设置更多更复杂的筛选条件。高级筛选能够提供以下功能：

- 可以设置更复杂的筛选条件。
- 可以将筛选出的结果输出到指定的位置。
- 可以指定包含计算的筛选条件。
- 可以筛选出不重复的记录项。

（1）建立高级筛选的条件区域。在使用高级筛选功能之前，需要建立一个条件区域，并与数据列表的数据分开，通常把这些条件区域放置在数据列表的顶端或底端。此条件区域包括 Excel 使用筛选功能筛选出的信息。其必须遵守下列规定：

①至少由两行组成，在第一行中必须包含有数据列表中的一些或全部字段名称。建议采用"复制"和"粘贴"命令将数据列表中的标题粘贴到条件区域的首行，以保证一致性。

②条件区域的另一行必须由筛选条件构成。

（2）高级筛选的操作步骤：

①把单元格指针放在工作表中的任意位置。

②在空白位置输入筛选条件。

③在"数据"选项卡中，单击"排序和筛选"命令组中的"筛选"按钮，打开"高级筛选"对话框，如图 3.2 – 71 所示，在该对话框中指定列表区域和条件区域。

④如果希望筛选后的结果不覆盖本工作表，选择"将筛选结果复制到其他位置"单选框，并为其指定单元格地址。

⑤单击"确定"按钮。Excel 将会按照指定的条件筛选数据列表。

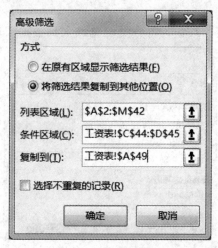

图 3.2 –71　"高级筛选"对话框

（3）在编辑条件时，必须遵循以下规则：

①条件区域的首行必须是标题行，其内容必须与目标表格中的列标题匹配。但是条件区域标题行中内容的排列顺序不必与目标表格中相同。

②条件区域标题行下方为条件值的描述区，出现在同一行的各个条件之间是"与"的关系，出现在不同行的各个条件之间则是"或"的关系。

3.2.22.7　创建分类汇总

分类汇总能够快速地以某一个字段为分类项，对数据列表中的其他字段的数值进行各种统计计算，如求和、计数、平均值、最大值、最小值和乘积等。

注意：使用分类汇总功能以前，必须要对数据列表中需要分类汇总的字段进行排序。

在数据清单中添加分类汇总的步骤如下：

（1）对要进行分类汇总的字段进行排序。

（2）在"数据"选项卡中单击"分级显示"命令组中的"分类汇总"按钮，Excel 将会打开"分类汇总"对话框，如图 3.2 – 72 所示。

（3）在"分类字段"列表框中选择一个要进行分类汇总的字段，这与步骤（1）中排序的字段应该是相同的。

（4）在"汇总方式"列表框中，选择分类汇总所采用的函数。

（5）在"选定汇总项"列表框中，选择在分类汇总计算中所用到的列。可以选择多个复选框对多列数据进行分类汇总，但是在所有的列中只能使用相同的函数。

（6）单击"确定"按钮，将分类汇总加入到数据清单中，如图 3.2 – 71 所示。

图 3.2 – 72　"分类汇总"对话框

提示：不需要再使用"分类汇总"时，单击"分类汇总"对话框中的"全部删除"按钮，即可取消分类汇总的操作。

3.2.22.8 使用切片器

切片器实际上就是一种图形化的筛选方式，单独为"表格"中的每个字段创建一个选取器，浮动于"表格"之上。通过对选取器中的字段项筛选，实现了比字段下拉列表筛选按钮更加方便灵活的筛选功能。

使用"切片器"的操作步骤如下：

（1）单击"表格"中的任意单元格。

（2）在"插入"选项卡中单击"切片器"按钮，弹出"插入切片器"对话框，如图 3.2－73 所示。

（3）选择要进行数据筛选字段的复选框。

（4）然后单击"确定"按钮，出现浮动选取器。

（5）在选取器中单击某个字段，可以筛选出所要的数据，如图 3.2－74 所示。

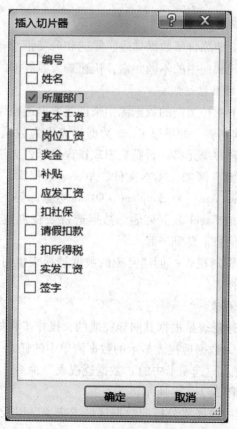

图 3.2－73 "插入切片器"对话框

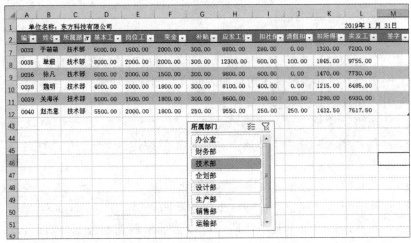

图 3.2 - 74　使用"切片器"筛选数据

3.2.22.9　数据透视表

数据透视表有机地综合了数据排序、筛选和分类汇总等数据分析的优点，可以选择其中页、行和列中的不同元素，快速查看源数据的不同统计结果。

1. 数据透视表的数据组织

用户可以从以下 4 种类型的数据源中来创建数据透视表：

（1）Excel 数据列表。如果以 Excel 数据列表作为数据源，则标题行不能有空白单元格或者合并单元格，否则会出现错误显示，无法生成数据透视表。

（2）外部数据源。例如，文本文件、Access 数据库、SQL Server、Analysis Services、Windows Azure Marketplace、OData 数据库等。

（3）多个独立的 Excel 数据列表。数据透视表在创建过程中可以将各个独立表格中的数据信息汇总到一起。

（4）其他的数据透视表。创建完成的数据透视表也可以作为数据源，来创建另一个数据透视表。

2. 创建数据透视表

创建一个数据透视表是根据其向导完成的，操作步骤如下：

（1）单击想作为数据透视表显示的数据清单中的任意一个单元格。

（2）单击"插入"选项卡中的"数据透视表"命令，打开"创建数据透视表"对话框，如图 3.2 - 75 所示。

（3）在对话框中选择要分析的数据区域或来源，以及指定数据透视表的位置，如果选择"新建工作表"选项，Excel 为数据透视表插入一个新的工作表。如果选择"现有工作表"选项，数据透视表则出现在当前工作表中（用户可以指定开始单元格的位置）。

图 3.2 – 75 "创建数据透视表"对话框

（4）完成上述操作后单击"确定"按钮。

3. 数据透视表的构成

数据透视表的图表分为 4 部分，如图 3.2 – 76 所示。

（1）筛选器：此标志区域中的字段将作为数据透视表的筛选页。

（2）行区域：此标志区域中的字段将作为数据透视表的行标签。

图 3.2 – 76 数据透视表的结构

（3）列区域：此标志区域中的字段将作为数据透视表的行标签。

（4）值区域：此标志区域用于显示数据透视表汇总的数据。

4. "数据透视表字段"窗格

"数据透视表字段"窗格中清晰地反映了数据透视表的结构,用户利用它可以轻而易举地向数据透视表内添加、删除或移动字段,也能设置字段格式,也可以对数据透视表中的字段进行排序和筛选。

在数据透视表中的任意单元格上单击鼠标右键,在弹出的快捷菜单中选择"显示字段列表"命令,即可调出"数据透视表字段"窗格,如图 3.2 –77 所示。

字段列表区域

筛选区域　　　　　　　　　　　　　　　　　　列区域

行区域　　　　　　　　　　　　　　　　　　　值区域

图 3.2 –77　"数据透视表字段"窗口

单击数据列表区域中任意一个单元格,在"数据透视表工具"的"分析"选项卡中单击"字段列表"按钮,也可调出"数据透视表字段"窗格。

"数据透视表字段"窗格一旦被调出之后,只要单击数据透视表任意单元格就会自动显示。

如果要关闭"数据透视表字段"窗格,直接单击"数据透视表字段"窗格中的"关闭"按钮即可。

5. 改变数据透视表的布局

在任何时候,只需通过在"数据透视表字段"窗格中拖动字段按钮,就可以重新安排数据透视表的布局。

此外,利用"数据透视表字段"窗格在区域间拖动字段,也可以对数据透视表进行重新布局。

6. 整理数据透视表字段

(1)重命名字段。当用户向值区域添加字段后,它们都将被 Excel 重命名,如"基本工资"变成了"求和项:基本工资",这样就会加大字段所在列的列宽,影响表格的美观。

如果要对字段重命名,可以直接修改数据透视表的字段名称。单击数据透视表中的列标题单元格"求和项:基本工资",输入新标题"基本工资",

按 Enter 键即可。

（2）删除字段。对于数据透视表中不再需要分析显示的字段可以通过"数据透视表字段"窗格来删除。

在"数据透视表字段"窗格"行标签"区域中单击需要删除的字段，在弹出的快捷菜单中选择"删除字段"命令即可。

此外，在数据透视表要删除的字段上单击鼠标右键，在弹出的快捷菜单中选择"删除'字段名'"命令，同样也可以删除字段。

7. 数据透视表的刷新

如果数据透视表的数据源内容发生了变化，用户需要对数据透视表手动刷新，方法是在数据透视表的任意一个单元格上单击鼠标右键，在弹出的快捷菜单中选择"刷新"命令。

此外，在"数据透视表工具"的"分析"选项卡中单击"刷新"按钮，也可以实现对数据透视表的刷新。

用户还可以设置数据透视表的自动刷新，在数据透视表的任意一个区域单击鼠标右键，在弹出的快捷菜单中选择"数据透视表选项"命令，在弹出的"数据透视表选项"对话框中单击"数据"选项卡，选中"打开文件时刷新数据"复选框，然后单击"确定"按钮。以后每当用户打开数据透视表所在的工作簿时，数据透视表都会自动刷新数据。

8. 在数据透视表中执行计算

在默认状态下，Excel 数据透视表对数据区域中的数值字段使用"求和"方式汇总，对非数值字段则使用"计数"方式汇总。

事实上，除了"求和"和"计数"外，数据透视表还提供了其他多种汇总方式，包括"平均值""最大值""最小值"和"乘积"等。

如果要设置汇总方式，可在数据透视表数据区域相应字段的单元格上单击鼠标右键，在弹出的快捷菜单中选择"值字段设置"命令，在弹出的"值字段设置"对话框中选择要采用的汇总方式，最后单击"确定"按钮完成设置。

此外，在弹出的快捷菜单中选择"值汇总依据"命令，在其子菜单中选择要采用的汇总方式，也可以快速地对字段进行设置。

3.2.23　条件格式

条件格式能够以单元格的内容为基础，选择性地应用指定的单元格格式。实际应用时，可以快速识别特定类型的数据，再使用指定格式对其标识。

要为某个单元格区域应用条件格式时，需要先选中该单元格区域，然后在"开始"选项卡中单击"条件格式"按钮，再从下拉菜单中选择需要的规则选项。

下拉菜单中包括"突出显示单元格规则""最前/最后规则""数据条""色阶""图标集""新建规则""清除规则""管理规则"等选项。其含义如下：

（1）大于指定值：与数值大小相关的规则之一，例如用不同的背景色突出显示年龄大于30的数值。

（2）低于平均值：例如突出显示销售额低于平均值的数据。

（3）重复值：突出显示指定区域中重复出现的内容。

（4）包含特定字符的单元格：突出显示包含指定字符的单元格，如果是英文字符，将不区分大小写。

（5）数据条：在单元格中显示水平的颜色条，同一组条件格式中，数据条的长度和数值的大小成正比。

（6）色阶：根据所选区域数值的整体分布情况和每个单元格中数值的不同而变化背景色。

（7）图标集：在单元格中显示图标，通常用以展示数值的上升或下降趋势，用户可以指定不同图标集类型来改变显示效果。

（8）自定义规则：在条件格式中使用函数公式作为突出显示的规则。如果公式结果返回 TRUE 或返回不等于 0 的数值，Excel 返回用户指定的单元格格式。如果公式结果返回 FALSE 或返回数值 0，则不应用用户指定的单元格格式。

3.2.24 数据验证

使用数据验证功能，能够为单元格指定数据录入的规则，限制在单元格中输入数据的类型和范围，防止用户输入无效数据。

3.2.24.1 设置数据验证方法

要对某个单元格或单元格区域设置数据验证，可以按以下步骤操作：

（1）选中要设置数据验证的单元格或单元格区域。

（2）在"数据"选项卡中单击"数据验证"按钮，打开"数据验证"对话框，如图 3.2-78 所示。

（3）"数据验证"对话框包含"设置""输入信息""出错警告""输入法模式"4 个选项卡，用户可以在不同选项卡中对不同数据验证项目进行设置。每个选项卡的左下角都有一个"全部清除"按钮，方便用户删除已有的验证规则。

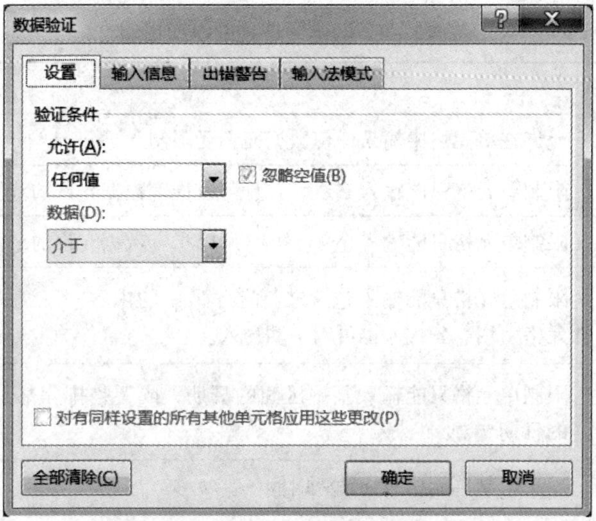

图 3.2－78　"数据验证"对话框

3.2.24.2　指定数据验证条件

在"数据验证"对话框的"设置"选项卡下，单击"允许"下拉按钮，在下拉列表中包含 8 种内置的数据验证条件，当用户选择不同类型的验证条件时，会在对话框底部出现基于该规则类型的设置选项，如图 3.2－79 所示。

图 3.2－79　数据验证条件

关于不同验证条件的说明，如表 3.2 - 7 所示。

表 3.2 - 7　数据验证规则类型说明

验证条件	说　明
任何值	允许在单元格中输入任何数据而不受限制
整数	限制单元格只能输入整数，并且可以指定数据允许的范围
小数	限制单元格只能输入小数，并且可以指定数据允许的范围
序列	限制单元格只能输入包含在特定序列中的内容。序列的内容可以是单元格引用、公式，也可以手动输入。
日期	限制单元格只能输入某一区间的日期，或者是排除某一日期区间之外的日期
时间	用于限制单元格只能输入时间
文本长度	用于限制输入数据的字符个数
自定义	用于使用函数与公式来实现自定义的条件

如果用户在"允许"下拉列表中选择类型为"整数""小数""日期""时间""文本长度"时，对话框中将出现"数据"下拉按钮及相应的区间设置选项。

单击"数据"下拉按钮，可使用的选项包括"介于""未介于""等于""不等于""大于""小于""大于或等于""小于或等于"8 种。

在"数据验证"对话框中有一个"忽略空值"复选框，选中此复选框时，意味着允许将空白作为单元格中的有效条目。

3.2.25　使用超链接进行工作

链接是通过对外部工作簿中的单元格引用来获取数据的过程，超链接是在 Excel 的不同位置、不同对象之间进行跳转，实现类似网页链接的效果。

Excel 允许在公式中引用另一个工作簿中的单元格内容。当在工作簿 A 中使用公式引用工作簿 B 中的数据时，工作簿 A 是从属工作簿，工作簿 B 是源工作簿。

在不同工作簿中使用公式引用数据时，如果移动了源工作簿的位置，或是对源工作簿重命名，都会使公式无法正常运算。同时，部分函数在引用其他工作簿数据时，要求被引用的工作簿必须同时处于打开状态，否则将返回错误值。基于以上限制，实际工作中应尽量避免跨工作簿引用数据。

1. 外部引用公式的结构

当公式引用其他工作簿中的数据时，其标准结构为：

＝文件路径＼［工作簿名.xlsx］工作表名！单元格地址

2. 常用建立链接的方法

（1）鼠标指向引用单元格，其操作方法如下：

①打开源工作簿和目标工作簿。在目标工作簿中，选定存放引用内容的单元格，输入等号"＝"。

②选取源文件工作簿中要引用的单元格或单元格区域，按 Enter 键确认。

（2）粘贴链接，其操作方法如下：

①在源工作簿中选中要引用的单元格，按 Ctrl + C 组合键复制。

②选定目标工作簿中用于存放链接的单元格并单击鼠标右键，在弹出的快捷菜单中单击"粘贴链接"按钮。

3. 编辑链接

在"数据"选项卡中单击"编辑链接"按钮，打开"编辑链接"对话框，如图 3.2 - 80 所示。

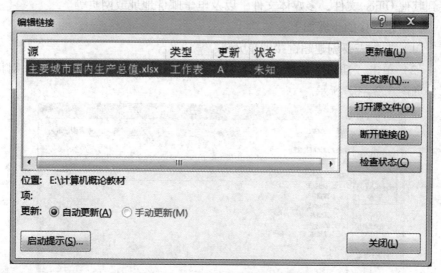

图3.2 - 80 "编辑链接"对话框

"编辑链接"对话框中各命令按钮的功能说明如表 3.2 - 8 所示。

表 3.2 - 8　"编辑链接" 对话框中的命令

命令按钮	功能说明
更新值	更新为用户所选定的源工作簿的最新数据
更改源	弹出 "更改源" 对话框，选择其他工作簿作为数据源
打开源文件	打开所选的源文件工作簿
断开链接	断开与所选的源工作簿的链接，只保留值
检查状态	检查所有源工作簿是否可用，以及值是否已更新

3.2.26　超链接

超链接是指为了快速访问而创建的指向一个目标的连接关系。在 Excel 中，可以利用文字、图片或图形创建具有跳转功能的超链接。

3.2.26.1　创建超链接

用户可以根据需要在工作表中创建不同跳转目标的超链接。利用 Excel 的超链接功能，不但可以链接到工作簿中的任意一个单元格或区域，也可以链接到其他 Office 文件、多媒体文件，以及电子邮件地址或网页等。

创建超链接的步骤如下：

（1）选中需要创建超链接的单元格。

（2）单击 "插入" 选项卡中的 "链接" 按钮，打开 "插入超链接" 对话框，如图 3.2 - 81 所示。

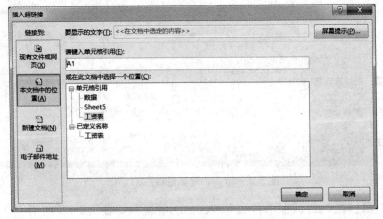

图 3.2 - 81　"插入超链接" 对话框

（3）在左侧链接位置列表中选择链接的目标位置，然后在右侧输入相应的内容，最后单击"确定"按钮。

3.2.26.2　编辑超链接

如果要对超链接文本的外观进行修改，可以按以下步骤操作：

（1）在"开始"选项卡中单击"单元格样式"下拉按钮。

（2）在样式列表中右键单击"超链接"，然后在弹出的快捷菜单中选择"修改"命令，打开"样式"对话框。

（3）在"样式"对话框中单击"格式"按钮，然后在打开的"设置单元格格式"对话框中进行自定义设置。

3.2.26.3　删除超链接

如果需要删除单元格中的超链接，仅保留显示的文字，可以使用以下两种方法：

（1）选中包含超链接的单元格或单元格区域并单击鼠标右键，在弹出的快捷菜单中选择"删除超链接"命令。

（2）选中含有超链接的单元格区域，在"开始"选项卡中单击"清除"下拉按钮，在下拉菜单中选择"删除超链接"命令。

在"清除"下拉菜单中还包括"清除超链接"命令。使用该命令功能时，只清除单元格中的超链接，而不会清除超链接的格式。

3.2.27　数据保护

用户的 Excel 工作簿中可能包含着一些比较重要的信息。当需要与其他用户共享此类文件时，就需要对重要信息进行保护。

3.2.27.1　保护工作表

通过设置单元格的"锁定"状态，并使用"保护工作表"功能，可以禁止对单元格的编辑，在实际工作中，对单元格内容的编辑只是工作表编辑方式中的一项，除此以外，Excel 还允许用户设置更明确的保护方案。

1. 设置工作表的可用编辑方式

单击"审阅"选项卡中的"保护工作表"按钮，可以对工作表进行保护，在弹出的"保护工作表"对话框中有很多权限设置选项，如图 3.2 – 82 所示。

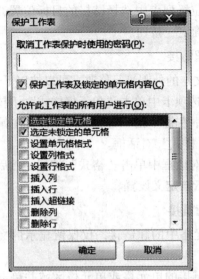

图 3.2 – 82   "保护工作表" 对话框

这些权限选项决定了当前工作表在进入保护状态后，除了禁止编辑锁定单元格以外，还可以进行其他哪些操作。部分选项的含义如表 3.2 – 9 所示。

表 3.2 – 9   "保护工作表" 对话框选项的含义

选项	含　义
选定锁定单元格	使用鼠标或键盘选定设置为锁定状态的单元格
选定未锁定的单元格	使用鼠标或键盘选定未被设置为锁定状态的单元格
设置单元格格式	设置单元格的格式（无论单元格是否锁定）
设置列格式	设置列的宽度或者隐藏列
设置行格式	设置行的高度或者隐藏行
插入超链接	插入超链接（无论单元格是否锁定）
排序	对选定区域进行排序（该区域中不能有锁定单元格）
使用自动筛选	使用现有的自动筛选，但不能打开或关闭现有表格的自动筛选
使用数据透视表	创建或修改数据透视表
编辑对象	修改图表、图形、图片，插入或删除批注
编辑方案	使用方案

2. 凭密码或权限编辑工作表的不同区域

默认情况下，Excel 的"保护工作表"功能作用于整张工作表，如果希望对工作表中的不同区域设置独立的密码或权限进行保护，可以按以下步骤操作：

（1）单击"审阅"选项卡中的"允许编辑区域"按钮，弹出"允许用户编辑区域"的对话框。

（2）在此对话框中单击"新建"按钮，弹出"新区域"对话框，可以在"标题"编辑框中输入区域名称（或使用系统默认名称），然后在"引用单元格"编辑框中输入或选择区域的范围，再输入区域密码。

（3）单击"新区域"对话框的"确定"按钮，根据提示重复输入密码后，返回"允许用户编辑区域"对话框。之后用户就可凭此密码对以上所选定的单元格和区域进行编辑操作。此密码与工作表保护密码可以完全不同。

（4）如果需要，可以使用同样的方法创建多个使用不同密码访问的区域。

（5）在"允许用户编辑区域"对话框中单击"保护工作表"按钮，可以对工作表进行保护。

完成以上单元格保护设置后，在对保护的单元格或区域内容进行编辑操作时，会弹出"取消锁定区域"对话框，要求用户提供针对该区域的保护密码，只有在输入正确密码后才能对其进行编辑。

3.2.27.2　保护工作簿

Excel 2016 允许对整个工作簿进行不同方式的保护，一种是保护工作簿的结构，另一种是加密工作簿，设置打开密码。

1. 保护工作簿结构

在"审阅"选项卡上单击"保护工作簿"按钮，将弹出"保护工作簿"对话框。选中"结构"复选框后，禁止在当前工作簿中插入、删除、移动、复制、隐藏或取消隐藏工作表以及禁止重新命名工作表。

选中"窗口"复选框，当前工作簿的窗口按钮不再显示，禁止新建、放大、缩小、移动或拆分工作簿窗口，"全部重排"命令也对此工作簿不再有效。

如有必要，可以设置密码，此密码与工作表保护密码和工作簿打开密码可以不一致。最后单击"确定"按钮即可。

2. 加密工作簿

如果希望限定必须使用密码才能打开工作簿，除了在工作簿另存为操作时进行设置外，也可以在工作簿处于打开状态时进行设置。

选择"文件"选项卡，在默认的"信息"页面中依次选择"保护工作簿""用密码进行加密"选项，将弹出"加密文档"对话框，输入密码并单击"确定"按钮后，Excel 会要求再次输入密码进行确认。确认密码后，此工作簿下次被打开时将提示输入密码，如果不能输入正确的密码，将无法打开此工作簿。

如果要解除工作簿的打开密码，可以按上述步骤再次打开"加密文档"对话框，删除现有密码即可。

3.2.28　Excel 文件的发布

3.2.28.1　发布为 PDF 或 XPS

PDF 全称为 Portable Document Format，译为可移植文档格式，由 Adobe 公司设计开发，目前已成为数字化信息领域中一个事实上的行业标准。它的主要特点如下：

（1）在大多数计算机平台上具有相同的显示效果。

（2）较小的文件体积，最大限度地保持与源文件接近的外观。

（3）具备多种安全机制，不易被修改。

XPS 全称为 XML Paper Specification，是由 Microsoft 公司开发的一种文档保存与查看的规范。用户可以简单地把它看作微软版的 PDF。

PDF 和 XPS 必须使用专门的程序打开，有很多免费的 PDF 阅读软件，而微软也从 Vista 开始在操作系统内集成了 XPS 阅读软件。

Excel 支持将工作簿发布为 PDF 或 XPS，以便获得更好的阅读兼容性及某种程度上的安全性。以发布为 PDF 格式文件为例，使用"文件""另存为"命令，在弹出的"另存为"对话框中选择"保存类型"为 PDF，然后单击"保存"按钮即可。

发布为 XPS 文件的方法与此类似，在此不再赘述。

3.2.28.2　发布为 HTML 文件

HTML 全称为 Hypertext Markup Language，译为超文本链接标示语言，是目前网络上应用较为广泛的语言，也是构成网页文档的主要语言。Excel 2016 允许用户将工作簿文件保存为 HTML 格式文件，然后就可以在企业内部网站或 Internet 上发布，访问者只需要使用网页浏览器即可查看工作簿内容。其操作步骤如下：

（1）依次单击"文件"选项卡中的"另存为""浏览"命令。

（2）在弹出的"另存为"对话框中，先选择保存路径，接下来输入文件名，然后设置"保存类型"为"网页"。

（3）如果发布整个工作簿，可以单击"保存"按钮，此时弹出对话框进行提示，单击"是"按钮可以完成发布。

（4）如果只希望发布一张工作表，或者一个单元格区域，则单击"另存为"对话框中的"发布"按钮，此时弹出"发布为网页"对话框，可在此选择发布的内容，以及其他一些相关的发布选项，最后单击"发布"按钮。

3.2.29　与其他应用程序共享数据

微软 Office 程序包含 Excel、Word、PowerPoint、OneNote 等多个应用程序，用户可以使用 Excel 进行数据处理分析，使用 Word 进行文字处理与编排，使用 PowerPoint 设计演示文稿等。为了完成某项工作，用户常常需要同时使用多个应用程序文件，因此在它们之间进行快速准确的数据共享显得尤为重要。

3.2.29.1　将 Excel 数据复制到其他 Office 应用程序中

Excel 中的所有数据形式都可以被复制到其他 Office 应用程序中，包括工作表中的表格数据、图片、图表和其他对象等。不同的信息在复制与粘贴过程中有不同的选项，以适应用户的各种不同需求。

1. 复制单元格区域

复制 Excel 某个单元格区域中的数据到 Word 或 PowerPoint 中，是较常见的一种信息共享方式。利用"选择性粘贴"功能，用户可以选择以多种方式将数据进行静态粘贴，也可以选择动态链接数据。静态粘贴的结果是源数据的静态副本，与源数据不再有任何关联；而动态链接则会在源数据发生改变时自动更新粘贴结果。

如需将 Excel 表格数据复制到 Word 文档中，操作步骤如下：

（1）选择需要复制的 Excel 单元格区域，按 Ctrl + C 组合键进行复制。

（2）激活 Word 文档中的待粘贴位置。

（3）如果直接按 Ctrl + V 组合键，或者使用 Office 剪贴板中的粘贴功能，将以 Word 当前设置的默认粘贴方式进行粘贴；如果选择"开始"选项卡，再单击"粘贴"按钮下方的下拉按钮，可以在下拉菜单中找到更多的粘贴选项，以及"选择性粘贴"命令。使用"选择性粘贴"命令，会弹出"选择性粘贴"对话框，调整其中的选项，可以按不同方式和不同形式进行粘贴。

2. 复制图片

复制 Excel 工作表中的图片、图形后，如果在其他 Office 应用程序中使用"选择性粘贴"命令，将弹出"选择性粘贴"对话框。

选择性粘贴允许以多种格式的图片来粘贴，但只能进行静态粘贴。

与 Excel 单元格区域类似，Excel 图表同时支持静态粘贴和动态粘贴链接。

3.2.29.2　在其他 Office 应用程序文档中插入 Excel 对象

除了使用复制粘贴的方法来共享数据外，用户还可以在 Office 应用程序文件中插入对象。例如，在 Word 文档或 PowerPoint 演示文稿中创建新的 Excel 工作表对象，将其作为自身的一部分。其操作步骤如下：

（1）激活需要新建 Excel 对象的 Word 文档。

（2）单击"插入"选项卡中的"对象"按钮，弹出"对象"对话框，如图 3.2-82 所示。利用此对话框，可以"新建"一个对象，也可以链接到一个现有的对象文件。

（3）选择"Microsoft Excel Worksheet"选项，单击"确定"按钮。

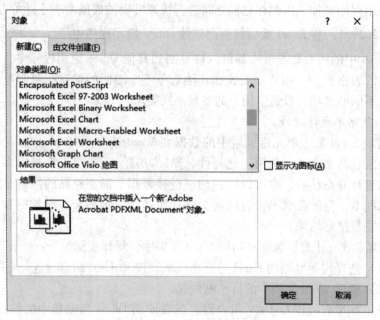

图 3.2 - 83　"对象"对话框

Excel 工作表插入到 Word 文档后，如果不被激活，则只显示为表格。双击 Word 文档可以激活对象，进行编辑，此时的 Word 功能区变成了 Excel 功能区。

用户在 Word 中使用 Excel 编辑完毕后，只需要激活 Word 文档中的其他位置，即可退出 Excel 工作表对象的编辑状态。

插入到 Word 文档中的 Excel 对象，既可以使用 Excel 的大多数功能特性，又可以成为 Word 文档的一部分，而不必单独保存为 Excel 工作簿文件。

3.2.29.3　在 Excel 中使用其他 Office 应用程序的数据

将其他 Office 应用程序的数据复制到 Excel 中，与将 Excel 数据复制到其他 Office 应用程序的方法基本类似。借助"选择性粘贴"功能，以及选中"粘贴选项"单选按钮，用户可以按自己的需求进行信息传递。

在 Excel 中也可以使用插入对象的方式，插入其他 Office 应用程序文件，作为工作表的一部分。

3.2.29.4　使用 Excel 工作簿作为外部数据源

许多 Office 应用程序都有使用外部数据源的需求，Excel 工作簿是常见的外部数据源之一。通常可以使用 Excel 工作簿作为外部数据源的应用包括 Word 邮件合并、Access 表链接、Visio 数据透视表与数据图形、Project 日程和 Outlook 通讯簿的导入/导出等。

3.2.30　共享工作簿

3.2.30.1　创建共享工作簿

Excel 支持"共享工作簿"功能，可以让多个用户同时编辑同一个工作簿。共享工作簿的实质就是创建共享工作簿，并将其放在可供多人同时编辑内容的一个网络位置上。创建共享工作簿的操作步骤如下：

（1）打开需要共享的工作簿。

（2）单击"审阅"选项卡中的"共享工作簿"按钮，打开"共享工作簿"对话框。

（3）选中对话框中的"允许多用户同时编辑，同时允许工作簿合并"复选框。

（4）选中"高级"选项卡，在"修订"栏中选中"保存修订记录"单选按钮，并在其后的数值框中输入保存的时间，在"更新"栏中选中"保存文件时"单选按钮，在"用户间的修订冲突"栏中选中"询问保存哪些修订信息"单选按钮，选中"在个人视图中包括"栏中所有的复选框。

（5）单击"确定"按钮，打开提示对话框，单击"确定"按钮完成工作簿的共享操作。

共享工作簿之后，具有网络共享访问权限的所有用户都具有该共享工作簿的访问权限。而作为共享工作簿的所有者（一般称为主用户），可以通过控制用户对共享工作簿的访问权限来设置访问该工作簿的人员（一般称为辅用户），在"共享工作簿"对话框的"编辑"选项卡的"正在使用本工作簿的用户"列表框中选择除自己以外的用户选项，然后单击"删除"按钮即可撤销该用户的使用权限。

3.2.30.2 修订共享工作簿

在为工作簿设置共享后，就可以提供给具有访问权限的辅用户使用了。辅用户在使用 Excel 编辑共享工作簿时，与编辑本地工作簿的操作相同，可以在其中输入和更改数据，完成后都需要保存，这样就可以看到共享工作簿中的内容被更新了。

只是在进行多人协作编辑时，一般应以主用户的意见为主，其他用户都是在修订状态下对表格进行修订的。修订表格后，工作簿中会保留所有修改过程及修改前的内容，并以特定的格式显示修订的内容，以便于原作者查看并确认是否进行相应的修改。

3.2.30.3 突出显示修订

如果有多个辅用户在同时编辑一个共享工作簿，他们每个人都可能对该工作簿做了一定的修订，这时主用户可以设置突出显示修订功能，来及时了解其他辅用户的具体修订内容。启用突出显示修订的操作步骤如下：

（1）主用户在自己的计算机上单击"审阅"选项卡"更改"命令组中的"修订"按钮，在弹出的下拉列表中选择"突出显示修订"选项，打开"突出显示修订"对话框。

（2）在对话框中选中"编辑时跟踪修订信息，同时共享工作簿"复选框。

（3）在"突出显示的修订选项"栏中选中"时间"和"修订人"复选框，分别在各个复选框后的下拉列表框中设置时间、修订人参数。

（4）选中"在新工作表上显示修订"复选框。

（5）单击"确定"按钮。

经过以上操作，即可新建一个名为"历史记录"的工作表，在其中根据设置的参数统计了所有人对工作簿的修订操作。选择共享工作簿中的共享数据表，可以看到被辅用户修订的单元格其左上角显示了一个小三角形标记。将鼠标指针移动到该单元格上时，将弹出的信息框中显示修订数据等。

3.2.30.4 接受或拒绝修订

在对共享工作簿进行修订时，不一定修订的最终结果就是正确的，通常需要由主用户通过查看和分析该工作簿过去的修订记录，并做出是否保存这些修订的决定，即确认是否接受或拒绝修订内容。接受或拒绝修订的具体操作如下：

（1）主用户在自己的计算机上打开共享的工作簿。

（2）单击"审阅"选项卡"更改"命令组中的"修订"按钮，在弹出的下拉菜单中选择"接受/拒绝修订"命令按钮，打开"接受或拒绝修订"对话框。

（3）选中"修订人"复选框，并在其后的下拉列表框中设置要查看修订的修订人范围，这里选择"除我之外每个人"选项。

（4）选中"位置"复选框，并在其后的参数框中设置要查看修订的位置，例如这里设置为 C10 单元格，单击"确定"按钮，在打开的对话框的列表框中即可显示出 C10 单元格中修订的内容。

（5）选择需要保留的修订项，单击"接受"或"拒绝"按钮。

经过上述操作，即可接受或拒绝选择的修订项，使其成为该单元格最终显示的内容。

3.2.30.5 取消共享工作簿

取消共享工作簿时，首先确定其他正在编辑该工作簿的辅用户是否已经停止编辑，并已保存和关闭该工作簿，然后单击"审阅"选项卡"更改"命令组中的"共享工作簿"按钮，在打开的"共享工作簿"对话框的"编辑"选项卡中取消选中"允许多用户同时编辑，同时允许工作簿合并"复选框，单击"确定"按钮，最后将局域网中的该工作簿移动到其他未共享的任意文件夹中，这样才能完全取消共享的工作簿。

3.3 演示文稿软件 PowerPoint 2016

3.3.1 PowerPoint 2016 概述

3.3.1.1 PowerPoint 2016 的基本功能

PowerPoint 2016 演示文稿制作软件，同样是 Office 办公组件中重要的组成部分。它可以在办公中展示会议内容、产品宣传、企划方案等，也可以在娱乐时展示个人电子相册、家庭电影或聚会主题内容等，是一个集合了多种媒体元素、方便易用的展示平台。

1. 展示对象丰富

在 PowerPoint 2016 的幻灯片中，能够添加的对象非常丰富，包括文字、图片、Flash 动画、音频、视频等，让观众从各角度、全方位了解展示内容。

2. 设计统一风格

在 PowerPoint 2016 中，可以通过选择模板、主题或设置母版的方法来使文档中每张幻灯片的风格保持一致，母版的内容和格式将应用于文档中的每一张幻灯片。

3. 设置动画

各种动画效果使得 PowerPoint 2016 展示的内容更加生动，也使其成为吸引观众的地方，与其他静态展示软件有着显著不同。

PowerPoint 2016 中的动画有两种：一是幻灯片的切换动画，即从一张幻灯片过渡到另一张幻灯片的中间转场效果；二是幻灯片中的对象动画，亦即"自定义动画效果"，可以为对象添加"进入""强调""退出""动作路径"等动画效果。每一种效果又可以设置动画的时间、效果选项和开始的条件等。

4. 可制作讲义、备注及大纲

用户在制作演示幻灯片的同时，可以制作出供观众使用的讲义、供演讲者使用的备注或打印出演示的大纲。演示大纲主要包括幻灯片的标题和重点。此外，在播放的过程中，观众提出的问题和评论也可以记录下来。

3.3.1.2　PowerPoint 2016 的启动

使用 PowerPoint 2016 编辑演示文稿，应首先启动 PowerPoint 2016，通常采用以下两种方法：

（1）单击任务栏上的"开始"按钮，选择"PowerPoint 2016"命令。

（2）如果桌面上已建立 PowerPoint 2016 的快捷方式，只需双击其快捷方式图标，即可启动 PowerPoint 2016。

3.3.1.3　PowerPoint 2016 的工作窗口

打开 PowerPoint 2016，将在工作窗口中完成演示文稿的初建、修饰和完善等工作。工作窗口由不同元素构成，如图 3.3 -1 所示。

1. 标题栏

标题栏位于 PowerPoint 2016 工作窗口的上方，用于显示当前正在编辑的演示文稿及应用程序名称，最右边的四个按钮，分别是"功能区显示选项"▣、"最小化"▬、"最大化"▢、"向下还原"▣和"关闭"✖按钮，其中，"功能区显示选项"按钮包含"自动隐藏功能区""显示选项卡""显示选项卡和命令"三个命令。

图 3.3－1　**PowerPoint 2016 工作窗口**

2. 快速访问工具栏

快速访问工具栏位于标题栏左侧，提供了"新建""保存""打开""撤销""恢复"等常用快捷按钮，也可添加其他按钮，单击对应的按钮即可执行相应操作。

3. "文件"菜单

"文件"菜单用于对 PowerPoint 2016 文件的操作及属性设置，单击可打开其下拉菜单，包含"信息""新建""打开""保存"等命令，选择相应命令即可执行相关操作。单击 按钮，可以返回到编辑状态。

4. 选项卡

PowerPoint 2016 将大部分常用命令进行了分类，集成在不同的选项卡中，单击选项卡可切换到相应的功能区。

5. 功能区

功能区是对应选项卡中的命令集合，分组放置了常用命令按钮，也可以根据需要增加相应的选项卡和功能组及命令按钮。

6. 幻灯片浏览窗格

在幻灯片浏览窗格中，PowerPoint 2016 以缩略图的形式显示演示文稿的幻灯片数量及位置，通过它可更加方便地掌握演示文稿的结构。

7. 幻灯片编辑窗格

幻灯片编辑窗格是演示文稿的核心部分，是加工、制作幻灯片的地方，用户可以根据需要在幻灯片中添加图形、影片和声音，创建超级链接，以及添加动画效果。

8. 备注窗格

备注窗格位于幻灯片编辑窗格下方，用户可以在此为幻灯片添加备注说明，以便更好地讲解幻灯片中展示的内容。

9. 状态栏

状态栏位于 PowerPoint 2016 窗口底部，用于显示当前幻灯片的编号及幻灯片总数等信息。右击状态栏，将弹出"自定义状态栏"快捷菜单，可以设置状态栏的显示内容。

10. 视图切换区

用于 PowerPoint 2016 快速在"普通视图""幻灯片浏览视图""阅读视图""幻灯片放映视图"之间切换，用户可根据不同的需求查看和放映演示文稿。

11. 比例缩放区

在 PowerPoint 2016 演示文稿的制作过程中，用户可以根据需要设置幻灯片编辑区的显示比例，常用以下四种方法：

（1）在"比例缩放区"中拖动缩放滑块进行调整。

（2）在"比例缩放区"中单击缩放条两端的"放大"➕或"缩小"➖按钮进行调整。

（3）单击"比例缩放区"中的缩放值，打开"缩放"对话框，在对话框中设置，如图 3.3 - 2 所示。

图 3.3 - 2 "缩放"对话框

（4）单击"比例缩放区"右侧的"使幻灯片适应当前窗口"按钮🔛，则无论如何缩放窗口，幻灯片将自动调整为最大显示比例，以完整显示内容。

12. 标尺

利用标尺，可以查看或设置段落的缩进、制表位等排版信息。

13. 滚动条

滚动条有水平滚动条和垂直滚动条两种，用于快速移动幻灯片编辑窗格里的内容。

3.3.1.4　PowerPoint 2016 的视图模式

视图模式是指在编辑、修改、放映幻灯片时所使用的显示方式。在 PowerPoint 2016 中，视图模式可以通过以下方法进行切换：

（1）单击视图切换区中的相应按钮 🔳 🔡 📄 🔲 进行切换。

（2）打开"视图"选项卡，在"演示文稿视图"组中单击所需的命令按钮进行切换，如图 3.3 – 3 所示。

图 3.3 – 3　"演示文稿视图"组

1. 普通视图

普通视图是 PowerPoint 2016 默认的视图模式，也是最常用的视图模式，用户在此可以对指定幻灯片进行设计和编辑，方便地添加图形、动画、影片、声音和创建超链接等，如图 3.3 – 4 所示。

左侧是幻灯片浏览窗格，以缩略图的形式显示演示文稿中的幻灯片，方便用户浏览演示文稿的总体风格和布局。单击幻灯片缩略图，可以使该张幻灯片成为当前幻灯片，并显示在幻灯片编辑窗格，以进行编辑和修改。在幻灯片浏览窗格中，可以新建、复制、移动或删除幻灯片。

单击状态栏中的"备注"按钮🔺 **备注**，可以显示或隐藏备注窗格，方便用户对演讲内容进行注释和说明。

单击状态栏中的"批注"按钮📭 **批注**，可以在右侧显示或隐藏批注窗格，批注的使用如同 Word 2016。

幻灯片编辑窗格与幻灯片浏览窗格、批注窗格或备注窗格的区域可以调整大小，只需将鼠标指针指向两者之间的拆分条，呈双向箭头显示，拖动即可。

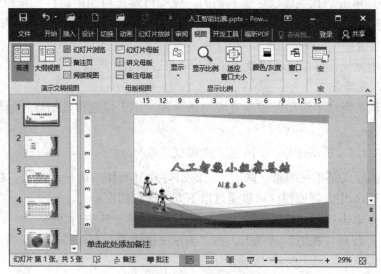

图 3.3 - 4　普通视图

2. 幻灯片浏览视图

幻灯片浏览视图以缩略图的形式显示幻灯片，主要用于浏览幻灯片在演示文稿中的整体风格、结构和效果，如图 3.3 - 5 所示。在幻灯片浏览视图中可以重新排列幻灯片顺序，新建、复制或删除幻灯片，设置幻灯片背景格式，

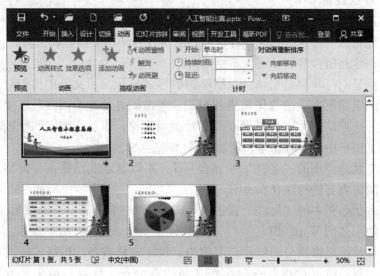

图 3.3 - 5　幻灯片浏览视图

还可以设置幻灯片的切换以及预览切换效果，但不能修改幻灯片中的内容。在幻灯片浏览视图中，按住 Ctrl 键并滚动鼠标滚轮，可调整幻灯片的显示比例；双击某张幻灯片，可以切换到该幻灯片的普通视图。

幻灯片缩略图的左下角显示当前幻灯片的编号，也是当前演示文稿中幻灯片的播放顺序；右下角若显示★标识，表示该张幻灯片设置了动画效果，单击该标识可预览动画。

3. 阅读视图

阅读视图仅显示标题栏、阅读区和状态栏，主要用于浏览幻灯片的内容。在此模式下，演示文稿中的幻灯片以窗口大小进行显示，且可以通过"上一张"◐或"下一张"◑按钮进行翻页阅读，如图 3.3 - 6 所示。按"视图模式"按钮切换，或按 Esc 键返回。

图 3.3 - 6　阅读视图

4. 幻灯片放映视图

单击"幻灯片放映视图"按钮🖵，可以从当前幻灯片开始播放演示文稿。幻灯片放映视图占据整个计算机屏幕。在这种全屏幕视图中，仅显示幻灯片内容，其他窗口元素均被隐藏。通过放映，可以清楚地看到、听到每张幻灯片中的文本格式、图形、声音、视频、动画和幻灯片的切换效果。

5. 大纲视图

打开"视图"选项卡，在"演示文稿视图"组中单击"大纲视图"按钮，将切换到大纲视图模式。幻灯片浏览窗格中仅显示每张幻灯片的文本内容，主要用于浏览和编辑演示文稿的文本结构，如图 3.3 - 7 所示。

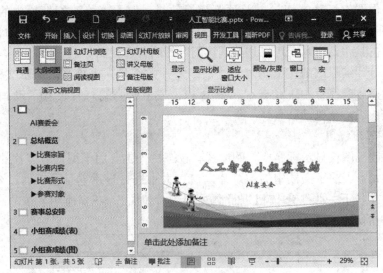

图 3.3 - 7　大纲视图

6. 备注页视图

打开"视图"选项卡，在"演示文稿视图"组中单击"备注页"按钮，将切换到备注页视图模式，如图 3.3 - 8 所示。窗口显示当前幻灯片及备注文本框，用户可在文本框中注释和说明幻灯片的内容。

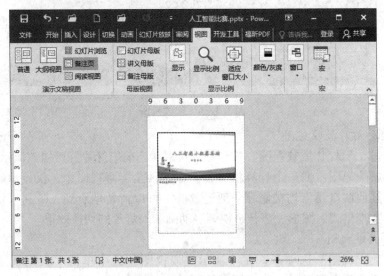

图 3.3 - 8　备注页视图

3.3.2 演示文稿的基本操作

3.3.2.1 创建新的演示文稿

演示文稿是指在 PowerPoint 2016 中生成的文档，由一张或多张幻灯片按顺序排列组成。

1. 创建空白演示文稿

创建新的 PowerPoint 2016 演示文稿，可以采用以下不同方式：

（1）启动 PowerPoint 2016，在开始界面显示多种模板，如图 3.3 – 9 所示，用户可根据需要选择。若是自行设计演示文稿，通常选择"空白演示文稿"。

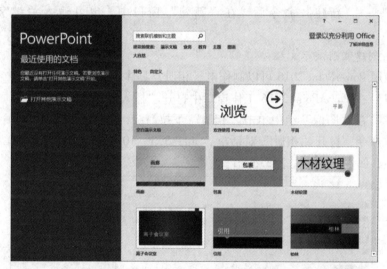

图 3.3 – 9　PowerPoint 2016 开始界面

（2）选择"文件"菜单的"新建"命令，在"新建"窗口中选择"空白演示文稿"。

（3）选择快速访问工具栏中的"新建"按钮 。

（4）使用快捷键"Ctrl + N"创建空白文档。

（5）在 Windows 的"资源管理器"中，打开某一文件夹后，右击右窗格的空白处，在弹出的快捷菜单中选择"新建"→"Microsoft PowerPoint 演示文稿"命令。

2. 根据模板创建演示文稿

PowerPoint 2016 提供了多种模板供用户选择使用。模板中预设了不同版式和风格，用户只需根据实际内容进行修改，即可快速制作演示文稿，极大地提高了工作效率。

创建方式非常简单，只需在 PowerPoint 2016 开始界面的列表中选择所需的模板，然后在打开的对话框中单击"创建"按钮即可；也可在执行"文件"→"新建"命令后，在"新建"窗口中选择。

3. 使用联机模板创建演示文稿

如若 PowerPoint 2016 预设的模板不能满足用户的需求，用户还可以使用联机模板创建演示文稿。在网络已连接的前提下，在 PowerPoint 2016 开始界面的"搜索联机模板和主题"文本框中输入关键字，例如"报告"，单击"开始搜索"按钮 🔍 或按 Enter 键即可搜索并显示结果。此外，在执行"文件"→"新建"命令后，在"新建"窗口中，也可输入关键字进行选择。

4. 创建相册演示文稿

使用 PowerPoint 2016 可以制作电子相册，具体步骤如下：

（1）在 PowerPoint 2016 工作窗口中打开"插入"选项卡。

（2）在"图像"组中单击"相册"下拉箭头，选择下拉菜单中的"新建相册"命令，打开"相册"对话框，如图 3.3 - 10 所示。用户可根据需求设置属性，属性及功能见表 3.3 - 1。

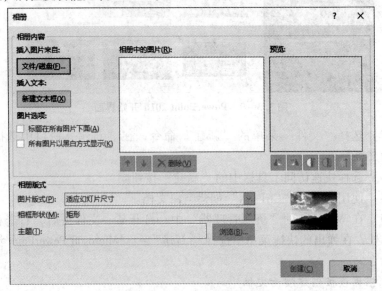

图 3.3 - 10 "相册"对话框

表 3.3 – 1　"相册"对话框属性设置

属　性	功　能
文件/磁盘	选择制作相册的图片
新建文本框	输入文本，可对相册中的图片进行说明
相册版式	选择每张幻灯片中显示图片的数量，对话框的右下方将根据用户的选择显示预览图
相框形状	设置图片相框的外观形状
相册中的图片	列出相册中的图片，可在选择图片后，通过↑和↓按钮调整排列顺序，或单击✕ 删除(V)按钮进行删除
预览	显示选中图片的预览效果，并可通过下面的按钮调节图片旋转角度、对比度和亮度

"相册"对话框设置完毕后，单击"创建"按钮，即可创建一个新的相册演示文稿，如图 3.3 – 11 所示为相册示例。

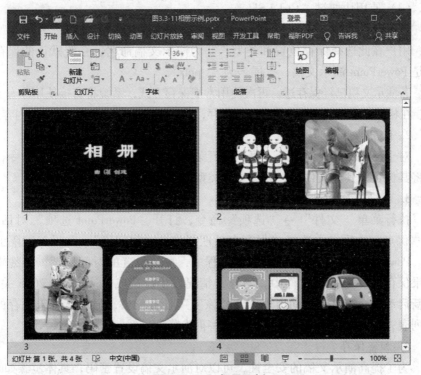

图 3.3 – 11　相册示例

若要重新编辑相册，可在"图像"组中单击"相册"下拉箭头，选择下拉菜单中的"编辑相册"命令，打开"编辑相册"对话框，重新设置后，单击"更新"按钮即可。

3.3.2.2　保存演示文稿

如同其他文档，演示文稿制作过程中，需要保存，以备再次使用。Power-Point 2016 提供了多种文件格式，常用的有：".PPTX"".POTX"".PPSX"三种。".PPTX"是系统默认的演示文稿文件保存格式；".POTX"是 Power-Point 模板格式，用户可以将已创建的、具有特色的演示文稿保存为该种格式，以备将来使用；".PPSX"是 PowerPoint 放映格式，使用该文件格式，在 Windows 的"文件资源管理器"中双击文件名即可直接播放演示文稿。

1. 常规保存

对于新建的演示文稿，可以采用以下几种方式保存：

（1）选择"文件"菜单→"保存"命令。

（2）单击快速访问工具栏上的"保存"按钮■。

（3）使用快捷键"Ctrl + S"。

首次保存演示文稿时，系统将自动切换到"文件"菜单的"另存为"命令，用户在此选择保存位置和类型，并为演示文稿命名，系统默认的保存类型是 PowerPoint 演示文稿，扩展名为".pptx"。

若演示文稿已经保存过，再次使用常规保存方式，系统将直接使用原有文件名、在相同位置、以同样的文件类型保存，并以新编辑的内容覆盖原文档内容。

2. 使用"另存为"功能

对于已经保存过的演示文稿，执行菜单"文件"→"另存为"命令，可以将其保存为其他文件名、其他文件类型，或保存到其他存放位置。

3. 自动保存演示文稿

执行菜单"文件"→"选项"命令，打开"PowerPoint 选项"对话框，在"保存"选项卡中选择"保存自动恢复信息时间间隔"，并设置间隔的时间。PowerPoint 2016 将在后续运行过程中，按照设置的时间周期，将编辑的结果保存在一个临时文件中。当异常情况发生，造成 PowerPoint 2016 关闭，重新启动后，窗口会自动出现"文档恢复"任务窗格，显示所有未保存的文档列表，在此进行恢复选择操作，可将损失降到最低。

4. 加密保存

为了提高演示文稿的安全性，可以对演示文稿设置密码，具体步骤如下：

（1）执行菜单"文件"→"另存为"命令。

（2）单击"浏览"按钮，打开"另存为"对话框。

（3）单击对话框下面的"工具"下拉箭头，在下拉菜单中选择"常规选项"命令，打开"常规选项"对话框。

（4）设置"打开权限密码"和"修改权限密码"。

3.3.2.3　关闭演示文稿

关闭 PowerPoint 2016 演示文稿有多种方式：

（1）选择"文件"菜单中"关闭"命令。

（2）单击 PowerPoint 2016 工作窗口右上角的"关闭"按钮

（3）右击标题栏，在弹出的快捷菜单中选择"关闭"命令。

（4）使用快捷键 Alt + F4。

在 Windows 任务栏中右击 PowerPoint 2016 程序图标按钮，从弹出的快捷菜单中选择"关闭窗口"命令，可以关闭演示文稿，同时关闭 PowerPoint 2016 应用程序窗口。

3.3.2.4　打开演示文稿

打开 PowerPoint 2016 演示文稿，常用以下几种方法：

（1）执行菜单"文件"→"打开"命令，可以选择最近使用过的演示文稿打开，或是单击"浏览"按钮，在"打开"对话框中选择演示文稿所在的位置、文件名以及文件类型。

（2）单击"快速访问工具栏"上的"打开"按钮 。

（3）使用快捷键 Ctrl + O。

（4）在 Windows 的"文件资源管理器"中双击打开 PowerPoint 2016 演示文稿。

3.3.3　幻灯片的基本操作

幻灯片是演示文稿的基本演示单位。通常，幻灯片由占位符组成（空白版式除外），占位符是放置文字、图片、表格、图表等对象的容器。根据系统占位符的布局不同，幻灯片具有不同的版式，如图 3.3 - 12 所示为"内容与标题"版式，用户可以根据幻灯片中的内容设计选择不同的版式。

演示文稿通常包含多张幻灯片，并按一定的顺序排列。编辑过程中，用户可以根据需要增加、复制、删除幻灯片，以及调整幻灯片的位置。

3.3.3.1　添加幻灯片

在演示文稿中插入的新幻灯片，可以采用以下不同方式：

（1）在"开始"选项卡的"幻灯片"组中单击"新建幻灯片"的下拉箭头，在弹出的下拉列表中选择所需的版式，如图 3.3 – 13 所示。

标题占位符

文本占位符

文本及对象
占位符

图 3.3 – 12　"内容与标题"版式

（2）右击"幻灯片浏览窗格"的空白处，在弹出的快捷菜单中选择"新建幻灯片"命令，如图 3.3 – 14 所示，可以新建一个与上一张幻灯片相同版式的幻灯片。

图 3.3 – 13　"新建幻灯片"下拉列表　　**图 3.3 – 14　在"幻灯片浏览窗格"中新建幻灯片**

（3）在"幻灯片浏览窗格"中选择一张幻灯片，按 Enter 键，可以新建一个与上一张幻灯片相同版式的幻灯片。

若要更改幻灯片版式，可采用以下三种方式：

（1）在"开始"选项卡的"幻灯片"组中单击"版式"按钮下拉箭头，在下拉菜单中选择。

（2）在"幻灯片浏览窗格"中右击需要更改版式的幻灯片，在快捷菜单中选择。

（3）在"幻灯片编辑窗格"中右击空白处，在快捷菜单中选择。

3.3.3.2 选择幻灯片

在 PowerPoint 2016 中，若要对幻灯片进行操作，应首先选择幻灯片。选择幻灯片的操作可在普通视图的幻灯片浏览窗格或幻灯片浏览视图中进行，幻灯片浏览视图因其可浏览更多幻灯片，更为方便，具体使用方法见表 3.3 – 2。

表 3.3 – 2　选择幻灯片

选择对象	使用方法
单张幻灯片	单击幻灯片
编号相连的幻灯片	首先单击起始编号的幻灯片，然后按住 Shift 键，单击结束编号的幻灯片
编号不相连的幻灯片	按住 Ctrl 键，依次单击需要选择的幻灯片
全部幻灯片	按快捷键 Ctrl + A

3.3.3.3 移动幻灯片

移动幻灯片，可使用以下方法：

（1）选择需要移动的幻灯片，将其拖动到目标位置。

（2）选择需要移动的幻灯片，单击鼠标右键，在弹出的快捷菜单中选择"剪切"命令；然后在目标位置单击鼠标右键，在弹出的快捷菜单中选择"粘贴"子菜单中相应的命令。

（3）选择需要复制的幻灯片，在"开始"选项卡的"剪贴板"组中单击"剪切"按钮，定位到目标位置后，再单击"粘贴"下拉箭头，在弹出的下拉菜单中选择相应命令。

（4）选择需要复制的幻灯片，按快捷键 Ctrl + X，定位到目标位置后，按快捷键 Ctrl + V。

3.3.3.4　复制幻灯片

复制幻灯片，可以使用以下不同方法：

（1）选择需要复制的幻灯片，按住 Ctrl 键，将其拖动到目标位置。拖动过程中，鼠标指针右上角将出现黑色加号。

（2）选择需要复制的幻灯片，单击鼠标右键，在弹出的快捷菜单中选择"复制"命令；然后在目标位置单击鼠标右键，在弹出的快捷菜单中选择"粘贴"子菜单中相应的命令。

（3）选择需要复制的幻灯片，在"开始"选项卡的"剪贴板"组中单击"复制"按钮，定位到目标位置后，再单击"粘贴"下拉箭头，在弹出的下拉菜单中选择相应的命令。

（4）选择需要复制的幻灯片，按快捷键 Ctrl + C，定位到目标位置后，按快捷键 Ctrl + V。

（5）选择需要复制的幻灯片，按快捷键 Ctrl + D，可将选择的对象复制到已选幻灯片之后。

3.3.3.5　删除幻灯片

在演示文稿中删除幻灯片，常用以下两种方法：

（1）选择要删除的幻灯片，按 Backspace 键或 Delete 键。

（2）选择要删除的幻灯片并右击，在弹出的快捷菜单中选择"删除幻灯片"命令。

3.3.3.6　隐藏/显示幻灯片

对于暂时不需要放映的幻灯片，可以将其隐藏，常用以下方法。

（1）选择要隐藏的幻灯片，在"幻灯片放映"选项卡中，单击"设置"组的"隐藏幻灯片"按钮。隐藏后的幻灯片缩略图的编号上将出现斜杠标识。

（2）选择要隐藏的幻灯片并右击，在弹出的快捷菜单中选择"隐藏幻灯片"命令。

当需要取消隐藏时，在已设置隐藏的幻灯片上右击，在弹出的快捷菜单中再次选择"隐藏幻灯片"命令；或者选择已设置隐藏的幻灯片后，再次单击"隐藏幻灯片"按钮。

3.3.4　幻灯片对象的应用

在幻灯片中可以插入的对象十分丰富，包含文本、表格、图表、图形、图像、动画、影片和声音等。

3.3.4.1　文本对象的编辑

文本是演示文稿中最基本、最常用的对象，对文本的输入、编辑和格式化是幻灯片设计的主要内容。

1. 输入文本

（1）在占位符中添加文本。占位符是一种特殊的文本框，在幻灯片上显示为一个虚框，用于放置文本、图片、表格、图表等多种对象。

对于"标题占位符"和"文本占位符"，系统分别显示为"单击此处添加标题""单击此处添加文本"，单击即可输入标题和文本字符。系统在占位符中已经预设了文本的属性和样式，输入文本后，将自动应用预设样式。

在占位符中输入文本，方法十分简单，只需将插入点单击定位到占位符中，输入所需文本即可，如图 3.3 – 15 所示。

图 3.3 – 15　在占位符中添加文本

文本的格式设置如同 Word 2016 应用，不再赘述。

单击占位符，四周将显示控制手柄和旋转手柄，拖动控制手柄可以调整占位符的大小，拖动旋转手柄，可以调整占位符角度。拖动已选择的占位符，可以调整位置，按 Delete 键或 Backspace 键，可以删除占位符。单击选择占位符后，在"绘图工具"选项卡的"格式"子选项卡中，可以对占位符进行格式设置，也可右击占位符，在弹出的快捷菜单中选择"设置形状格式"命令，在打开的"设置形状格式"任务窗格中设置，如图 3.3 – 16 所示为应用示例。

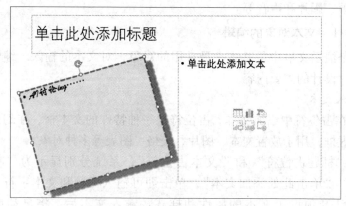

图 3.3 - 16　占位符格式设置示例

（2）使用文本框输入文本。在 PowerPoint 2016 中，可以使用文本框在幻灯片任意位置添加文本信息。尤其是在空白版式的幻灯片中，通过文本框插入文本，非常方便灵活。

文本框有横排和竖排两种形式。打开"插入"选项卡，在"文本"组中单击"文本框"下拉箭头，在弹出的下拉菜单中选择"横排文本框"或"竖排文本框"命令，如图 3.3 - 17 所示，即可在幻灯片中拖动绘制文本框到合适的大小，完成文本框的插入操作。绘制完成，即可在其中输入文本，如图 3.3 - 18 所示。

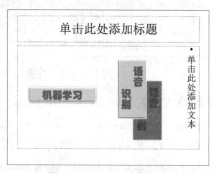

图 3.3 - 17　"文本框"下拉菜单　　　**图 3.3 - 18　文本框示例**

（3）在大纲视图中输入文本。利用大纲视图，用户可以浏览演示文稿的逻辑结构，调整内容的层次关系，梳理演讲思路。

演示文稿的大纲由所有幻灯片的标题和各级层次小标题构成。通常情况下，幻灯片标题用于表达所在幻灯片的主题，层次小标题是对幻灯片标题的进一步说明。层次小标题排列在幻灯片标题的后面，每个层次的小标题相对于它的上级标题向右缩进几个字符。选择层次小标题后，按 Tab 键，可以降低一个层次；按 Shift + Tab 键，可以提升一个层次。

在文本占位符中，层次小标题设有默认的项目符号，用户可根据需求重新调整。

例如：在大纲视图中输入如图 3.3 – 19 所示的文本，基本思路如下：

①在"开始"选项卡的"幻灯片"组中单击"新建幻灯片"下拉箭头，在下拉菜单中选择"标题和内容"版式。

②打开"视图"选项卡，在"演示文稿视图"组中单击"大纲视图"按钮，切换到大纲视图。

③输入标题"E – learn 课程简介"。

④按 Enter 键，将新建一张幻灯片，继续按 Tab 键，将该行文本降级，并输入"机器学习"。

⑤按 Enter 键，保持同级，分别输入后续文本。

⑥需要新建幻灯片时，按 Shift + Tab 键，将其升级。

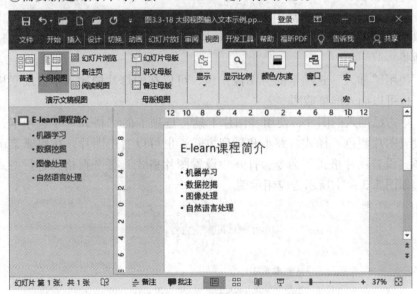

图 3.3 – 19　大纲视图输入文本示例

2. 使用艺术字

艺术字是一种特殊的图形文字，常用来用来作为幻灯片的标题或强调内容，以吸引观众。打开"插入"选项卡，在"文本"组中单击"艺术字"按钮，在下拉列表中选择一种艺术字样式，即可在幻灯片中插入所选的艺术字样式，输入所需文本即可。

用户可以像处理普通字符一样，设置艺术字的字体、字形、字号、颜色、加粗、倾斜等常规格式，也可以使用"绘图工具"选项卡的"格式"子选项卡，设置艺术字样式和形状样式，如图 3.3 – 20 所示为应用示例。

图 3.3 – 20　艺术字应用示例

3.3.4.2　图片与图形对象的应用

1. 使用图片

图片是幻灯片中的常用元素。在幻灯片中插入与主题相符的图片，既可以辅助说明文字，使演讲内容更具说服力，也可以美化幻灯片，提升视觉效果。

使用"插入"选项卡的"图像"组，可以在幻灯片中插入本机或联机图片，也可以插入屏幕截图。

单击已插入的图片，使用"图片工具"选项卡的"格式"子选项卡，可以设置图片颜色、样式、大小和排列方式；也可以右击图片，在快捷菜单中选择"设置图片格式"命令，打开"设置图片格式"任务窗格，进行格式设置，如图 3.3 – 21 所示为应用示例。

图 3.3 – 21　插入图片应用示例

2. 使用形状

形状可用于制作流程图、示意图、说明图等，在 PowerPoint 2016 中十分常见。

在"插入"选项卡的"插图"组中，单击"形状"按钮，即可在打开的下拉列表中选择需要的形状，拖动鼠标绘制。使用形状，可以设置格式、调整多个形状的叠加顺序，也可以将多个形状组合，便于整体操作，详见 Word 2016 中的应用。

例如：制作如图 3.3 - 22 所示幻灯片，基本思路如下：

图 3.3 - 22　形状应用示例

（1）新建一个版式为"空白"的幻灯片。

（2）在"插入"选项卡的"插图"组中，单击"形状"按钮，选择"矩形：圆角矩形"，绘制圆角矩形。

（3）打开"绘图工具"选项卡的"格式"子选项卡，在"形状样式"组中单击"形状效果"下拉箭头，选择"棱台"类别中的"棱台：圆"样式，如图 3.3 - 23 所示。

（4）在"形状样式"组中单击"形状填充"下拉箭头，选择颜色，如图 3.3 - 24 所示，圆角矩形效果如图 3.3 - 25 所示。

（5）将上述圆角矩形另行复制 2 个，并分别设置颜色，调整大小。

（6）右击最小的圆角矩形，在弹出的快捷菜单中选择"编辑文字"命令，并输入字符"AI"。

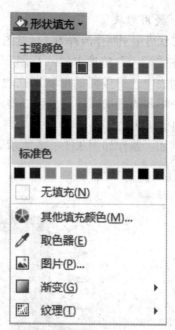

图 3.3－23　选择"棱台"形状效果　　图 3.3－24　设置形状的填充颜色

（7）选择字符"AI"，在"开始"选项卡的"字体"组中设置字体、字号，效果如图 3.3－26 所示。

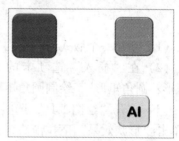

图 3.3－25　具有"棱台"形状效果的矩形　　图 3.3－26　添加文字的矩形

（8）在"插入"选项卡的"插图"组中，单击"形状"按钮，选择"星与旗帜：二十四角星"，按住 Shift 键，并拖动鼠标绘制二十四角星形，如图 3.3－27 所示。

（9）打开"格式"子选项卡，在"形状样式"组中设置形状填充、形状轮廓的颜色，将"形状效果"设置为"棱台：圆"。

（10）拖动二十四角星形中的黄色控制按钮，调整星形尖角大小，如图 3.3－28 所示。

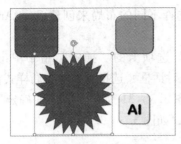 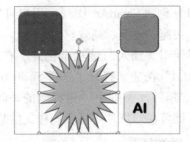

图 3.3 - 27　绘制二十四角星形　图 3.3 - 28　具有"棱台"形状的二十四尖角星形

（11）在幻灯片中按快捷键 Ctrl + A，选择全部 4 个形状对象。

（12）打开"格式"子选项卡，在"排列"组中单击"对齐"下拉箭头，在下拉菜单中选择"对齐幻灯片"，如图 3.3 - 29 所示。

（13）再次在"排列"组中单击"对齐"下拉箭头，分别在下拉菜单中选择"水平居中"和"垂直居中"，效果如图 3.3 - 30 所示。

（14）单击幻灯片空白处，取消对形状的选择。

（15）重新单击选择二十四角星形，打开"格式"子选项卡，在"排列"组中单击"下移一层"下拉箭头，在下拉菜单中选择"置于底层"。

（16）可分别选择其他形状，调整大小、设置对齐和层次，直到满意。

3. 使用 SmartArt 图形

SmartArt 图形是信息和观点的视觉表示形式，可以直观地说明对象之间的逻辑关系，如并列、层次、循环等。系统已预置了多种 SmartArt 图形格式，用户可以根据需要选择使用，或重新调整。

 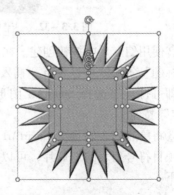

图 3.3 - 29　设置"对齐幻灯片"　图 3.3 - 30　水平及垂直居中

（1）创建 SmartArt 图形。用户可以通过选择不同的布局来创建 SmartArt 图形，快速、便捷、高效。

①使用"插入"选项卡创建。在"插入"选项卡的"插图"组中单击"SmartArt"按钮，打开"选择 SmartArt 图形"对话框，选择需要的布局样式，例如："矩阵"类别中"带标题的矩阵"，如图 3.3－31 所示，单击"确定"按钮，即可在幻灯片中显示该样式的基本形状，如图 3.3－32 所示。

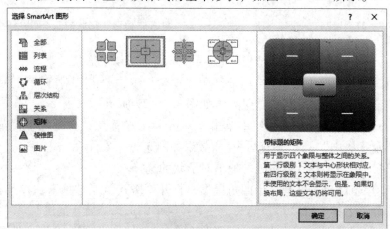

图 3.3－31　"选择 SmartArt 图形"对话框

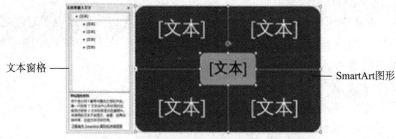

图 3.3－32　"带标题的矩阵"SmartArt 图形

②使用幻灯片中按钮创建。在"标题和内容""两栏内容""比较""内容与标题"等版式中，含有"插入 SmartArt 图形"按钮，如图 3.3－33 所示，单击即可打开"选择 SmartArt 图形"对话框，选择需要的布局样式，单击"确定"按钮。

③将已有列表转换为 SmartArt 图形。PowerPoint 2016 演示文稿中常见设置了项目符号列表的幻灯片，可以快速将列表转换为 SmartArt 图形，基本思路如下：

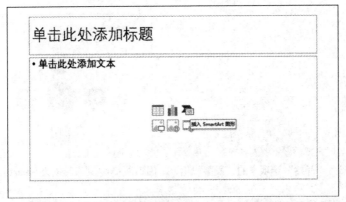

图 3.3 – 33 幻灯片版式中的"SmartArt 图形"按钮

- 选择设置了项目符号的列表文本，如图 3.3 – 34 所示。

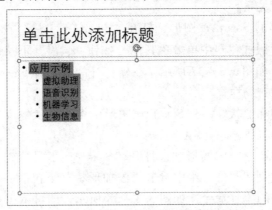

图 3.3 – 34 选择设置了项目符号的文本

- 打开"开始"选项卡，在"段落"组中单击"转换为 SmartArt"下拉箭头，如图 3.3 – 35 所示，在下拉菜单中选择"其他 SmartArt 图形"命令，在打开的"选择 SmartArt 图形"对话框中选择需要的布局样式，例如："循环"类别中的"射线循环"，系统按照列表文本的不同级别设置为所选 SmartArt 图形中对应的形状，如图 3.3 – 36 所示。

（2）在 SmartArt 图形中输入文本。创建 SmartArt 图形后，用户可以直接在每个形状中单击并输入文本，也可以在左侧的文本窗格中输入。

选择整个 SmartArt 图形，在其左侧将出现 》按钮，表示文本窗格已展开显示，单击该按钮，可折叠隐藏，按钮显示为 《。用户可在文本窗格中输入文本，输入的字符将同时显示在 SmartArt 图形中。

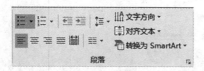

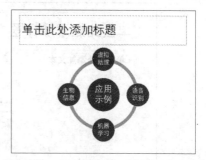

图 3.3－35　"开始"选项卡的"段落"组　　图 3.3－36　列表转换为 SmartArt 图形

（3）编辑 SmartArt 图形。

①更改布局。已创建的 SmartArt 图形，可以更改新的布局，以更好地表达对象间的逻辑关系。

选择已创建的 SmartArt 图形，打开"SmartArt 工具"选项卡的"设计"子选项卡，在"版式"组中单击"其他"按钮 ⎯，展开下拉列表，单击"其他布局"按钮，如图 3.3－37 所示，在新打开的"选择 SmartArt 图形"对话框中选择其他的布局样式。

②添加或删除形状。一个 SmartArt 图形由多个形状构成，用户可以根据需要增加新的形状或删除无用的形状。

选择 SmartArt 图形中的形状，打开"SmartArt 工具"选项卡的"设计"子选项卡，在"创建图形"组中单击"添加形状"下拉箭头，从打开的下拉菜单中选择相应的添加命令，如图 3.3－38 所示，即可依据当前布局，在所选形状的前后或上下位置添加新的形状。也可在文本窗格中，定位于文本，按 Enter 键，即可在所选形状下方或后面添加新的形状。

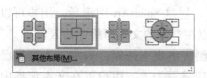

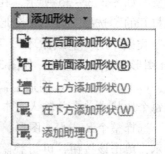

图 3.3－37　"版式"组中"其他布局"按钮　　图 3.3－38　添加形状下拉菜单

若要删除形状，则在选择形状后，按 Delete 键或 Backspace 键。

③调整形状级别和顺序。调整形状级别和顺序，常用以下方法：

● 在已创建的 SmartArt 图形中单击选择形状，打开"SmartArt 工具"选项卡的"设计"子选项卡，在"创建图形"组中单击"升级"按钮，可将所选形状提升一个级别；单击"降级"按钮，可将所选形状降低一个级别；单击"上移"按钮，可将所选形状向上或向左移动位置；单击"下移"按钮，可将所选形状向下或向右移动位置，如图 3.3 – 39 所示。

● 在文本窗格中，选中输入的文本，按 Tab 键，可以将该文本及所属形状降低一个级别；按 Shift + Tab 键，可以将该文本及所属形状提升一个级别，也可右击选中的文本，从弹出的快捷菜单中选择"升级""降级""上移""下移"命令，如图 3.3 – 40 所示。

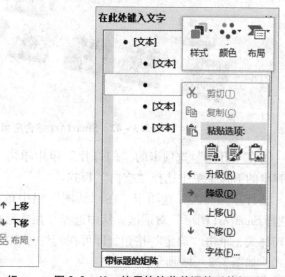

图 3.3 – 39　"创建图形"组　　图 3.3 – 40　使用快捷菜单调整形状级别和顺序

（4）设置 SmartArt 图形样式和格式。用户可以为 SmartArt 图形或某个形状设置样式和格式，以便使 SmartArt 图形更加美观，统一设计风格。

打开"SmartArt 工具"选项卡的"设计"子选项卡，在"SmartArt 样式"组中，系统根据所选 SmartArt 图形，显示可供选择的预设样式，单击选定即可，如图 3.3 – 41 所示；也可以单击"更改颜色"下拉箭头，打开颜色列表，选择需要的颜色风格；打开"SmartArt 工具"选项卡的"格式"子选项卡，使用"形状样式"组和"艺术字样式"组，可以设置 SmartArt 图形或所选形状及文本的格式。

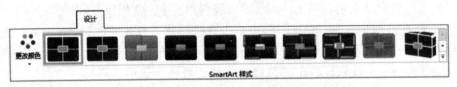

图 3.3 - 41　"SmartArt 样式"组

（5）综合应用示例。

例如：在幻灯片中创建如图 3.3 - 42 所示的 SmartArt 图形，基本思路如下：

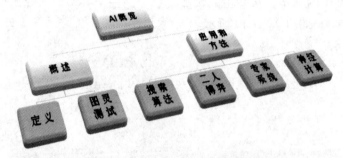

图 3.3 - 42　SmartArt 综合应用示例

①在"开始"选项卡的"幻灯片"组中单击"新建幻灯片"下拉箭头，在弹出的下拉菜单中选择"空白"板式。

②打开"插入"选项卡，在"插图"组中单击"SmartArt"按钮，打开"选择 SmartArt 图形"对话框，从中选择"层次结构"类别的"组织结构图"布局样式，单击"确定"按钮，即可在幻灯片中插入"组织结构图"的基本样式，如图 3.3 -43 所示。

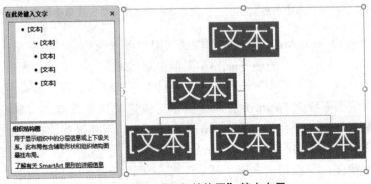

图 3.3 - 43　"组织结构图"基本布局

③按照列表文本的级别输入第一和第二层次的内容，效果如图 3.3-44 所示。

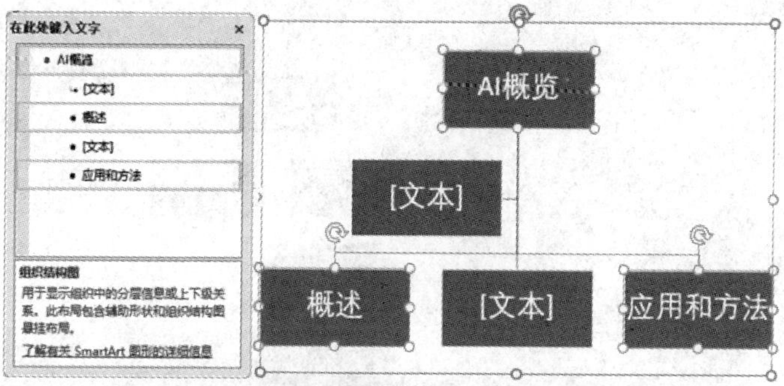

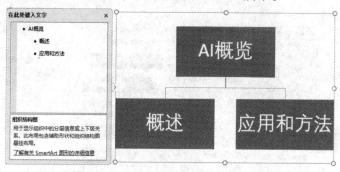

图 3.3-44　输入列表的第一和第二层次文本

④按住 Shift 键，依次单击选择剩余的两个"文本"形状，按 Delete 键，即可删除无用的"文本"形状，结果如图 3.3-45 所示。

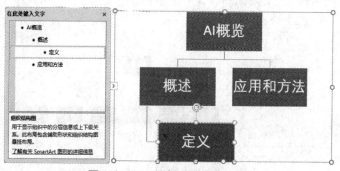

图 3.3-45　删除无用的"文本"形状

⑤右击"概述"形状，在弹出的快捷菜单中选择"添加形状"→"在下方添加形状"命令，可在该形状下方添加一个新的形状。

⑥右击新添加的形状，在弹出的快捷菜单中选择"编辑文字"命令，输入"定义"，如图 3.3-46 所示。

图 3.3-46　添加"定义"形状

⑦使用相同方法在"概述"形状下添加"图灵测试"形状，如图 3.3 - 47 所示。

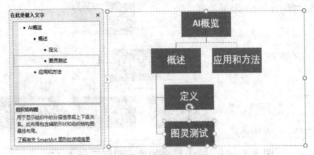

图 3.3 - 47　添加"图灵测试"形状

⑧使用相同方法在"应用和方法"形状下添加其他四个形状，如图 3.3 - 48 所示。

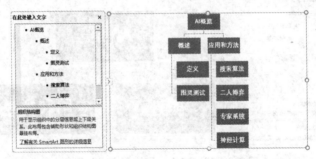

图 3.3 - 48　在"应用和方法"形状下添加四个形状

⑨选择 SmartArt 图形，打开"SmartArt 工具"选项卡的"设计"子选项卡，在"版式"组中单击"其他"按钮▾，展开下拉列表，单击"其他布局"按钮，在新打开的"选择 SmartArt 图形"对话框中选择"层次结构"类别的"标记的层次结构"，结果如图 3.3 - 49 所示。

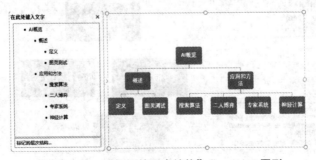

图 3.3 - 49　"标记的层次结构"SmartArt 图形

⑩打开"SmartArt 工具"选项卡的"设计"子选项卡，单击"SmartArt 样式"组中"其他"按钮▾，在展开的下拉列表中选择"三维"→"鸟瞰场景"。

⑪可继续在"SmartArt 样式"组中单击"更改颜色"下拉箭头，打开颜色列表，选择需要的颜色风格；或右击任一形状，在弹出的快捷菜单中选择"设置形状格式"命令，在打开的"设置形状格式"任务窗格中单独设置形状的格式。

3.3.4.3　使用表格和图表

1. 使用表格

表格是直观、简洁显示数据的方式之一。

在 PowerPoint 2016 中，单击"插入"选项卡中"表格"组的"表格"下拉箭头，打开下拉菜单，如图 3.3－50 所示，可以拖动行、列数目，绘制表格；可以选择"插入表格"命令，插入指定行数和列数的表格；也可以手动绘制表格；或者插入 Excel 电子表格。

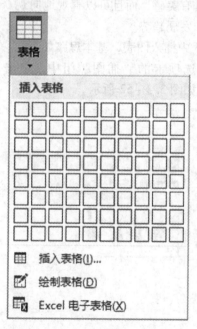

图 3.3－50　"表格"下拉菜单

对于已创建的表格，可以使用"表格工具"选项卡中的"布局"子选项卡对表格进行编辑；使用"设计"子选项卡设置表格样式，如图 3.3－51 所示。其使用方式可参考本书"3.1.5 表格应用"一节，此处不再赘述。

AI小组赛成绩表						
参赛小组	评委1	评委2	评委3	评委4	评委5	平均分
梦想成真队	78	82	85	80	83	81.6
绿森林队	79	78	82	75	83	79.4
WTD队	91	92	90	89	93	91
城市之光队	78	85	81	83	82	81.8
小月河队	95	96	95	97	95	95.6
爱心甲乙丙队	88	85	90	87	83	86.6

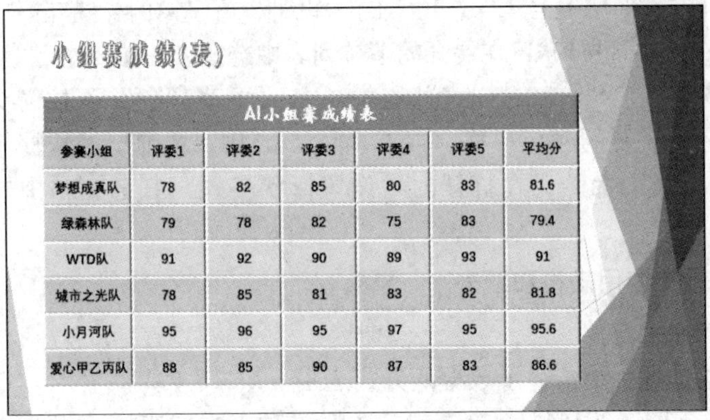

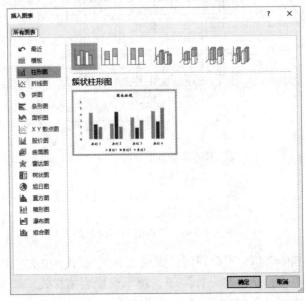

图 3.3－51　表格应用示例

2. 使用图表

图表是将数据表中的数据以图形的方式表现出来。在幻灯片中插入图表，不仅可以使演示文稿具有美感，而且可以直观地向观众展示数据之间的关系，以及数据的分布状态和发展趋势。

在 PowerPoint 2016 中插入图表，基本思路如下：

(1) 在“插入”选项卡的“插图”组中，单击“图表”按钮，打开“插入图表”对话框，如图 3.3－52 所示。

图 3.3－52　“插入图表”对话框

（2）选择需要的图表类型，如簇状柱形图，单击"确定"按钮。

（3）系统按照用户的选择，使用默认数据显示图表及数据系列，如图 3.3 – 53 所示。

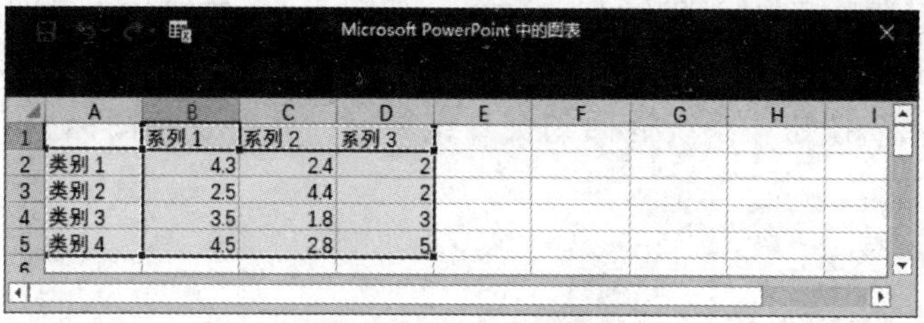

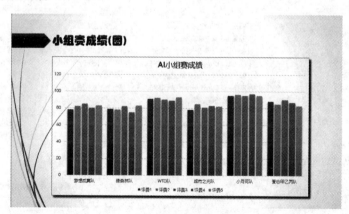

图 3.3 – 53　图表数据

（4）编辑数据系列，系统自动将修改结果应用到图表中；也可以单击上方的"在 Microsoft Excel 中编辑数据"按钮，使用 Excel 编辑数据。

此外，在"标题和内容""两栏内容""比较""内容与标题"等版式中，含有"插入图表"按钮，单击同样可以打开"插入图表"对话框。

对于已创建的图表，可以使用"图表工具"选项卡中的"格式"子选项卡设置形状样式；使用"设计"子选项卡进行图表布局、设置图表样式、编辑数据、更改图表类型，如同 Excel 中的图表操作，不再赘述。如图 3.3 – 54 所示为应用示例。

图 3.3 – 54　图表应用示例

3.3.4.4　使用声音

声音是烘托气氛、增加感染力的元素之一。在演示文稿中，用户可以根据需要插入各种声音文件，包括本地计算机中保存的音频文件及新录制的音频。

1. 插入音频

（1）插入本地计算机中保存的音频文件。选择需要插入音频的幻灯片，打开"插入"选项卡，在"媒体"组中单击"音频"下拉箭头，在弹出的下拉菜单中选择"PC 上的音频"命令，如图 3.3 – 55 所示，打开"插入音频"对话框，如图 3.3 – 56 所示。在此选择音频文件保存的位置、文件名，单击"插入"按钮，系统返回幻灯片编辑区，并将音频图标 ◀ 添加到幻灯片中。

图 3 – 55　"音频"下拉菜单

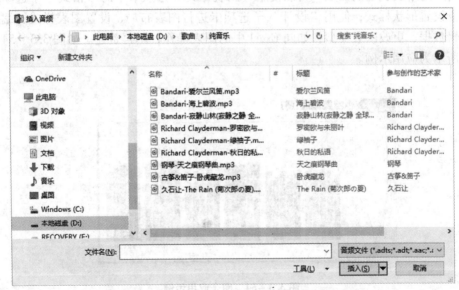

图 3.3 – 56　"插入音频"对话框

（2）插入录制的音频。选择需要插入音频的幻灯片，打开"插入"选项卡，在"媒体"组中单击"音频"下拉箭头，在弹出的下拉菜单中选择"录制音频"命令，打开"录制声音"对话框，如图 3.3 – 57 所示。

图 3. 3 - 57 "录制声音"对话框

在"名称"文本框中输入录制的音频名称。单击 ● 按钮开始录音;单击 ■ 按钮结束录音,单击 ▶ 按钮,可以试听当前录音;单击"确定"按钮完成录音。系统返回幻灯片编辑区,并将录制的音频图标 ◀ 添加到幻灯片中。

2. 试听音频

单击音频图标,系统自动在其下方显示播放控制条,如图 3. 3 - 58 所示。可以播放或暂停播放音频,向前或向后移动 0. 25 秒,静音或取消静音。

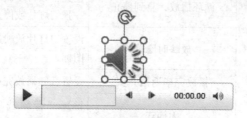

图 3. 3 - 58 音频图标及播放控制条

3. 设置音频属性

选择音频图标,使用"音频工具"选项卡的"播放"子选项卡(如图 3. 3 - 59 所示),可以设置音频播放的不同属性,功能说明见表 3. 3 - 3。

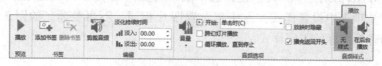

图 3. 3 - 59 音频"播放"子选项卡

表 3. 3 - 3 "播放"子选项卡功能说明

组	属性	功能说明
预览	播放	切换按钮,可播放或暂停播放音频
书签	添加书签	在音频中添加书签,便于在音频中定位
	删除书签	删除选定的标签

组	属性	功能说明
编辑	剪裁音频	单击打开"剪裁音频"对话框,拖动进度条两端的滑块,可调整音频播放的起止时间
	淡入	设置音频开始播放时音量由小渐大的时长
	淡出	设置音频结束播放时音量由大渐小的时长
音频选项	音量	设置音量大小或静音
	开始	设置音频自动播放或单击时播放
	跨幻灯片播放	选择时,切换了幻灯片仍可播放
	循环播放,直到停止	设置音频自动循环播放,直到放映下一张幻灯片或停止放映
	放映时隐藏	设置幻灯片放映过程中自动隐藏音频图标
	播放完毕返回开头	设置音频播放完毕后返回到音频开头
音频样式	无样式	设置"音频选项"组的属性为默认值
	在后台播放	设置音频自动连续播放

4. 设置音频图标样式

音频图标以图片形式存在,选中后,可在"音频工具"选项卡的"格式"子选项卡中设置样式,方法与设置图片相同,不再赘述。如图 3.3 – 60 所示为音频图标的不同样式。

图 3.3 – 60 音频图标的不同样式

5. 删除音频

若要删除幻灯片中添加的音频,只需单击该音频图标,按 Delete 键或 Backspace 键即可。

3.3.4.5 使用视频

在演示文稿中插入视频，可以丰富幻灯片内容，增强视觉效果。可以插入联机视频或保存在本地计算机中的视频。

1. 插入视频

（1）插入联机视频。选择需要插入视频的幻灯片，打开"插入"选项卡，在"媒体"组中单击"视频"下拉箭头，在弹出的下拉菜单中选择"联机视频"命令，如图 3.3 – 61 所示，打开"插入视频"对话框，如图 3.3 – 62 所示。用户可选择两种不同的方式插入联机视频。

①在 YouTube 搜索框中输入视频的关键字，单击"搜索"按钮🔍，系统根据输入的关键字进行搜索，并在下方的列表框中显示搜索的结果。用户选择需要的视频后，单击"插入"按钮。

②在"来自视频嵌入代码"文本框中输入要插入视频的 HTML 代码，单击"插入"按钮➡，即可在幻灯片中插入该代码对应的视频。

图 3.3 – 61　"视频"下拉菜单

图 3.3 – 62　"插入视频"对话框

（2）插入本机保存的视频。选择需要插入视频的幻灯片，打开"插入"选项卡，在"媒体"组中单击"视频"下拉箭头，在弹出的下拉菜单中选择"PC 上的视频"命令，打开"插入视频文件"对话框，选择视频文件保存的位置、文件名，单击"插入"按钮。

（3）使用"插入视频文件"按钮。在"标题和内容""两栏内容""比较""内容与标题"等版式中，含有"插入视频文件"按钮，单击也可打开"插入视频"对话框，以便插入视频。

在 Powerpoint 2016 中，视频是以链接方式插入的，若要在其他计算机上播放该演示文稿，须将视频文件一同复制。

2. 预览视频

在幻灯片中单击视频窗口，四周显示控制手柄，可以调整大小，如图 3.3 –

63 所示；下方显示播放控制条，可以播放或暂停播放视频，控制视频前进或后退 0.25 秒，静音或取消静音。

图 3.3 – 63　视频窗口及播放控制条

3. 常用视频属性设置

单击视频窗口，使用"视频工具"选项卡的"播放"子选项卡，如图 3.3 – 64 所示可以设置视频播放的属性，设置方式与音频属性设置相似。

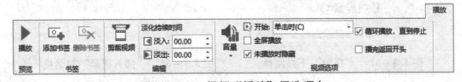

图 3.3 – 64　视频"播放"子选项卡

（1）剪裁视频。选择视频，打开"视频工具"选项卡，在"播放"子选项卡的"编辑"组中单击"剪裁视频"按钮，打开"剪裁视频"对话框，如图 3.3 – 65 所示。

在"剪裁视频"对话框中，拖动播放进度条上的绿色滑块，或在"开始时间"数值框中输入相应的数值，可以设置视频播放的开始时间；拖动红色滑块，或在"结束时间"数值框中输入相应的数值，设置视频播放的结束时间。设置完毕，单击"确定"按钮，即可裁剪视频。

（2）设置"视频选项"组。"视频选项"组中包含了视频播放的常用属性：

①音量：调整视频音量，包括低、中、高和静音。

②开始：选择设置视频自动播放或单击时播放。

图 3.3 – 65　"剪裁视频"对话框

③全屏播放：选择时，视频播放为全屏方式，否则，按已设置的大小播放。

④未播放时隐藏：选择该项，没有播放视频时，视频呈隐藏状态。

⑤循环播放，直到停止：设置视频自动循环播放，直到放映下一张幻灯片或停止放映。

⑥播放完毕返回开头：设置视频播放结束后，返回到视频开头。

4. 设置视频标牌框架

标牌框架是视频播放之前，视频窗口所显示的内容，相当于视频的封面。可以是视频外的一幅图片，也可以是视频中的一帧。

（1）使用视频中的一帧作为标牌框架。若要使用视频中的一帧作为标牌框架，可采用下列步骤：

①选择幻灯片上的视频，单击播放进度条的"播放"按钮，播放视频至需要作为标牌框架的帧，单击"暂停"按钮。

②打开"视频工具"选项卡，在"格式"子选项卡的"调整"组中，单

击"标牌框架"下拉箭头，在下拉菜单中选择"当前框架"。

（2）使用图片作为标牌框架。若是使用其他图片作为标牌框架，可选择视频，打开"视频工具"选项卡，在"格式"子选项卡的"调整"组中，单击"标牌框架"下拉箭头，在下拉菜单中选择"文件中的图像"，即可打开"插入图片"对话框，从中选择需要的图片。播放进度条显示"标牌框架已设定"，如图3.3-66所示。

图 3.3 - 66　设置视频标牌框架

5. 设置视频窗口外观

选择视频窗口，打开"视频工具"选项卡，使用"格式"子选项卡的"视频样式"组中，可以设置视频的外观样式；也可以右击视频窗口，在弹出的快捷菜单中，选择"设置视频格式"命令，在打开的"设置视频格式"任务窗格中设置。视频窗口外观应用示例如图3.3-67所示。

图 3.3 - 67　视频窗口外观示例

3.3.5 链接的使用

根据演讲者的设计，有时在演示文稿的放映过程中，并不是顺序播放，而是根据需要跳转到其他位置。链接功能包括超链接、动作和动作按钮，不仅可以在不同的幻灯片之间自由跳转，还可以在幻灯片与其他 Office 文档或 HTML 文档之间切换，也可以指向 Internet 上的站点或运行一个程序。链接只有在幻灯片放映时才被激活，在编辑状态下不起作用。

3.3.5.1 使用超链接

1. 创建超链接

在 PowerPoint 2016 中，可以为文本、图片、形状、艺术字、文本框等对象建立超链接，基本步骤如下：

（1）单击需要建立超链接的对象，选择"插入"选项卡，在"链接"组中单击"超链接"按钮，如图 3.3 – 68 所示，也可以右击需要建立超链接的对象，在弹出的快捷菜单中选择"超链接"命令，打开"插入超链接"对话框，如图 3.3 –69 所示。

图 3.3 – 68 "链接"组

图 3.3 – 69 "插入超链接"对话框

（2）在"链接到"列表框中选择需要链接到的对象，可以有以下不同的选择：

①"现有文件或网页"：可以链接到指定的文件或网页，包括当前文件夹中的文件、浏览过的网页及最近使用过的文件。

②"本文档中的位置"：可以链接到当前演示文稿中指定的幻灯片。

③"新建文档"：建立一个新文档，并链接到该文档中。

④"电子邮件地址"：链接到指定的电子邮箱。

（3）选择对话框中其他属性，单击"确定"按钮。

①"要显示的文字"文本框：建立超链接的对象需显示的内容。

②"屏幕提示"按钮：放映幻灯片过程中，鼠标指针指向链接对象时，屏幕显示的信息，如图 3.3 - 70 所示。

③"书签"按钮：单击将打开"在文档中选择位置"对话框，如图 3.3 - 71 所示，从中选择链接到指定幻灯片。

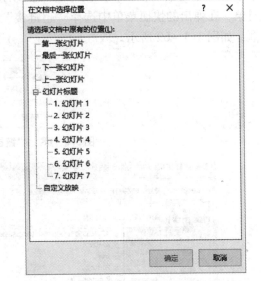

图 3.3 - 70　"屏幕提示"示例　　　图 3.3 - 71　"在文档中选择位置"对话框

建立超链接的文本，系统自动在其下方添加一条下划线，且字体颜色也将产生变化。

2. 使用超链接

若放映的幻灯片中含有超链接，当鼠标指针指向链接点时，将显示为手指形状，并显示链接到的目标位置或已设置的屏幕提示，单击即可跳转到指定的链接目标。

3. 编辑超链接

若要重新编辑超链接，可右击已建立超链接的对象，在弹出的快捷菜单中选择"编辑超链接"命令，打开"编辑超链接"对话框，重新编辑。

4. 取消超链接

若要取消已建立的超链接，只需右击已建立超链接的对象，在弹出的快捷菜单中选择"取消超链接"即可。

3.3.5.2　设置动作

选择需要建立链接的对象，打开"插入"选项卡，在"链接"组中单击"动作"按钮，打开"操作设置"对话框，如图3.3－72所示。

图 3.3 － 72　"操作设置"对话框

"操作设置"对话框包括"单击鼠标"和"鼠标悬停"两个选项卡。设置相应的属性之后，放映幻灯片的过程中，当鼠标单击或移动到已设置动作的对象时，可以链接到其他幻灯片或文件，也可以运行程序、播放声音，或使对象突出显示，如图3.3－73所示。

编辑状态　　　　　　　　　　单击时突出显示

图 3.3 – 73　对象突出显示示例

若要取消已建立的链接，只需在"操作设置"对话框中选择"无动作"选项即可。

3.3.5.3　使用动作按钮

打开"插入"选项卡，在"插图"组中单击"形状"下拉箭头，在弹出的下拉列表中选择"动作按钮"中的任一按钮，如图 3.3 – 74 所示。此时，鼠标指针呈十字形状显示，拖动鼠标左键即可绘制形状。释放鼠标时，将打开"操作设置"对话框，在此设置动作属性。放映幻灯片时，鼠标单击或移动到动作按钮，将打开链接，跳转到其他幻灯片或其他文件，也可运行指定的程序。

图 3.3 – 74　动作按钮

动作按钮可以设置大小、位置及格式，方法与其他图形形状设置相同。

右击动作按钮，在弹出的快捷菜单中选择"编辑超链接"命令，将打开"操作设置"对话框，可以设置新的链接，或选择"无动作"，取消链接。

3.3.6　切换与动画

3.3.6.1　应用切换效果

幻灯片的切换效果是在演示文稿放映的过程中，由一张幻灯片转换为另一张幻灯片时，显示的动态效果和听觉效果，以使前后两张幻灯片之间的过渡更加自然。用户可以为演示文稿中每张幻灯片设置不同的切换效果，也可以使所有幻灯片具有相同的切换效果，还可以设置每张幻灯片的切换速度并浏览切换效果。

设置幻灯片的切换效果在"普通视图"或"幻灯片浏览视图"中进行。

1. 设置切换效果

打开"切换"选项卡，在"切换到此幻灯片"组中单击"其他"按钮，打开下拉列表，如图 3.3 - 75 所示，单击选择切换效果，并可预览切换效果，最终确定所需效果的样式。如图 3.3 - 76 所示为"框"切换效果。

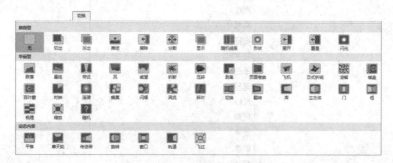

图 3.3 - 75　切换效果列表

对于已经选择的切换效果，可以单击"效果选项"下拉箭头，在下拉列表中进一步设置效果属性，如图 3.3 - 77 所示。不同的切换效果，其效果选项也不同。

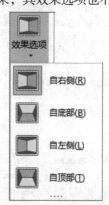

图 3.3 - 76　"框"切换效果　　　图 3.3 - 77　"效果选项"设置

若要设置切换的"持续时间"，可在"计时"组的"持续时间"数值框中，直接输入时长或单击数字调节按钮进行设置。

单击"全部应用"按钮，可将所有的设置应用到演示文稿的所有幻灯片中。

2. 设置切换声音

默认情况下，设置的切换效果没有声音，用户可根据需要添加。

打开"切换"选项卡，在"计时"组中单击"声音"的下拉箭头，在下拉列表中显示了系统内置的多种声音，用户可根据需要选择使用，如图 3.3 - 78 所示。若在下拉列表中选择"其他声音"，将打开"添加音频"对话框，如图 3.3 – 79 所示，可在此选择计算机中保存的其他音频文件。

图 3.3 – 78　"声音"下拉列表

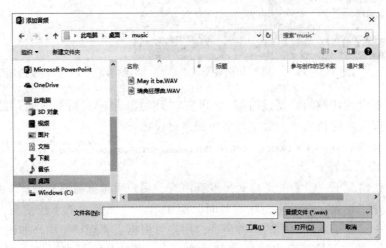

图 3.3 – 79　"添加音频"对话框

3. 设置换片方式

打开"切换"选项卡，在"计时"组中可以设置幻灯片切换的方式。

（1）"单击鼠标时"：这是 PowerPoint 2016 默认的换片方式，单击鼠标可切换到下一张幻灯片。

（2）"设置自动换片时间"：在数值框中输入或单击数字调节按钮设置具体时间，使幻灯片按指定的时间间隔自动进行切换。

4. 取消切换效果

若要取消切换效果，只需选择已设置切换效果的幻灯片，打开"切换"选项卡，在"切换到此幻灯片"组中单击"无"选项即可。

3.3.6.2 应用动画

制作演示文稿时，恰当地为幻灯片中的对象设置动画效果，可以吸引观众、强调重点、增加观赏性。动画效果可以应用于文本、图片、形状、表格、图表、SmartArt 图形等多种对象，使它们在进入或退出幻灯片、大小或颜色变化中产生动态效果。

1. 设置动画效果

设置动画效果可以采用两种方式：

（1）使用"动画"组设置。选择需要设置动画的对象，打开"动画"选项卡，在"动画"组中单击"其他"按钮，在打开的下拉列表中单击选择动画效果，即可预览并应用该动画效果，如图 3.3 - 80 所示。

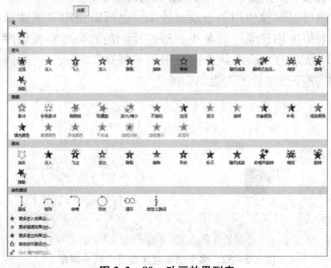

图 3.3 - 80 动画效果列表

PowerPoint 2016 提供了四种不同类型的动画效果：

①进入：设置对象进入幻灯片的动画效果，例如：飞入、弹跳。

②退出：设置对象退出幻灯片的动画效果，例如：淡出、飞出。

③强调：设置强调对象的动画效果，例如：加深、补色。

④动作路径：设置对象的运动路径，并可对路径进一步调整，例如：弧形，如图 3.3 - 81 所示。

图 3.3 - 81 弧形路径

此外，在"动画"下拉列表中包含了"更多进入效果""更多强调效果""更多退出效果""其他动作路径"4 种选项，用户可以有更多的选择。

对于已经选择的动画效果，可以单击"效果选项"下拉箭头，在下拉列表中进一步设置效果属性。不同的动画效果，其效果选项也不同。

（2）使用"添加动画"下拉按钮设置。选择需要设置动画的对象，打开"动画"选项卡，在"高级动画"组中单击"添加动画"下拉按钮，同样可以打开动画效果下拉列表，从中选择所需动画即可。

一个对象可以单独使用一个动画效果，也可以使用"添加动画"功能，将多个动画效果应用到同一对象中，幻灯片上的对象也将按顺序编号标记。如图 3.3 - 82 所示的水滴形状分别应用了"弹跳"进入、"陀螺旋"强调、"弧形"动作路径和"轮子"退出动画。

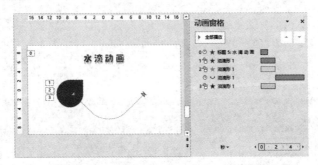

图 3.3 - 82 多个动画效果应用于同一对象

2. 使用动画窗格

打开"动画"选项卡，在"高级动画"组中单击"动画窗格"按钮，打开动画窗格，显示了所有动画列表。

在"动画窗格"中，每个动画为一行，左侧数字表示已设置的动画顺序。星星标识的颜色代表不同类型的动画，其中，进入动画为绿色，强调动画为黄色，退出动画为红色；如果是动作路径动画，则用路径形状标识。

右侧的矩形直观地显示该动画开始时间（矩形开始位置）、结束时间（矩形结束位置）、持续时长（矩形长度）和类型（进入动画为绿色，强调动画为黄色，动作路径为蓝色，退出为红色）。

在"动画窗格"中选中任一动画，其右侧将显示下拉箭头，单击打开下拉列表，可对该动画进行更多设置。其他按钮功能说明见表 3.3 - 4。

表 3.3 - 4　"动画窗格"按钮功能

按　钮	功　能
▶ 全部播放	预览所在幻灯片的全部动画效果；选择任一动画后，显示"播放自"，则从当前动画开始播放；可随时停止播放
▲	将所选动画播放顺序向前调整
▼	将所选动画播放顺序向后调整
秒 ▼	放大或缩小矩形时长的显示
◀ 0 2 4 ▶	向前或向后调整矩形时长的显示

3. 设置动画计时

PowerPoint 2016 默认动画效果的播放时长和速度是固定的，且在单击后开始播放下一个动画，用户可以另行设置，常用以下方式：

（1）在"计时"组中设置。选择已设置动画的对象，打开"动画"选项卡，在"计时"组中设置不同属性，如图 3.3 - 83 所示。

① "开始"下拉列表：设置动画开始的时间。

● "单击时"：动画在单击鼠标时开始播放。

● "与上一动画同时"：动画开始播放的时间与列表中上一个动画播放的时间相同。

● "上一动画之后"：列表中的上一个动画效果完成之后，播放该对象设置的动画。

② "持续时间"数值框：设置动画播放的持续时间。

③"延迟"数值框：设置动画延迟一段时间后播放。

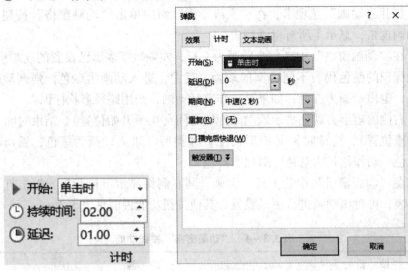

图 3.3-83　"计时"组　　　　图 3.3-84　"计时"选项卡

（2）在"计时"选项卡中设置。在动画窗格中选择需要设置"计时"的动画，单击其右侧的下拉箭头，打开下拉列表，选择"计时"命令，在打开的对话框中选择"计时"选项卡，设置开始时间、延迟时间和期间，如图 3.3-84 所示。

（3）在"动画窗格"中使用鼠标设置。在"动画窗格"中选择动画后，其右侧的矩形表示该动画的起止时间和持续时长。鼠标指向矩形左侧边框，呈双向箭头显示，拖动即可设置动画的开始时间；鼠标指向矩形右侧边框，呈双向箭头显示，拖动即可设置动画的结束时间；拖动矩形，可设置动画起止时间，并保持时长不变，如图 3.3-85 所示。

图 3.3-85　鼠标拖动设置动画时间

若"动画窗格"中没有显示矩形，可在动画上右击，弹出快捷菜单，选择"显示高级日程表"命令，即可显示。

4. 使用动画刷

在 PowerPoint 2016 的演示文稿中，若有多个幻灯片对象需要设置相同的动画效果，使用动画刷将更加高效便捷。具体步骤如下：

（1）在幻灯片中选择已设置动画效果的对象。

（2）在"动画"选项卡的"高级动画"组中单击"动画刷"按钮。

（3）将光标移动到需要设置相同动画效果的对象上，单击即可为该对象应用复制的动画效果。

5. 使用触发器

在 PowerPoint 2016 中，使用触发器功能，可以在单击某个对象时，触发特定对象的动画效果。触发器可以是图片、文字、文本框等，相当于一个按钮，单击时将触发另一个操作，该操作可以是播放音频、视频、动画等。

例如：将一幅图片设置为触发器，单击则显示与之相关的文字说明。基本思路如下：

（1）在幻灯片中输入文本、插入图片，并分别设置动画效果。

（2）在"动画窗格"中选择文本动画，单击其右侧的下拉箭头，在下拉列表中选择"计时"命令，默认打开该动画对话框的"计时"选项卡。

（3）单击"触发器"按钮，在展开的单选项中选择"单击下列对象时启动效果"，并在其右侧的下拉列表中选择图片对象，如图 3.3 – 86 所示。

（4）播放幻灯片时，鼠标指针指向图片，呈手指形状显示，单击图片，即可显示文本。

图 3.3 – 86　设置"触发器"

3.3.7 主题与母版

3.3.7.1 主题

在 PowerPoint 2016 中，使用主题可以使演示文稿中的幻灯片统一风格，包括应用统一的主题颜色、匹配背景、字体效果等，主题可以应用于幻灯片中的表格、SmartArt 图形或图表等不同对象。

1. 应用内置主题

PowerPoint 2016 内置了多种主题样式，用户可以根据需要选择合适的主题应用于当前演示文稿中。

打开"设计"选项卡，单击"主题"组中的"其他"按钮▼，在下拉列表中选择需要的主题，即可应用于当前演示文稿，如图 3.3 – 87 所示。

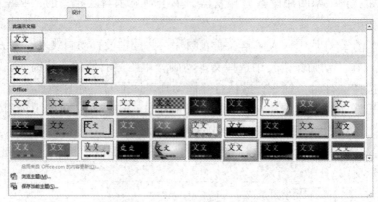

图 3.3 – 87　"主题"组下拉列表

2. 更改主题风格

设置主题之后，用户可在"设计"选项卡的"变体"组中选择该主题的其他风格样式。单击"其他"按钮▼，可进一步对主题的颜色、字体、效果、背景样式进行更改，如图 3.3 – 88 所示。如图 3.3 – 89 所示为设置主题，并更改主题颜色后的示例。

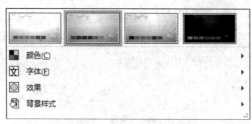

图 3.3 – 88　"变体"组

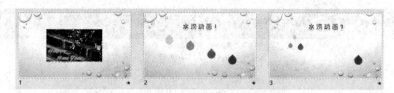

图 3.3 – 89 更改主题风格示例

3. 自定义主题颜色和字体

若系统内置的主题颜色和字体不能满足用户需求，可在"变体"组的下拉列表中，选择"颜色"→"自定义颜色"命令和"字体"→"自定义字体"命令，打开"新建主题颜色"和"新建主题字体"对话框，进行新的定义，如图 3.3 – 90 和图 3.3 – 91 所示。

图 3.3 – 90 "新建主题颜色"对话框　　　**图 3.3 – 91"新建主题字体"对话框**

3.3.7.2 幻灯片母版

在 PowerPoint 2016 中，可以通过设置母版的方法来使文档中幻灯片的风格保持一致，母版的内容和格式将应用于文档中的每一张幻灯片。幻灯片母版中存储了演示文稿的主题、幻灯片版式等信息，包括背景、颜色、字体、效果、占位符格式及页脚等。用户可以根据需要增减元素，设计幻灯片母版。

1. 打开与关闭幻灯片母版视图

（1）打开幻灯片母版视图。打开"视图"选项卡，在"母版视图"组中单击"幻灯片母版"按钮，即可打开幻灯片母版视图。其中，左窗格显示幻灯片母版及其下方可以控制的版式，在右窗格可对选择的幻灯片母版或版式进行编辑。单击母版，可对母版及其控制的版式进行统一设置，单击任一版式，可对该版式进行设置，如图 3.3 – 92 所示。

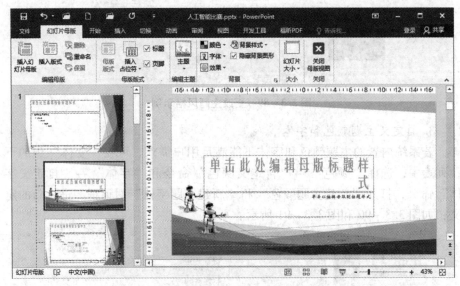

图 3.3 - 92 幻灯片母版视图

（2）关闭幻灯片母版视图。在幻灯片母版视图中，打开"幻灯片母版"选项卡，在"关闭"组中单击"关闭母版视图"按钮，即可关闭幻灯片母版视图。

2. 编辑幻灯片母版

进入幻灯片母版视图后，在"幻灯片母版"选项卡中，可以使用"编辑母版"组对幻灯片母版进行编辑。

（1）添加幻灯片母版。默认情况下，幻灯片只有一个母版，每个主题与一组版式相关联，每组版式又与一个母版相关联。如果要在同一个演示文稿中包含多个主题，就需要演示文稿包含多个母版，也就需要为演示文稿添加母版。

在"幻灯片母版"选项卡的"编辑母版"组中单击"插入幻灯片母版"按钮，可在左侧母版缩略图窗格的原母版及版式下方出现新添加的空白母版及版式，如图 3.3 - 93 所示。

关闭幻灯片母版视图后，打开"开始"选项卡，单击"幻灯片"组中的"新建幻灯片"下拉箭头，在下拉列表中可见新添加的母版，单击选择需要的版式即可应用于新建幻灯片。

（2）删除幻灯片母版。选择幻灯片母版，单击"编辑母版"组中的"删除"按钮，即可删除所选母版及其控制的版式。

图 3.3 – 93 添加幻灯片母版

（3）插入和删除版式。幻灯片母版中自带的版式较多，用户可以根据实际设计需求添加需要的版式和删除不需要的版式。

选择幻灯片母版，在"幻灯片母版"选项卡的"编辑母版"组中，单击"插入版式"按钮，即可在该组母版最后插入一张附带默认版式的幻灯片。选择需要删除的版式，单击"编辑母版"组中的"删除"按钮即可删除所选版式。

3. 设置幻灯片母版样式

（1）设置母版版式。母版版式定义了幻灯片中显示的内容、格式及位置信息，PowerPoint 2016 的默认版式中含有文本、图片、SmartArt 图形、表格、图表、视频、页脚等占位符，用户可以根据需要进行修改。

打开"幻灯片母版"选项卡，使用"母版版式"组中可以设置母版版式元素、占位符对象以及标题与页脚的显示与否。

此外，在"插入"选项卡中也可以设置页脚。单击"文本"组的"页眉和页脚"按钮，打开"页眉和页脚"对话框，进行设置，如图 3.3 – 94所示。

（2）编辑主题。打开"幻灯片母版"选项卡，在"编辑主题"组中单击"主题"下拉箭头，在下拉列表中选择需要的主题，统一幻灯片风格。

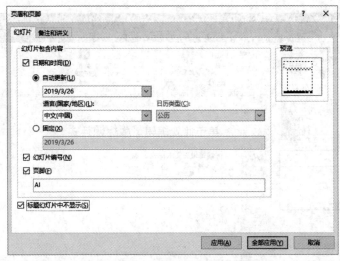

图 3.3－94 "页眉和页脚"对话框

（3）设置背景。打开"幻灯片母版"选项卡，使用"背景"组可以设置幻灯片背景，包括颜色系列的选择、字体、效果及背景样式的设置。

（4）设置幻灯片大小。在 PowerPoint 2016 中，幻灯片的大小默认为宽屏（16∶9），用户可以根据需要将其设置为标准大小（4∶3），或自定义幻灯片的大小。

打开"幻灯片母版"选项卡，在"大小"组中单击"幻灯片大小"下拉箭头，在弹出的下拉菜单中选择"标准大小（4∶3）"，也可以选择"自定义幻灯片大小"命令，打开"幻灯片大小"对话框，如图 3.3－95 所示。

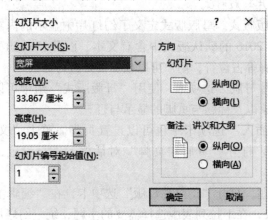

图 3.3－95 "幻灯片大小"对话框

其中：

① "幻灯片大小"下拉列表：选择预设的幻灯片大小。

② "宽度"数值框：设置幻灯片的宽度。

③ "高度"数值框：设置幻灯片的高度。

④ "幻灯片"单选项组：设置幻灯片的方向为纵向或横向。

⑤ "备注、讲义和大纲"单选项组：设置备注、讲义，以及大纲的显示和打印方向。

此外，在普通视图中也可以设置幻灯片大小。打开"设计"选项卡，在"自定义"组中单击"幻灯片大小"下拉箭头，打开下拉列表，进行选择设置。

3.3.8 演示文稿的放映

演示文稿制作完毕，即可按照预先设计好的顺序对幻灯片进行播放。PowerPoint 2016 不仅提供了强大的演示文稿的编辑功能，还提供了灵活的幻灯片放映方式，以及适合不同场合的放映类型。

3.3.8.1 设置演示文稿的放映属性

1. 设置放映方式

基于不同的目的与场合，演示文稿的放映方式也会有所不同。用户可以选择不同的幻灯片的放映类型、放映选项、放映幻灯片的范围以及换片方式和性能等。

打开"幻灯片放映"选项卡，在"设置"组中单击"设置幻灯片放映"按钮，打开"设置放映方式"对话框，如图 3.3 – 96 所示。用户可以在此选择不同的放映类型、设置放映选项、确定幻灯片放映的范围和幻灯片放映时的切换方式。其中：

（1）演讲者放映（全屏幕）：这是系统默认的全屏放映方式，最为常见。在这种放映方式下，演讲者具有完全控制权，可以根据观众的反应调整放映速度和演讲节奏，还可以暂停下来进行讨论，一般用于召开会议时的大屏幕放映、联机会议或网络广播等。

（2）观众自行浏览（窗口）：在这种模式下，幻灯片从窗口放映，在下方状态栏中提供翻页和菜单按钮，或使用 Page Up/Page Down 键控制幻灯片的播放；也可在放映时右击弹出快捷菜单，定位、复制、编辑和打印幻灯片。常用于在局域网或 Internet 中浏览演示文稿。

（3）在展台浏览（全屏幕）：采用该放映类型，无需专人控制，可以自动全屏放映。使用该放映类型时，超链接等控制方式将失效。幻灯片播放结束后，自动返回第一张重新开始播放，直至按 Esc 键停止。使用该模式放映演示文稿，用户不能对其放映过程进行干预，需先设置每张幻灯片的放映时间，或预先设置排练计时，否则可能会长时间停留在某张灯片上。主要用于展览会的展台或会议中的某些部分需要自动演示等场合。

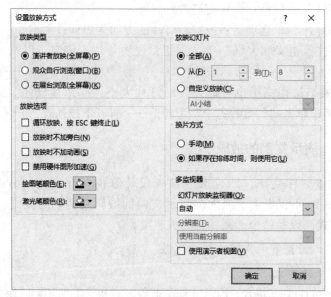

图 3.3 – 96　　"设置放映方式"对话框

2. 排练计时

排练计时是指将放映每张幻灯片的时间记录下来，之后放映演示文稿时，可按排练的时间和顺序进行放映，从而实现演示文稿的自动放映，也可作为演讲者的预讲时间统计。

打开"幻灯片放映"选项卡，在"设置"组中单击"排练计时"按钮，PowerPoint 2016 将自动切换到幻灯片映状态。此时，幻灯片左上角将显示"录制"工具栏，如图 3.3 – 97 所示，其按钮功能说明见表 3.3 – 5。

排练计时放映状态

"录制"工具栏

图 3.3 – 97　　排练计时

表 3.3 – 5 "录制"工具栏按钮功能

按　钮	功　能
➔	放映下一个对象
‖	暂停录制
�	重新计时
0:00:13 0:00:24	计时器，前者为当前幻灯片排练计时，后者为演示文稿排练总时长

放映过程中，"录制"工具栏数据不断更新。当最后一张幻灯片放映完毕，将打开 Microsoft PowerPoint 对话框，显示幻灯片播放的总时间，并询问用户是否保留该排练时间，如图 3.3 – 98 所示。单击"是"按钮，切换到幻灯片浏览视图，可以看到每张幻灯片下方均显示各自的排练时间。

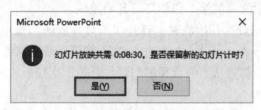

图 3.3 – 98　排练计时结束对话框

3. 录制旁白

放映演示文稿前，可以预录制演讲者的演说词，播放时会自动播放录。录制旁白时，应保证计算机中已经安装声卡和麦克风。

选择需录制旁白的幻灯片，打开"幻灯片放映"选项卡，在"设置"组中单击"录制幻灯片演示"下拉箭头，在弹出的下拉菜单中选择"从头开始录制"或"从当前幻灯片开始录制"命令，如图 3.3 – 99 所示。在打开的"录制幻灯片演示"对话框中选择或取消选择复选项，如图 3.3 – 100 所示，单击"开始录制"按钮，进入幻灯片放映状态，并开始录制旁白。录制过程中，按住 Ctrl 键，可以激活激光笔工具，指示演示文稿的重点部分。录制完成后，按 Esc 键退出幻灯片放映状态，返回普通视图，录制旁白的幻灯片中将出现声音图标。若要清除幻灯片计时或旁白，可在"录制幻灯片演示"的下拉菜单中使用"清除"命令。

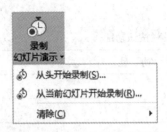 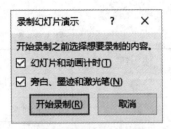

图 3.3 – 99　"录制幻灯片演示"下拉菜单　　图 3.3 – 100　"录制幻灯片演示"对话框

3.3.8.2　放映演示文稿

1. 直接放映

直接放映是演示文稿最为常用的放映方式，PowerPoint 2016 提供了以下两种方法：

（1）从头开始放映：打开"幻灯片放映"选项卡，在"开始放映幻灯片"组中单击"从头开始"按钮，或直接按 F5 键，则无论当前选择了哪张幻灯片，都将从演示文稿的第 1 张幻灯片开始放映。

（2）从当前幻灯片开始放映：打开"幻灯片放映"选项卡，在"开始放映幻灯片"组中单击"从当前幻灯片开始"按钮，或在状态栏中单击"幻灯片放映"按钮，都将从当前选择的幻灯片开始依次往后放映。

2. 自定义放映

"自定义放映"是指通过创建自定义放映，使一个演示文稿既可以放映全部幻灯片，也可以放映其中的部分幻灯片，即将一个演示文稿中的多张幻灯片重新组成一个子演示文稿进行放映。基本步骤如下：

（1）打开演示文稿。

（2）打开"幻灯片放映"选项卡，在"开始放映幻灯片"组中单击"自定义幻灯片放映"下拉箭头，打开"自定义放映"对话框，如图 3.3 – 101 所示。

（3）单击"新建"按钮，打开"定义自定义放映"对话框。

图 3.3 – 101　"自定义放映"对话框

（4）设置"幻灯片放映名称"，选择"在演示文稿中的幻灯片"列表中的幻灯片，单击"添加"按钮，将其添加到"在自定义放映中的幻灯片"列表中，如图 3.3 – 102 所示。

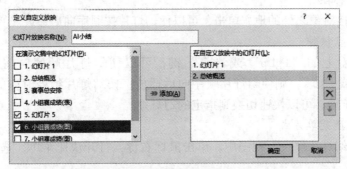

图 3.3 – 102　自定义放映演示文稿

（5）单击"确定"按钮，返回至"自定义放映"对话框，在"自定义放映"列表中显示新创建的放映。

（6）单击"关闭"按钮。

放映自定义的演示文稿时，可在"幻灯片放映"选项卡的"开始放映幻灯片"组中单击"自定义幻灯片放映"的下拉箭头，在下拉列表中选择需要放映的名称即可。

3. 在演讲者视图中放映

在使用演示文稿演讲过程中，开启演讲者模式，相当于打开提词器，方便演讲者讲解。

在"幻灯片放映"视图中，单击鼠标右键，在弹出的快捷菜单中选择"显示演讲者视图"命令，屏幕左边显示当前幻灯片内容，右边显示备注及下一张幻灯片内容，如图 3.3 – 103 所示。演讲的时候，观众只能看到当前幻灯片的内容，而看不到其他。

图 3.3 – 103　演讲者视图

3.3.8.3　控制演示文稿的放映

演示文稿播放过程中，用户可以使用不同的方式进行控制：

1. 鼠标操作

在链接对象之外的地方单击，可以使幻灯片按顺序向后播放。

2. 键盘操作

按键盘上的"PgUp"或"↑"键，可以使幻灯片顺序向前播放，按
"PgDn"或"↓"，则使幻灯片顺序向后播放；按幻灯片编号对应的数字键，
再按 Enter 键，可以快速切换到指定的幻灯片。

3. 快捷菜单方式

在"幻灯片放映"视图中，单击鼠标右键，打开快捷菜单，选择相应的
菜单命令。

演示文稿为"演讲者放映"类型时，快捷菜单如图 3.3－104 所示，可以
进行翻页，也可以查看所有的幻灯片。主要命令功能说明见表 3.3－6。

表 3.3－6　"演讲者放映"快捷菜单主要命令功能表

命　令	功　能
下一张	放映下一个对象，也可单击鼠标、按空格、Enter 及 PgDn 键
上一张	放映上一个对象，也可按 Backspace 及 PgUp 键
查看所有幻灯片	显示所有幻灯片缩略图，按 Esc 键返回幻灯片放映视图，单击任一缩略图可放大幻灯片显示
屏幕	暂停幻灯片放映，设置屏幕显示为黑屏或白屏；单击鼠标或按 Esc 键，可继续放映；也可在放映过程中，按 B 键设置黑屏，按 W 键设置白屏
指针选项	放映演示文稿的过程中，使用选择的画笔在幻灯片上指示或标记
暂停	暂停演示文稿的放映，在快捷菜单中选择"恢复"则可继续放映
结束放映	结束幻灯片放映，也可按 Esc 键

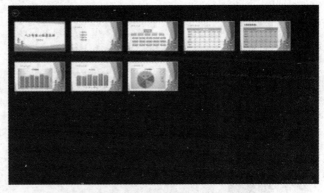

图 3.3 - 104　"演讲者放映"快捷菜单及查看所有幻灯片

演示文稿为"观众自行浏览"类型时，快捷菜单如图 3.3 - 105 所示，其中，"定位至幻灯片"可以跳转到指定幻灯片。

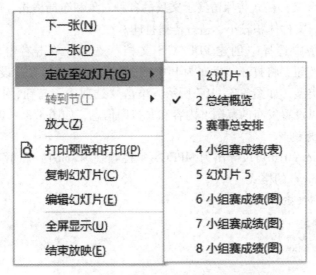

图 3.3 - 105　"观众自行浏览"快捷菜单

3.3.9　演示文稿的导出与打印

3.3.9.1　导出演示文稿

基于不同的需求，演示文稿可以导出为不同的格式。

执行"文件"→"导出"命令，打开"导出"窗口，如图 3.3 - 106 所示，用户可根据需要选择不同的选项。

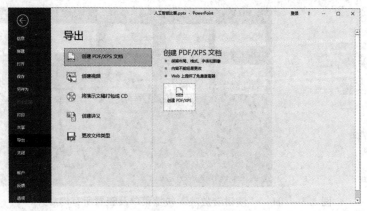

图 3.3 – 106　"导出"窗口

1. 导出为 PDF/XPS 文档

PDF/XPS 文档格式将保留演示文稿的各种对象和布局格式，可查看内容，但不能修改，文件体积较小，适合传播打印。

在左窗格中选择"创建 PDF/XPS 文档"选项，单击右窗格中"创建 PDF/XPS"按钮，将打开"发布为 PDF 或 XPS"对话框，在此设置发布的位置、名称和类型，如图 3.3 – 107 所示。单击"选项…"按钮，打开"选项"对话框，可以设置发布的范围、内容和非打印信息，如图 3.3 – 108 所示。

2. 导出为视频

PowerPoint 2016 可以导出为 MPEG – 4 视频（＊.mp4）和 Windows Media 视频（＊.wmv）的格式。

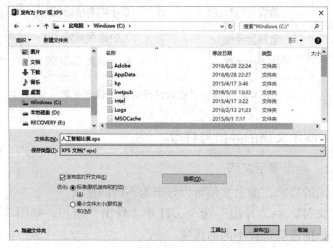

图 3.3 – 107　"发布为 PDF 或 XPS"对话框

图 3.3 – 108　"选项"对话框

在左窗格中选择"创建视频"选项，在右窗格中选择视频分辨率、是否使用录制的计时和旁白，以及每张幻灯片的放映时长，如图 3.3 – 109 所示。单击"创建按钮"按钮，将打开"另存为"对话框，在此设置视频保存的位置、名称和类型。

图 3.3 – 109　导出为视频

3. 将演示文稿打包成 CD

若要在其他未安装 PowerPoint 2016 的计算机上放映演示文稿，可以将演示文稿打包。打包就是将演示文稿和它所链接的声音、影片、文件组合在一起，复制到磁盘或 CD 上，携带至其他计算机中放映。

在左窗格中选择"将演示文稿打包成 CD"选项，单击右窗格中"打包成 CD"按钮，将打开"打包成 CD"对话框，如图 3.3 – 110 所示，在此选择设置打包文件及复制目标位置。

（1）复制到 CD：将演示文稿及其链接的各种媒体文件一次性打包到 CD 上。

（2）复制到文件夹：将演示文稿及其链接的各种媒体文件一次性打包到指定的文件夹中。

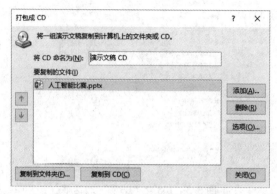

图 3. 3 – 110　"打包成 CD"对话框

4. 创建讲义

讲义可以提示讲稿内容，辅助演讲者进行演讲。用户可以在 PowerPoint 2016 中创建讲义，将幻灯片及备注粘贴到 Word 文档中。

在左窗格中选择"创建讲义"选项，单击右窗格中"创建讲义"按钮，将打开"发送到 Microsoft Word"对话框，如图 3. 3 – 111 所示，选择讲义版式及幻灯片添加到 Word 中的方式。系统将创建一个新的 Word 文档，并按指定版式显示幻灯片及备注。

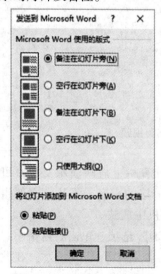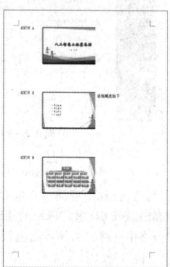

图 3. 3 – 111　"发送到 Microsoft Word"对话框及"备注在幻灯片旁"讲义

3.3.9.2 打印演示文稿

演示文稿制作完毕，可以通过打印设备输出幻灯片、大纲、演讲者备注及讲义等。在普通视图、大纲视图、备注页视图和幻灯片浏览视图中，都可以进行打印工作。打印之前，应先进行页面、打印属性等相关设置，并预览演示文稿的打印效果，满意后，连接打印机进行打印。

执行"文件"→"打印"命令，打开"打印"窗口，如图3.3-112所示。可在左窗格进行打印属性设置，在右窗格预览演示文稿效果。打印属性功能说明见表3.3-7。

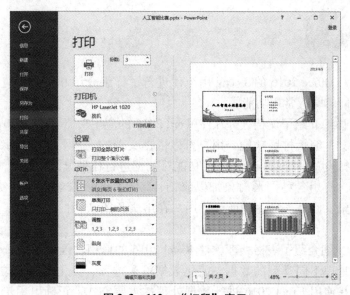

图3.3-112 "打印"窗口

表3.3-7 打印属性功能表

属 性	功 能
打印	打印机按已设置的属性打印演示文稿
"份数"数值框	设置打印的份数
"打印机"下拉列表	选择打印机
"打印全部幻灯片"下拉列表	设置打印范围。用户也可在"幻灯片"文本框中输入需要打印的幻灯片编号，相邻幻灯片用"-"连接，不相邻幻灯片用","分隔，如："1，3，6-9"

续表

属　　性	功　　能
"整页幻灯片"下拉列表	设置打印的版式、边框和大小等
"单面打印"下拉列表	设置单面或双面打印
"调整"下拉列表	设置打印时的顺序
"纵向"下拉列表	设置打印纸张的方向
"灰度"下拉列表	设置打印时的颜色

本章小结

　　本章对 Office 2016 的 3 个常用组件进行了详细介绍和说明，使读者通过本章学习能够掌握常用功能。

　　（1）详细介绍了文档处理软件 Word 2016 的应用功能。Word 2016 具有丰富强大的文本编辑排版功能，用户可以依据文档的性质要求，对字符、段落或页面进行设置、排版；使用表格功能对数据进行梳理分类，使之简明清晰、一目了然；使用各种图形对象加以修饰，最终实现图文表混排；使用大纲、注释、目录、修订与批注功能，使用户在编辑长篇文档的过程中，更加高效方便。

　　（2）详细介绍了表格处理软件 Excel 2016 的应用功能。使用 Excel 2016，能够有效管理不同类型的数据，简化数据输入过程、美化表格形式；公式和函数功能是使用 Excel 2016 进行数据处理的重要方式，正确引用单元格，能够使数据处理更加快速准确；图表是工作表中数据的图形化，可方便用户查看数据的差异、份额和预测趋势；排序、筛选、分类汇总、透视表等功能，使用户能够高效地进行数据分析。

　　（3）详细介绍了演示文稿制作软件 PowerPoint 2016 的应用功能。PowerPoint 2016 是集合了多种媒体元素、方便易用的展示平台，使用文字、图片、动画、音频、视频等不同对象，可以让观众从多角度、全方位了解展示内容；使用模板、主题或设置母版的方法，能够统一演示文稿中的幻灯片风格，使之更加协调；根据不同需求，制作讲义、备注或打印大纲，方便演讲者使用。

第4章　计算机网络技术及 Internet 应用

📖 本章学习目标 。

1. 了解计算机网络的发展、概念、功能、组成与分类。
2. 掌握局域网基础知识。
3. 掌握以太网与无线局域网技术与应用。
4. 掌握 Internet 基础知识与基本应用。

本章首先介绍计算机网的发展历程、计算机网络的基本概念、计算机网络的基本结构，再介绍局域网基础技术，最后介绍 Internet 的基础知识以及 Internet 常用功能及应用。

4.1　计算机网络技术概述

人类社会发展进程中，生产工具往往代表着生产力的发展水平。网络技术的诞生及快速发展，已然把我们带入了信息化时代，人们的工作、生活和学习等方方面面均因网络技术这一新型的生产工具而产生了巨大的变化，网络技术也给社会带来了快速的发展与巨大的变革。

计算机网络技术是计算机技术与通信技术相结合的产物，是当今信息社会重要的基础设施，支撑着云计算、物联网、大数据、人工智能等新技术的应用与发展。

4.1.1　计算机网络的产生与发展

世界上任何一项新技术的诞生往往需要具备两个条件：一是技术储备；二是社会强烈的需求。计算机网络技术也是如此：一方面，通信技术已经应用，当时运算速度最快的电子计算机也已经诞生；另一方面，人们对资源共享和快速的信息交流有了迫切的需要，所以，计算机网络技术就应运而生。计算机网络技术从发展初期到逐渐成熟大致经历了四个阶段：

1. 主机—终端系统阶段

20世纪50年代，计算机技术处于发展初期，计算机价格昂贵，数量很少，只能集中管理和共享使用，一些远程用户希望能方便地使用这种高速计算工具，这种需求成为研究人员努力的方向。为了能实现远程访问计算机，人们尝试利用通信线路将处于不同地理位置的终端设备与远程计算机相连，这样可以通过终端将计算任务提交给远程计算机，任务的提交和计算机运算的结果通过通信线路进行传输，处理结果从用户的终端输出。这样在多用户分时系统的帮助下，使得多个远程用户可以同时共享同一台计算机资源。这便是计算机网络的雏形"主机—终端系统"。该系统的特点是：终端不具备计算能力，只负责输入输出任务，中央主机是稀缺资源，主要完成计算任务，中央主机与终端通过电话线路连接，实现数据的传输。这种资源管理方式极大地方便了远程用户，提高了工作效率和计算机的利用率。主机—终端系统的组成如图4.1-1所示。

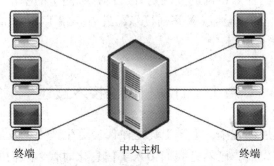

终端　　　　　　　　　中央主机　　　　　　　　　终端

图4.1-1　主机—终端系统

在使用该系统的过程中，人们发现两个缺点：一是其中央主机系统的负荷较重，它既要承担数据计算任务，又要负责通信管理任务；二是对于远程终端来讲，一条通信线路只能与一个终端相连，通信线路的利用率很低。为了减轻主机的负担，研究人员发明了一种专司数据通信管理的工具——通信控制处理机，用来承担所有的通信管理任务，而让中央主机专注数据计算工作，从而大大提高中央主机数据处理的效率。另外，在远程终端较密集的地方增加另一种通信控制处理机——集线器，它的一端用低速线路与多个终端相连，另一端则用一条较高速率的线路与中央主机相连。这样就实现了多台终端共享一条远程通信线路，充分提高了通信线路的利用率。如图4.1-2所示。这样就形成中央主机—通信控制处理机—终端互连的系统，主机仅负责数据处理，与远程用户间的通信和交互工作完全由通信控制处理机完成，大大提高整体效率。

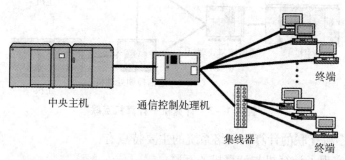

图 4.1 - 2　改进的主机——终端系统

主机——终端系统的主要特点有：

（1）终端只实现输入输出功能，不是一台计算机。

（2）主机和终端通过电话线路相连。

（3）主要实现硬件资源的共享。

（4）其突出的技术贡献是成功地将通信技术与计算机技术相结合，形成的计算机网络的雏形。另外，在通信协议和通信控制设备上进行了有益的探索。

主机——终端系统的典型应用是美国航空公司 20 世纪 60 年代初投入使用的、由 IBM 公司开发的航空订票系统（SABRE），该系统由一套中央计算机与分布在美国各地的二千多台终端组成，提供全美国范围内的航空订票服务，这套系统将传统的业务处理时间缩短至几秒钟。到 1978 年，SABRE 达到了每天可以处理一百万张机票的历史纪录。

2. 计算机网络系统阶段

20 世纪 60 年代，随着电子材料业与计算机制造业的快速发展，计算机体积变小、性能进一步提高，且价格不断降低，使单位或部门购买和拥有多台计算机成为可能。此时，相对而言，计算机不再是稀缺资源，用户把注意力转移到信息的共享方面。这种强烈的需求促使研究人员想办法将分布在不同地方、不同部门的多台计算机用通信线路和通信控制处理机连接起来，这样便可以相互交换数据、传递信息，且每个相连的计算机都具有独立的数据处理能力。这种将计算机—计算机互联的系统就是最初的、真正意义上的计算机网络，如图 4.1 - 3 所示。

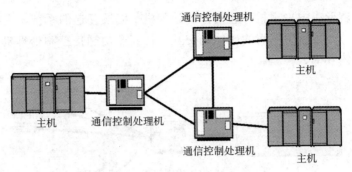

图 4.1 – 3 计算机—计算机互联

这种多机互联的计算机网络系统的主要特点有：

（1）实现了计算机与计算机的互联。

（2）实现了软、硬件资源的共享。

（3）对计算机网络进行了描述并从逻辑上划分了通信子网与资源子网。

（4）主要技术贡献是实现了数据传输中的分组交换技术（如图 4.1 – 4 所示），同时出现了以 TCP、IP 为代表的网络协议。

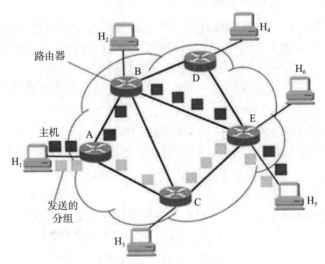

图 4.1 – 4 分组交换示意图

本阶段的计算机网络的典型代表是阿帕网（ARPANET）。二战结束后，美国国防部高级研究计划署出资开始研究更具有实时性、可靠性的通信网络，即使网络的一部分遭受攻击也不影响其他部分正常的通信工作。1969 年，ARPANET 实验成功，它采用分组交换技术，通过专门的通信控制处理机和通信线路，将美国几所大学的计算机连接起来，以实现主机间的相互通信和资源共享。ARPANET 起初用于军事研究，只连接了 4 台计算机，后来逐渐发展扩大，到 1975 年时已有一百多台主机接入网络，并开始投入开发 TCP/IP 协议。ARPANET 作为早期的骨干网，较好地解决了网络互联的一系列理论和技术问题，奠定了因特网快速发展的基础。

3. 标准化的计算机网络阶段

20 世纪 70 年代，ARPANET 的研究成果促进了广域网和局域网技术的快速发展，各大公司开始推出自己开发设计的局域网标准及相关的软硬件产品，例如，IBM 公司的 SNA（System Network Architecture）、DEC 公司的 DNA（Digital Network Architecture）等，但由于各公司遵循的网络标准各异，不同厂商的产品很难实现彼此兼容，不同类型的网络之间也不能互联互通，因此出现网络发展的壁垒。人们为了追求自由地选择网络硬件设备，方便地完成不同网络之间的互联，实现最大程度的资源共享，迫切需要一个标准化的网络体系结构。为此，国际标准化组织（International Organization for Standardization，ISO）经过组织相关专业技术部门研究，于 1974 年推出了第一个开放系统互连参考模型 OSI/RM，并于 1983 年正式发布为国际标准。与此同时，TCP/IP 参考模型也诞生了，并于 1983 年全面应用于 ARPANET。于是，OSI/RM 体系结构和 TCP/IP 体系结构成为国际网络通用体系结构的核心，从而建立起了一个开放式的、标准化的计算机网络。其中，典型的局域网结构如图4.1 -5 所示。

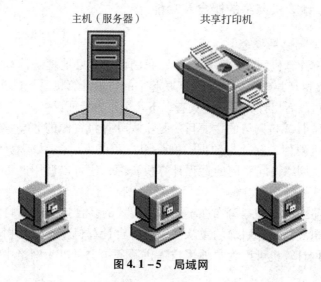

图 4.1 -5　局域网

这一阶段的计算机网络的主要特点有：

（1）局域网技术大量应用。

（2）网络体系结构的国际标准推出。

（3）互联网的行业标准已经完善。

（4）主要的技术贡献是网络体系结构的标准化研究取得重大成果：OSI参考模型、TCP/IP参考模型均发布，促进更大规模的网络互联。

4. 高速互联网发展阶段

20世纪80年代末，局域网技术已经基本成熟，数字通信开始出现，光纤的应用使得远距离通信技术获得快速发展，计算机网络开始朝着综合化、高速化全方位发展，文件传输、电子邮件、信息服务系统等业务和应用被相继开发出来，网络主机群的协同能力增强，多媒体和智能网络诞生，以因特网为代表的互联网覆盖全球，网络技术进入飞跃阶段。

进入21世纪之后，计算机网络技术与应用取得飞跃式发展。从原来局域网之间的数据传输变成了遍布全球的、开放集成的、可承载多种应用的异构网络互联格局，对各国的政治、文化、经济、军事等各方面都产生了重要而深远的影响。随着技术的进步，信息产业领域的形势瞬息万变，大数据、云计算、物联网技术和移动通信技术快速发展，为用户提供了更丰富、更便利的服务。下一代网络致力于实现固定与移动、话音和数据的融合，通信将不受时间、空间和带宽的限制，整个网络基础体系都将发生革命性的改变。

4.1.2　计算机网络的概念及功能

1. 计算机网络的概念

通过了解计算机网络的发展过程，我们可以更好地理解计算机网络的定义："以能够相互共享资源的方式互联起来的自治计算机系统的集合。"通过定义，我们可以看出计算机网络具有以下几个主要特征：

（1）建立计算机网络的主要目的是实现计算机资源的共享。计算机资源主要指计算机硬件、软件与数据。网络用户不但可以使用本地计算机资源，而且可以通过网络访问联网的远程计算机资源，还可以调用网络中的几台计算机协同完成一项任务。

（2）互联的计算机是分布在不同地理位置的多台独立的"自治计算机"。互联的计算机之间没有明确的主从关系，每台计算机都可以自由地联网或脱网工作。联网计算机可以为本地用户提供服务，也可以为网络中合法的远程用户提供服务。

（3）联网计算机之间的通信必须遵循共同的网络协议。计算机网络是由多个互联的结点组成的，结点之间要做到有条不紊地交换数据，每个结点都必须遵守一些事先规定好的通信规则。这就如同人们之间的对话，需要大家都说同样的语言，如果一人说汉语而另一人说英语，这时他们就无法直接沟通。

随着 Internet 与三网融合技术的发展，联网计算机的概念开始发生变化。联网设备已经从大型计算机、个人计算机、PDA，逐步扩展到移动数字终端、智能手机、电视机、家用电器等各种智能数字设备。但是，无论接入网络的数字终端设备的类型如何变化，这些接入设备都具有几个相同的特点，即内部都有 CPU、操作系统与执行网络协议的软件，都属于端系统中的设备。不同之处是：由于应用领域与功能的不同，接入设备使用的 CPU、操作系统与网络软件的性能规模与功能可能不同。在计算机网络技术的讨论中，将各种端系统中的设备称为主机（Host）。

另外，在讨论计算机网络的基本概念时，有一些术语容易混淆，我们要认真区分：

（1）计算机网络（Computer Network）：计算机网络表示的是用通信技术将大量独立计算机系统互联起来的集合。计算机网络有各种类型，例如广域网、城域网、局域网等。

（2）网络互联（Internetworking）：网络互联是描述将多个计算机网络互联成大型网络系统的技术术语。

（3）Internet 或因特网、互联网是专用名词，专指目前广泛应用的覆盖了全世界的大型网络系统。因此，Internet 不是一个单一的广域网、城域网或局域网，而是由很多种网络互联起来的网际网。

（4）Intranet 指内部网，一个使用与因特网同样技术的计算机网络，它通常建立在一个企业或组织的内部，并为其成员提供信息的共享和交流等服务，不连接或不直接连接到 Internet。

2. 计算机网络的功能

计算机网络从诞生到现在，功能越来越丰富，应用越来越广泛，但其主要功能还是体现在以下四个方面：

（1）资源共享。资源共享是计算机网络最主要的功能。这一点我们可以从计算机网络的发展史看出。从第一代计算机网络开始，其主要目的就是共享硬件，之后是共享数据，进而是更大程度的共享。所以，计算机网络不断发展的驱动力是共享资源，其最终的目标亦是实现更大程度的资源共享。而共享的资源包括网络中的硬件、软件和数据资源。

①硬件资源：包括各种类型的计算机、大容量存储设备、计算机外部设备，如彩色打印机、静电绘图仪等。

②软件资源：包括各种应用软件、工具软件，系统开发所用的支撑软件、语言处理程序、数据库管理系统等。

③数据资源：方便用户访问的各类大型信息资源库、办公文档资料、企业生产报表等。

（2）文件传输。文件传输是计算机网络的一项基本功能，试想一下，如果没有计算机网络，要把一个文件分发给其他人就只能通过磁盘、光盘、U盘等存储介质来进行复制，这样即使在同一间办公室，也会感到十分不方便。

计算机网络技术使文件传输更为方便，且具有传输数据格式丰富、速度快、容量大、费用低、无需时时在线等优势。比如，我们随时可以通过QQ、微信等即时通工具软件发送和接收文字、图片、语音、视频等各种格式的文件，不仅速度快，而且价格低廉，受到广大用户的喜爱。

（3）分布式处理。当网络中某台计算机的任务负荷太重时，通过网络将不同地点的、具有不同功能的或拥有不同数据的多台计算机通过通信线路连接起来，在控制系统的统一管理控制下分工协作，完成大规模信息处理任务。

（4）提高计算机的可靠性和可用性。计算机网络中的每台计算机都可通过网络连接互为备份。一旦某台计算机出现故障，它的任务就可由备份的计算机代为完成，这样可以避免在单机情况下，一台计算机发生故障引起整个系统不能提供正常服务的现象，从而提高系统的可靠性。而当网络中的某台计算机负担过重时，网络又可以将新的任务交给较空闲的计算机完成，均衡负载，从而提高每台计算机的可用性。

4.1.3　计算机网络的组成

网络变得越来越庞大，结构也越来越复杂。人们在认识网络时，往往从逻辑功能和物理构成两方面来了解计算机网络的组成。

1. 从逻辑功能角度看

一个完整的计算机网络从逻辑上由两大部分组成，如图4.1－6所示。一部分称为通信子网，由通信线路和通信设备组成，通信线路实现网络连接，完成数据传输任务；通信设备用于数据的转储及管理。通信子网负责将数据从一个结点准确、可靠地从送到另一个结点。另一部分称为资源子网，由主机、其他终端设备和软件组成，主要负责全网的数据处理和向网络用户提供网络资源和网络服务。

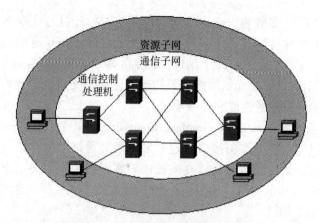

图 4.1 - 6 通信子网与资源子网

2. 从物理构成角度看

一个完整的计算机网系统是由网络硬件系统和网络软件系统组成的，网络硬件是计算机网络系统的物理实现，网络软件是网系统中的技术支持，二者相互作用，共同实现网络功能。

（1）网络硬件系统。网络硬件系统一般是指网络中的计算机、传输介质和通信设备等。计算机网络硬件系统是由计算机（服务器、客户机）、通信设备（路由器、交换机）、通信线路（双绞线，光纤）等构成的。

①服务器（Server）：在一般的局域网中，服务器是为用户提供各种服务的计算机，因此对其有一定的技术指标要求，特别是主、辅存储容量及其处理速度要求较高。根据服务器在网络中所提供的服务不同，可将其划分为文件服务器、打印服务器、通信服务器、域名服务器、数据库服务器等。

②客户机（Client）：除服务器外，网络上的其他计算机主要是通过执行应用程序来完成工作任务的，这种计算机称为网络客户机或工作站，用户主要通过使用客户机来访问网络资源并完成自己的任务。

③路由器（Router）：路由器是网际互联设备，用于连接各种网络，可以把多个不同类型、不同规模的网络彼此连接起来，组成一个更大范围的网络。路由器的主要功能是存储转发数据，并为数据包找到一条最佳路径。如图 4.1 - 7 所示。

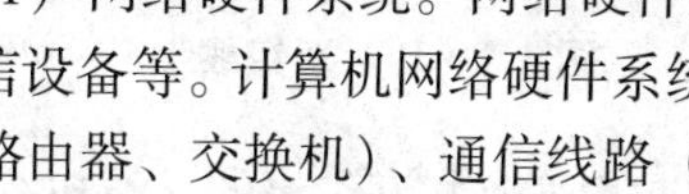

图 4.1 - 7 路由器

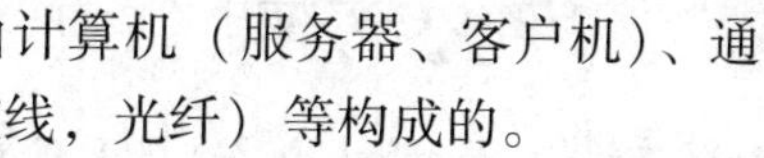

图 4.1 - 8 交换机

④交换机（Switch）：交换机采用交换方式工作，能够将多条线路的端点

集中连接在一起，支持端口工作站之间的多个并发连接，实现多个工作站之间数据的并发传输，而且每个端口都可视为独立的，相互通信的双方独自享有全部带宽，交换机通常有多个端口，例如 8 端口、16 端口、24 端口等，如图 4.1-8 所示。目前，局域网内主要的连接设备是交换机，其可以增加局域网带宽，改善局域网的性能和服务质量。

⑤网络适配器（Network Interface Controller，NIC）：网络适配器又称网卡，通过总线与计算机设备接口相连，另一端又通过电缆接口与网络传输介质相连。目前，大多数网卡集成在主板中。客户机中主要使用 PCI 总线结构的网卡和 USB 接口的网卡，如图 4.1-9 所示。安装网卡后，还要进行协议的配置，例如 TCP/IP 协议。

 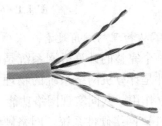

图 4.1-9　网卡　　　　　　　　图 4.1-10　双绞线

⑥双绞线（Twisted Pair，TP）：双绞线是由两条相互绝缘的导线扭绞而成，一般有 4 对线，外部套上护套，如图 4.1-10 所示。双绞线分为屏蔽双绞线（STP）和非屏蔽双绞线（UTP）。屏蔽双绞线在电缆护套内增加一屏蔽层，能更有效地防止外界的电磁干扰。双绞线组网方便，价格最便宜，应用广泛，目前常用的是第五类双绞线，其最大传输率为 100Mbps，传输距离小于 100m。

⑦光纤（Optical Fiber）：光纤是光导纤维的简称，是一种传输光信号的介质，如图 4.1-11 所示。光纤主要由纤芯、包层和外套组成，如图 4.1-12 所

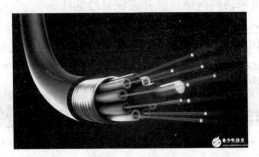

图 4-11　光纤

示。根据性能的不同，光纤分多模光纤和单模光纤，多模光纤可同时传输多路光信号，其传输距离较短，仅为数百米至数千米，常用于局域网中。单模光纤传输的距离远，可传输数十公里，且具有很高的带宽，通常用在主干网中。

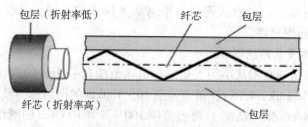

图 4 - 12　光纤结构及原理

⑧无线传输介质（Wireless Transmission Media）：无线传输介质是指利用无线电波在自由空间的传播，可以实现多种无线通信。在自由空间传输的电磁波，根据频谱可分为无线电波、微波、红外线、激光等，信息被加载在电磁波上进行传输。

（2）网络软件系统。在计算机网络系统中，除了各种网络硬件设备外，还必须具有网络软件，比如网络操作系统、网络协议、网络管理软件等。

网络操作系统是网络软件系统中最主要的软件，用于实现不同主机之的用户通信，以及全网硬件和软件资源的共享，并向用户提供统一的、方便的网络接口，便于用户使用网络。目前流行的网络操作系统主要有 UNIX、LINUX、NetWare 和 Windows Server 等。

网络协议是网络通信的数据传输规范，网络协议软件是用于实现网格功能的软件，目前典型的网络协议有 TCP/IP 协议、IPX/SPX 协议、IEEE 802 标准协议系列等。其中，TCP/IP 协议软件是当前网络互联应用最为广泛的协议软件。

网络管理软件是用来对网络资源进行管理和对网络进行维护的软件，如性能管理、故障管理、安全管理、网络运行状态监视与统计等。

网络通信软件是用于实现网络中各种设备之间进行通信的软件，使用户能够在不必详细了解通信控制规程的情况下控制应用程序与多个结点之间进行通信，并对大量的通信数据进行加工和管理的软件。

网络应用软件是为网络用户提供服务的软件，最重要的特征是它研究的重点不是网络中各自独立的计算机本身的功能，而是如何实现网络特有的功能。

4.1.4 网络的分类

按不同的标准，可以将网络分成不同的类别。比如，根据网络的覆盖范围的不同，可分为局域网、城域网、广域网；根据网络传输技术的不同，可分为广播式网络、点对点式网络；根据服务模式的不同，可以分为对等网、客户机/服务器网络等。

1. 按网络覆盖的范围分

按照网络覆盖范围从小到大排列：覆盖范围 0～10km 的网络称为局域网（Local Area Network，LAN）；覆盖范围 10～100km 的网络称为城域网（Metropolitan Area Network，MAN）；覆盖范围 100～N×1000km 的网络称为广域网（Wide Area Network，WAN），如图 4.1 – 13 所示。

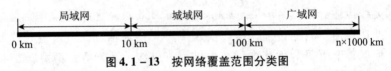

图 4.1 – 13 按网络覆盖范围分类图

（1）局域网（Local Area Network，LAN）。局域网用于将有限范围内（例如一个办公室、一幢大楼、一个校园等）的各种计算机、终端与外部设备互联成网。局域网技术发展迅速，应用日益广泛，是计算机网络中最活跃的领域之一。

局域网技术特征主要表现在以下几个方面：

①局域网覆盖范围较小，组网容易，多由单位或个人所建，投入小、易维护、扩展性好。

②局域网能够提供高传输速率、低误码率的高质量数据传输环境。

③决定局域网性能的三个因素是拓扑结构、传输介质与介质访问控制方法。从介质访问控制方法的角度来看，局域网可以分为共享介质式局域网与交换式局域网；从使用的传输介质类型的角度来看，局域网可以分为有线局域网与无线局域网。

（2）城域网（Metropolitan Area Network，MAN）。城域网是指以光纤为主要传输介质，能够提供 45～150Mbps 的高传输速率，支持数据、语音与视频综合业务的数据传输，可以覆盖一个城市范围的网络。早期城域网技术为光纤环网，典型代表是光纤分布式数据接口（Fiber Distributed Data Interface，FDDI），设计目的是在高速、可靠的环境下将一个城市范围内的局域网互联起来。FDDI 采用光纤作为传输介质，传输速率可达 100Mbps，适用于 100km 范围内的局域网互联。FDDI 采用双环结构，具备故障自愈能力，能满足城域网主干网建设的要求。

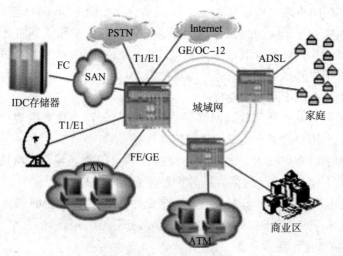

图 4.1 – 14　宽带城域网

随着 Internet 新应用的不断出现和三网融合的发展，城域网的业务几乎扩展到所有的信息服务领域，城域网的概念也随之发生重大变化，出现了宽带城域网，即以 IP 协议为基础，通过计算机网络、广播电视网、电信网的三网融合，形成覆盖城市区域的网络通信平台，为语音、数据、图像、视频传输与大规模的用户接入提供高速与保证质量的服务的网络，如图 4.1 – 14 所示。宽带城域网的应用和业务主要包括：互联网用户接入、电子政务、电子商务、网络银行等应用，网络电视、网络电话、网络游戏等交互式应用，家庭网络应用，以及物联网应用。由于宽带城域网涉及多种技术和多种业务的交叉，因此具有重大的应用价值和产业发展前景。

宽带城域网技术的主要特点有：

①以光纤传输为基础。

②有线电视网、电信网与 IP 业务的融合成为宽带城域网的核心业务。

③多层交换机与高端路由器是宽带城域网的核心连接设备。

④扩大宽带接入规模与服务质量是发展宽带城域网应用的关键。

（3）广域网（Wide Area Network，WAN）。广域网又称为远程网，覆盖的地理范围从几十千米到几千千米。广域网覆盖一个国家、地区，甚至跨越几大洲，形成国际性的远程计算机网络。广域网利用公用分组交换网、卫星通信网或无线分组交换网等技术，将分布在不同地区的计算机系统、局域网、城域网互联起来，实现更大程度的资源共享的目的。

早期广域网主要是将远程若干台大型机、中型机或小型机互联起来，用户通过终端访问本地主机或远程主机的共享资源。随着 Internet 应用的发展，广域网作为核心主干网的地位日益明显，设计目标逐步转移到将分布在不同地区的城域网、局域网互联起来，构成 Internet 或 Intranet。其关注的重点在于保证大量用户共享主干通信链路的容量。

广域网具有以下几个主要特征：

①广域网是一种公共数据网络。通常由电信运营商负责组建、运营与维护，并为广大用户提供高质量的数据传输服务。

②广域网的重点技术是宽带核心交换技术。随着局域网—城域网—广域网互联形成大型 Internet 网络。广域网技术的研究的重点已经从开始阶段的"如何接入不同类型的计算机系统"，转变为"如何提供能够保证服务质量（Quality of Service，QoS）的宽带核心交换服务"。

2. 按网络传输技术分类

在通信技术中，通信信道的类型有两类：广播通信信道与点对点通信信道。网络要通过通信信道完成数据传输任务，所采用的传输技术也是两类：广播式网络（Broadcast Networks）与点对点式网络（Point – to – point Networks）。

（1）广播式网络。在广播式网络中，所有联网的计算机都共享一个公共通信通道，当一台计算机利用共享通信信道发送报文分组时，所有其他计算机都会"收听"到这个分组。由于发送的分组中带有目的地址与源地址，接收到该分组的计算机将检查目的地址是否与本地节点地址相同，如果相同则接收该分组信息，否则丢弃该分组。在广播式网络中，发送的报文分组目的地址有三类：单一节点地址、多节点地址和广播地址。

（2）点对点式网络。与广播式网络不同，在点对点式网络中，每两个节点间存在一条相通的链路，供它们在进行数据交换时独自使用。若两节点不是直连接，则需要通过中间结点利用存储转发技术实现数据交换。

3. 按网络的工作模式分类

根据网络的工作模式来划分，可分为对等网（Peer – to – Peer）和客户机/服务器网（Client/ Server）。

（1）对等网。对等网中的计算机都是平等的，无主次之分，不同的计算机之间可以互访，进行数据交换和打印机共享，任何一台计算机既可以作为服务器，为其他计算机提供共享服务，也可以作为客户机，访问其他计算机上的资源。

对等网是最简单的一种网络，实现简单，方便共享，但是也存在管理困难、安全性较差等缺点。

（2）客户机/服务器网。在客户机/服务器网络中，服务器往往是高性能计算机，资源一般集中存放在该计算机上，能为网络中其他用户提供各种信息服务。常见的服务器有文件服务器、邮件服务器、Web 服务器、数据库服务器等。一般用户使用的计算机都是客户机，它们接受服务器提供的服务。

客户机/服务器网络由于资源相对集中，方便管理、安全性高、性能优良，但是建设成本较高。

4. 按传输介质分类

根据网络所用传输介质的不同，可分为有线网和无线网。有线网是指用双绞线、光纤等传输介质连接的网络。无线网则是通过电磁波、卫星、红外线等无线介质组建的网络。

4.1.5　计算机网络的拓扑结构

网络不断地互联使其结构越来越庞大而复杂，为了更好地认识网络、研究网络，研究人员通过拓扑学的方法来描绘网络的基本结构。拓扑学是几何学的一个分支，它是由图论演变而来的。它将实体抽象成与其大小形状无关的"点"，将连接实体间的关联抽象成"线"，进而研究"点""线""面"之间关系的学科。计算机网络拓扑结构则是通过把计算机网络中的设备抽象成为"点"，设备之间的通信线路抽象成为"线"，由"点"和"线"构成的几何关系图。根据拓扑结构的形状的不同，计算机网络主要可分为星形、总线形、环形、树形、网状拓扑结构。

1. 星形拓扑结构

星形拓扑结构是最常见的网络拓扑结构，一般由中心设备（集线器、交换机、路由器等）通过通信线路连接到各终端设备，如图 4.1 - 15 所示。

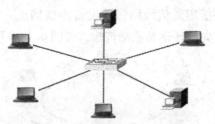

图 4.1 - 15　星形拓扑结构网络

星形拓扑结构的主要特点是：

（1）节点通过通信线路与中心节点连接。

（2）中心节点控制全网的通信，任何两节点之间的通信都要通过中心节点。

（3）结构简单，易于实现，便于管理，网络扩展性好。

（4）网络的中心节点是全网性能与可靠性的瓶颈，中心节点的故障可能造成全网瘫痪。

2. 总线形拓扑结构

总线形拓扑结构是传统以太网（局域网）常用的一种拓扑结构。它将所有设备接入同一条通信线路，共享这一条信道完成数据传输，如图 4.1 – 16 所示。

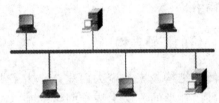

图 4.1 – 16　总线形拓扑结构网络

总线形拓扑结构的主要特点是：

（1）所有节点连接到一条作为公共传输介质的总线，以广播方式传输数据。

（2）当一个节点利用总线发送数据时，其他节点只能接收数据。如果有两个或两个以上的节点同时发送数据时，就会出现冲突，造成传输失败。

（3）优点是结构简单、易于建设和管理、扩展性好；缺点是当竞争使用线路时会产生数据传输的延时，故障诊断困难。

3. 环形拓扑结构

环形拓扑结构是指用通信线路将各设备连接构成一个闭合的环路，环路中的数据沿着一个方向绕环逐站流动传输，如图 4.1 – 17 所示。

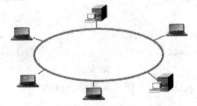

图 4.1 – 17　环形拓扑结构网络

环形拓扑结构的主要特点是：

（1）环形拓扑结构组网简单，传输延时确定。

（2）缺点是传输速度慢、效率低、扩展性差、维护困难。

4. 树形拓扑结构

树形拓扑结构可以认为是由多个星形拓扑结构组合而成的，各设备按层次进行连接，采用分层级的集中控制方式。其结构是自上而下，依次分层扩展，形似一颗倒置的树，如图 4.1-18 所示。

图 4.1-18 树形拓扑结构网络

树形拓扑结构的主要特点是：

（1）通信线路连接简单，易于扩展。这种结构可以延伸出很多分支和子分支。

（2）故障隔离较容易。如果某一分支的节点或线路发生故障，很容易将故障分支与整个系统隔离开来。

（3）树型拓扑结构的缺点是可靠性低，各个节点对根节点的依赖性太大，如果根节点发生故障，则全网不能正常工作。

5. 网状拓扑结构

网状拓扑结构又称"无规则型"拓扑结构。在该结构中，各节点之间通过传输介质彼此连接，形成一个类似"渔网"的结构，如图 4.1-19 所示。

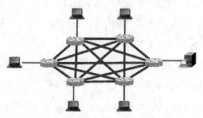

图 4.1-19 网状拓扑结构网络

网状拓扑结构的主要特点是：

（1）节点之间的连接是任意的，没有规律，因此它又被称为无规则型。

（2）网状拓扑结构的优点是系统可靠性高。该网络中任意两节点之间均存在多条路径连通，一条或多条线路的故障或损坏不会影响整个网络的运行。主干网（广域网）一般都采用网状拓扑结构。

（3）网状拓扑结构复杂，必须采用路由选择算法、流量控制与拥塞控制方法来保证数据的传输质量。

（4）网状拓扑结构的网络建设费用高昂，管理维护较复杂。

计算机网络拓扑结构不仅可以让我们更加容易地认识、研究网络，而且可以帮助我们更好地设计网络。当设计计算机网络时，在详细掌握用户需求的基础上，要根据覆盖范围、用户数量、网络响应时间、吞吐量和可靠性等要求，同时考虑建设经费预算，综合使用各种拓扑结构，设计整个网络的总体结构图。

4.2　局域网技术

局域网是计算机网络的重要组成部分，是当今计算机网络技术应用与发展非常活跃的一个领域。公司、学校、政府部门和住宅小区内的计算机和终端设备都通过局域网互联，以达到资源共享、信息传递和数据通信的目的。局域网也是构成互联网络的基础网络。

4.2.1　局域网的发展

广域网技术的逐渐成熟与计算机的广泛应用推动了局域网技术的研究与发展。局域网是继广域网后网络研究与应用的又一个热点。20 世纪 80 年代，随着个人计算机技术的发展和广泛应用，用户共享硬件、软件和数据的愿望日益强烈，这种社会需求促使局域网技术出现了突破性进展。在局域网技术的研究过程中，先后出现的较有影响力的技术分别为令牌环网（Token Ring）、令牌总线网（Token Bus）和以太网（Ethernet）技术。

20 世纪 70 年代初期，欧美的一些大学和研究所开始研究局域网技术并发布一系列研究成果。例如，1969 年，美国贝尔实验成功推出 Newhall 环网。1974 年，英国剑桥大学研究出 Cambridge Ring 环网。1975 年，美国 Xerox 公司研制出第一个总线结构的实验性 Ethernet。这些研究成果对局域网技术的发展起到重要作用。20 世纪 80 年代，局域网领域出现 Ethernet、Token Bus、Token Ring 三足鼎立的局面，并且各自都推出了相应的国际标准。到 20 世纪 90 年代，以太网开始受到业界的认可和广泛应用，并逐步成为局域网领域的主流技术。

近年来，以太网的技术有了长足的发展。快速以太网（Fast Ethernet）和千兆以太网迅速发展起来，其网络结构、基本原理、数据传输格式与共享介质控制方法与传统以太网相同，通过一些技术改进，把以太网的传输速率从10Mbps 提高到 100Mbps、1000Mbps，甚至传输速率达 1Gbps、10 Gbps、40 Gbps、100Gbps 的高速以太网标准也先后推出，随着新技术的应用，未来的局域网速度值得期待。

4.2.2 局域网组成

局域网由网络硬件和网络软件两部分组成。网络硬件主要有服务器、客户机、传输介质和网络连接设备等；网络软件包括网络操作系统、网络协议、网络管理软件及网络应用软件等。如图 4.2 – 1 所示，为一种比较典型的局域网。

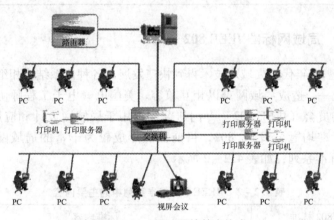

图 4.2 – 1　局域网的基本构成

4.2.3 局域网特点

局域网具有以下特点：

（1）地理分布范围较小。一般为数百米至数公里，可以覆盖一幢大楼、一个校园或者一个企业。

（2）数据传输速率高。一般为 10～100Mbps，目前已出现速率高达 1Gb/s 的局域网。

（3）误码率低。局域网通常采用短距离基带传输，可以使用高质量的传输介质，从而信号的传输质量较高。

（4）一般只包含 OSI 参考模型中的低 3 层功能。即仅涉及通信子网的内容。

（5）协议简单，结构灵活，建网成本低，建设周期短，便于管理和扩充。

局域网的特性主要还涉及拓扑结构、传输介质和介质访问控制方法等问题，其中最重要的是介质访问控制方法，如表 4.2 - 1 所示。

表 4.2 - 1　局域网的特性描述

拓扑结构	总线、环形、星形
传输介质	双绞线、同轴电缆、光纤、无线
介质访问控制方法	CSMA/CD、Token Ring、Token Bus、FDDI
局域网标准化组织	ISO、IEEE802 委员会、NBS、EIA、ECMA
应用领域	办公自动化、企业自动化、政府单位、校园等

4.2.4　局域网标准 IEEE 802

20 世纪 70 年代，局域网技术得到快速发展，各种体系结构相继出现，由于标准不统一，造成局域网难以相互兼容。美国电气电子工程师协会设立局域网标准委员会（IEEE 802）专门研究制定用于局域网设计和应用的标准，所发布的标准均冠名 IEEE 802，目前已经形成较为丰富的局域网标准——IEEE 802 标准系列，如表 4.2 - 2 所示。

表 4.2 - 2　IEEE 802 标准系列中的主要内容

IEEE 802 标准	标准内容
802.1	高层接口，包括局域网结构、网络管理、网际合作等
802.2	逻辑链路控制层描述
802.3	以太网（CSMA/CD）
802.4	令牌总线网（Token Bus）
802.5	令牌环网（Token Ring）
802.6	城域网
802.7	宽带局域网

IEEE 802 标准	标准内容
802.8	光纤局域网
802.9	语音/数据融合，综合语音与数据局域网（IVD LAN）标准
802.10	局域网安全，可互操作的局域网安全性规范（SILS）
802.11	无线局域网
802.14	基于有线电视网的城域网
802.15	无线个人网（WPAN）
802.16	宽带无线局域网
802.17	弹性分组环网
802.20	移动宽带无线访问

4.2.5　以太网

1. 以太网技术的产生

以太网（Ethernet）是一种目前应用最普遍的计算机局域网技术，IEEE 802.3 是以太网的标准集，它的设计思想来源于 ALOHANET。ALOHANET 是 20 世纪 60 年代夏威夷大学为实现位于不同岛屿的校区之间的计算机通信而研制的一种无线电网络，当时设计该网络时面临的一个挑战是：如何实现多个主机对一个共享无线信道"多路访问"的控制。因为两个或两个以上的终端同时争用一个通信信道会产生冲突。解决冲突的办法有两种：一种是集中控制的方法，另一种是分布控制的方法。集中控制需要在系统中设置一个中心控制主机，由它来决定哪个终端可以使用共享信道，但这样有可能降低系统性能。因此，ALOHANET 采用了分布控制方法。

1973 年，Metcalfe 与 Boggs 以 ALOHANET 为基础，成功研制出将多台计算机和打印机连接起来的网络——ALTO ALOHA，实现了世界上第一个个人计算机局域网的运行，并正式命名为 Ethernet。1980 年，Xerox、DEC 与 Intel 等公司合作，第一次公布了 Ethernet 的物理层、数据链路层标准。1981 年，又推出了 Ethernet v2.0 标准。此后，IEEE 802 委员会在 Ethernet v2.0 的基础上制定了 IEEE 802.3 标准，从而推动了 Ethernet 技术的快速发展。

20 世纪 80 年代，Ethernet 与 Token Ring、Token Bus 之间的竞争非常激烈。Ethernet 通过更新技术标准，使用双绞线、光纤等传输介质替代同轴电缆，使以太网的造价降低，可靠性提高，性价比大大提升，从而使得以太网在竞争中占据明显的优势，并逐步占据局域网技术的主要地位。

2. 以太网的特点

以太网具有以下几个特点：

（1）共享介质。所有主机设备争用同一通信介质。

（2）广播域。需要传输的数据帧被发送到所有节点，但只有寻址到的节点才会接收数据帧。

（3）采用 CSMA/CD 介质访问控制方法。以太网中利用载波监听多路访问/冲突检测（Carrier Sense Multiple Access/Collision Detection）方法防止多节点同时发送数据帧。它是以太网的核心技术。

（4）MAC 地址：以太网中数据传输的依据是 MAC 地址。MAC 地址即网卡编号，也称物理地址，这种地址是全球唯一的。

3. 高速以太网的发展趋势

传统局域网技术建立在共享介质的基础上，介质访问控制方法用来保证每个主机都能"公平"地使用传输介质。但是，随着局域网规模的扩大，主机数量不断增加，网络通信冲突数量也大幅增长，网络传输延迟明显增加，网络服务质量显著下降。为了解决网络规模与网络性能之间的矛盾，研究人员提出了三种可能的解决方案：

（1）提高以太网的数据传输速率，从 10Mbps 提高到 100Mbps，甚至提高到 1Gbps 或 10Gbps，从而开启了高速局域网技术的研究。在该方案中，无论以太网的传输速率提高到多快的水平，其保持 Ethernet 的基本特征不变。

（2）将共享介质方式转向交换方式，推出交换式局域网新技术。交换式局域网的核心设备是局域网交换机，它可以在多个端口之间同时建立多个并发连接，可帮助实现点到点的数据传输。从此，局域网可分为共享介质局域网（Shared LAN）和交换式局域网（Switched LAN）。

（3）将一个大型局域网划分成多个用网桥或路由器互联的小型局域网，从而促进局域网互联技术的发展。网桥、交换机与路由器可以隔离子网之间的广播通信量，帮助优化小型局域网的整体性能。

通过研究人员的努力，快速以太网、高速以太网技术的理论研究与工程实践均取得较快发展。

1995 年，传输速率为 100Mbps 的快速以太网（Fast Ethernet，FE）标准——IEEE 802.3u 和产品推出。1998 年，传输速率为 1000Mbps 的千兆以太网（Gigabit Ethernet，GE）标准——IEEE 802.3z 发布，其产品相继问世，并成为局域

网主干网的首选方案。2002 年，传输速率为 10Gbps 的高速以太网标准——IEEE 802.3ae 推出，由于 10GbE 技术的出现，Ethernet 应用范围从校园网、企业网等主流选型的局域网扩大到城域网和广域网。到 2010 年，传输速率为 40Gbps 与 100Gbps 的 Ethernet 标准陆续推出。这些以太网技术标准的推进，进一步增强了 Ethernet 在局域网应用中的竞争优势。

在局域网工程领域中，人们经常将 10Mbps 的 Ethernet 简称为传统以太网；将 100Mbps 的 Ethernet 简称为快速以太网；将速率达 1000Mbps 以上的 Gigabit Ethernet、10Gbps Ethernet、40Gbps Ethernet、100Gbps Ethernet 分别简称为 GE、10GbE、40GbE 与 100GbE 高速以太网。

4.2.6　无线局域网

1. 无线局域网概念

无线局域网（Wireless Local Area Network，WLAN）是利用射频（Radio Frequency）技术代替有线传输介质构成的局域网络，主要用于无线传输与移动接入，为持有便携终端设备的用户在任意地方上网提供技术支持。通过 WLAN，人们可以实现"信息随身化、便利走天下"的理想境界，如图 4.2 - 2 所示。

在局域网的发展过程中，相对有线局域网，WLAN 的发展较晚且慢，主要原因是 WLAN 传输速率低、安全性差和使用价格较贵。另外，实现无线传输的电磁波频段还受相关部门的管制。不过，随着近十年来无线网络技术、移动互联网技术的发展和应用，WLAN 获得长足的发展。

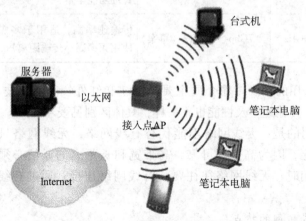

图 4.2 - 2　无线局域网

2. 无线局域网的标准

1997 年，IEEE 802 委员会制定出适用有固定基础设施的无线局域网标准 IEEE 802.11，即无线以太网标准。它一般用星形拓扑结构实现，网络中心设备为接入点（AP），介质访问控制方法为载波监听多路访问/冲突避免（CSMA/CA）。目前，许多公共场所通过 WLAN（通常称 Wi–Fi）向公众提供网络接入服务，如图书馆、机场和购物中心等。

表 4.2 –3　常用的 IEEE 802.11 无线局域网特性对照表

标准	频段	传输速率	发布年份	性能比较
802.11	2.4GHz	2Mbps	1997	信号传播距离远，数据传输速率低
802.11a	5GHz	54Mbps	1999	数据传输率高，支持更多用户同时上网，信号传播距离较短，易受阻碍，价格高
802.11b	2.4GHz	11Mbps	1999	信号传播距离远，价格低，不易受阻碍，最高数据传输速率比较低
802.11g	2.4GHz	54Mbps	2003	数据传输速率高，支持更多用户同时上网，信号传播距离远，不易受阻碍，价格比 802.11b 高
802.11n	2.4or 5GHz	600Mbps	2009	可在两个频段工作，组网便利，传输距离远，传输速率高
802.11ac	5GHz	1Gbps	2011（草案）	理论传输速率高达至千兆位，扩展性好，管理功能丰富
802.11ad	60GHz	7Gbps	2012（草案）	传输速率高，适用于多媒体应用处理，使用频率高，传输距离短，穿透性差

WLAN 采用的无线传输介质主要是微波和红外线。由于技术标准不同，采用的频段、传输速率及性能也不一样，具体区别见表 4.2 –3。

需要说明的是：无线网络不能代替有线网络，无线网络只能是有线网络的有益补充，因为高速、可靠、高带宽和长距离的通信必须依靠有线网络。具体应用时，无线网络往往要与有线网络连接，通过有线网络连接因特网。

3. 无线局域网的特点

WLAN 之所以能得到用户的青睐，是因为它具有如下优点：

（1）具有较好的灵活性和移动性。与有线网络相比，WLAN 组网较灵活方便，不受位置和环境的限制，同时有又较好的移动性，只要是在无线信号覆盖区域内，用户处于任何位置都可以接入网络并且可以自由移动。

（2）安装便捷。WLAN 可以免去或最大限度地减少网络布线的工作量，一般只要安装一个或多个接入点设备，就可建立覆盖整个区域的局域网络。

（3）易于进行网络规划和调整。

（4）故障定位容易。WLAN 容易定位故障，且只需更换故障设备即可恢复网络连接。

（5）易于扩展。WLAN 有多种配置方式，可以很快从只有几个用户的小型局域网扩展到上千用户的大型网络，并且能够提供节点间"漫游"等有线网络无法实现的功能。

由于无线局域网有以上诸多优点，因此其发展十分迅速。最近几年，WLAN 已经应用在很多场景中。

WLAN 同时也存在一些不足：

（1）性能不稳定。WLAN 是依靠无线电波进行传输的。这些电波通过无线发射装置进行发射，而建筑物、天气等都可能影响电磁波的传输，所以，网络的性能受外界环境影响较大。

（2）速率较低。无线传输速率与有线相比要低得多。目前 WLAN 理论最大传输速率为 1Gbps，只适合于个人终端和小规模网络应用。

（3）安全性。无线信号在空气中传播时是发散的，容易被监听而造成信息泄漏。

4. 无线局域网类型

WLAN 可以分为有固定基础设施类型和无固定基础设施类型两类。

（1）有固定基础设施是指建设能够覆盖一定地理范围的固定基站，例如，移动电话通信中用到的蜂窝基站或校园内的多个无线 AP 等，在 WLAN 中是采用访问接入点（Access Point，AP）作为固定基础设施的，如图 4.2-3 所示。

（2）无固定基础设施是指预先没有建立基站，WLAN 采用自组网（Ad hoc）技术，无线环境中的节点之间通过 Ad hoc 技术进行连接，如图 4.2-4 所示。用 Ad hoc 技术组建的网络也称为自组网络（Ad hoc Network），一般用于救灾、战争等需要临时组网的环境中。

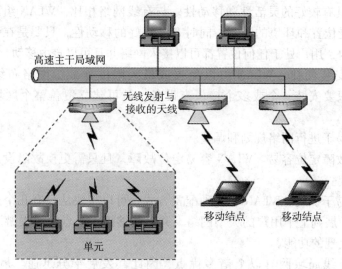

图 4.2 – 3   固定基础设施 WLAN

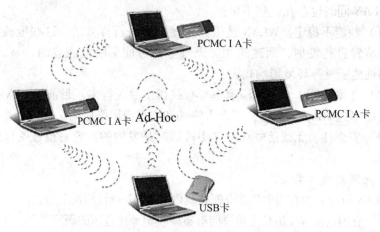

图 4.2 – 4   无固定基础设施 WLAN

4.3   Internet 基础

Internet 也称"国际互联网",是全球最具影响力的计算机互联网。Internet 是由分布在世界各地的、数以万计的、各种规模和类型的计算机网络通过路由器相互连接而形成的全球性网络,同时借助于 TCP/IP 协议使这个庞大的网络实现互联互通,提供丰富的信息服务。TCP/IP 是 Internet 的核心协议,从最初的两个协议逐渐发展成一个有数百个协议的协议集，它对 Internet 中主机的寻址方式、主机的命名机制、信息的传输规则和各种服务功能均作了详细约定，保证了互联网治而不乱。

本节将对 Internet 的发展、构成形式和接入方式、TCP/IP 体系结构中的 IP 协议等其他协议及应用进行介绍。

4.3.1　Internet 概述

1. Internet 的发展

Internet 的雏形是美国国防部高级研究计划署资助的 ARPANET，经过半个多世纪的建设，Internet 从最初只有四个节点发展到今天的规模，其发展过程主要分为以下几个阶段：

20 世纪 60 年代末期，ARPANET 研究团队将美国的加利福尼亚大学洛杉矶分校、斯坦福大学、加利福尼亚大学和犹他州大学的四台中央主机连接起来并实现了通信，标志着网络远程互联获得成功。该阶段，在通信设备、分组交换技术、通信协议等方面的研究也取得较大的成果。

20 世纪 70 年代，ARPANET 从一个实验性的网络变成可运行网络，并推出网络互联协议 TCP/IP。计算机软件在网络互联中占据了重要地位，TCP/IP 协议的出现使网络中的大多数用户感觉不到底层的复杂性。

20 世纪 80 年代初，TCP/IP 协议成为网络互联的标准，并以 ARPANET 为主干建立了 Internet。与此同时，当时流行的 UNIX 系统内核集成了 TCP/IP 协议，推动了 TCP/IP 协议的进一步研究与应用，1983 年，ARPANET 分为独立的两个部分，一部分是 ARPANET，用于研究工作；另一部分是 MILNET，用于军方通信。

20 世纪 80 年代后期，美国国家科学基金会建立了 NSFNET，并与 ARPA-NET 实现互联，形成了 Internet 新的主干网。

从 1991 年起，一些商业公司加入网络建设，网络传输速度不断加快，加入 Internet 的组织数量不断增长，进而掀起了 Internet 的建设、应用热潮。

到 1995 年底，全球已有 186 个国家和地区接入 Internet。

2. Internet 在我国的发展

Internet 在中国起步较晚，但发展势头非常迅猛，主要可分为以下两个阶段：

（1）1987—1993 年（第一阶段）。在此期间，只有国内一些科研部门、重点院校因科研需要而使用电子邮件服务。

（2）1994 年起（第二阶段）。从 1994 年开始，我国实现了与 Internet 的 TCP/IP 连接，逐步开通了 Internet 上的全部功能服务，大型网络项目正式启动，并先后组建了中国教育和科研网（CERNET）、中国金桥信息网（CHINAG-BN）、中国公共计算机互联网（CHINANET）、中国科技网（CSTNET）等四大骨干网络。

根据中国互联网络信息中心（CNNIC）发布的第 43 次《中国互联网络发展状况统计报告》显示，截至 2018 年 12 月，中国网民规模达到 8.29 亿，互联网普及率为 59.6%。基础资源保有量居世界前列，中国域名总数达 3792.8 万个，网站数量为 523 万个，APP 数量 499 万款，国际出口带宽达到 8 946 570Mbps。同时，我国在 5G 通信技术、量子信息技术、超级计算技术等领域已走在世界前列，大数据、云计算、人工智能等新兴技术正在大力推进、力争上游。以上数据显示，我国的互联网及相关领域技术的发展呈现出步子快、成果多、规模大、影响力广的特点。

3. Internet 的主要组成部分

Internet 的主要组成部分包括：通信线路、路由器、主机和信息资源。

通信线路是 Internet 的基础设施，各种各样的通信线路将 Internet 的中的路由器、计算机等连起来，实现信号的传输。

路由器是 Internet 中最为重要的设备，它将不同的网络连接起来，负责各路数据的存储转发。如果把通信线路类比成高速公路的话，那么路由器便是立交桥。当数据包传输到路由器时，它需要根据数据包的目标地址为其确定一条最佳路径进行转发，保证数据既快又好地到达目标主机。

主机是 Internet 中不可缺少的成员，它是信息资源处理和服务的载体，包括服务器和客户机。

信息资源是用户最为关注的问题之一，如何较好地组织信息资源，使用户方便、快捷地获取信息资源一直是 Internet 的努力的方向。WWW 服务为信息资源提供了一种较好的组织形式，方便了信息的浏览。搜索引擎可以提高信息的检索效率。

4.3.2　Internet 的基本要素

1. IP 地址

电话是人们所熟悉的通信方式，接入电话系统中的每一个电话机都必须分配一个唯一的号码，通话前需要知道对方的电话号码才能确保通话成功。同样，互联网中的计算机之间要进行通信，每台计算机需要有一个全网中唯一的地址，这样才能保证数据的正确传输，这个地址就是互联网地址，称为 IP 地址。

类似电话号码包含"区号 + 话机号码"一样，IP 地址的构成也包括两部分：网络地址 + 主机地址。网络地址用于区分不同的物理子网，同一个子网的计算机及其他终端设备的网络地址是相同的；主机地址用于区分同一子网中不同的计算机及终端设备，所以主机地址必须唯一。如同同一城市中电话号码的区号一样，不同的话机要分配不同的号码。在网络通信过程中，根据数据包中的目标 IP 地址，首先通过其中的网络地址找到计算机所在的网络，然后再通过主机地址确定具体的目标节点。根据网络地址的不同，将 Internet 的 IP 地址分为 5 类，即 A、B、C、D、E 类。A、B、C 类地址用于分配给用户使用，D 类地址用于多点广播，E 类地址暂时保留用作研究。

IP 地址的表现形式由 IP 协议来定义。目前，Internet 中 IP 地址有两个版本：IPv4 与 IPv6。根据 IP 协议规定，IPv4 地址是一个 32 位的二进制数，为了便于书写，采用"点分十制法"来表示，即每 8 位为一组，用一个等效的十进制数字表示，中间用"."隔开。每组对应的十进制数的取值范围为 0 ~ 255。例如，中国政法大学网站的 IP 地址如下：

二进制形式的 IP 地址：00111101 00110010 10001011 00010110

点分十进制形式地址：61. 50. 139. 22

IPv4 是 20 世纪 70 年代设计的，无论从因特网发展规模变化，还是网络传输速率需求来看，IPv4 都已不能满足人们的需求。为此，互联网工程任务组（Internet Engineering Task Force，IETF）设计了用于替代现行版本 IPv4 的下一代 IP 协议 IPv6。IPv6 使用 128 位二进制数来表示一个 IP 地址，因此，IPv6 可以提供 2^{128} 个地址资源，这样就会有充足的地址数量。IPv6 地址较长，地址格式采用"冒号十六进制"表示，以 16 位划分为一组，每组写成 4 个十六进制数，中间用冒号分隔，称为"冒号十六进制表示法"。

例如：21DA：00D3：0000：2F3B：02AA：00FF：FE28：9C5A

2. 域名及域名系统

由数字组成的 IP 地址难以记忆也不易理解，为此，用字母组合的方式来帮助人们记住表示网站服务器的地址，这种代表 IP 地址的字母组合便称为域名。每个域名对应着一个 IP 地址，由域名服务来管理和解析。例如：

中国政法大学网站服务器的 IP 地址为：51. 50. 139. 22

中国政法大学网站的域名为：www. cupl. edu. cn

由于计算机不能直接识别域名，因此需要域名系统 DNS（Domain Name System）对域名与 IP 地址进行转换。

域名的表示方法是用点号将各级子域名分隔开来，域的层次次序从左到右依次为："主机名．三级域名．二级域名．顶级域名"，对应的是"主机名．单位名．机构．国别"。例如，域名 www.cupl.edu.cn 表示中国（cn）教育机构（edu）中国政法大学（cupl）校园网上的 WWW 服务器。从左到右，域的范围逐渐变大。由于域名具有实际含义，所以比 IP 地址容易记忆。

在 Internet 上，几乎每一子域都设有域名服务器，负责为本域内客户机服务器中包含有该子域的全体域名和 IP 地址的对应关系。Internet 上每台主机上都有地址转换请求程序，负责向域名服务器申请域名与 IP 地址转换。域名与 IP 地址之间的转换称为域名解析，整个过程是自动进行的。有了 DNS，凡是有定义的域名都可以被转换成对应的 IP 地址。

为了保证域名系统的通用性，Internet 规定了一些顶级域名标准，分为区域域名和类型域名，如表 4.3 - 1 所示。

表 4.3 - 1　部分通用顶级域名

区域域名	含义	类型域名	含义
cn	中国	com	商业类
ca	加拿大	org	政府部门
fr	法国	gov	政府部门
au	澳大利亚	net	网络机构
jp	日本	edu	教育机构
hk	中国香港	mil	军事类

中国互联网络信息中心（China Internet Network Information Center，CNNIC）作为国家网络基础资源的运行管理和服务机构，负责我国域名注册管理和域名根服务器运行，负责运行和管理国家顶级域名 CN、中文域名系统，以专业技术为全球用户提供不间断的域名注册、域名解析和 WHOIS 查询等服务，同时为我国的网络服务提供商（ISP）和网络用户提供 IP 地址和自治系统号码的分配管理服务，积极推动我国向以 IPv6 为代表的下一代互联网发展过渡。

4.3.3　Internet 常见协议及应用

1. 万维网服务

万维网（World Wide Web，WWW）是采用超文本标记语言（Hypertext

Markup Language，HTML）、超文本传输协议（Hyper Text Transfer Protocol，HTTP）、统一资源定位器（Uniform Resource Locator，URL）技术，提供面向 Internet 服务的、一致的用户界面的信息浏览系统。其中，HTTP 是 WWW 服务使用的应用层协议，用于实现客户机与 Web 服务器之间的通信；HTML 语言是 WWW 服务的信息组织形式，用于定义在 WWW 服务器中存储的信息格式。WWW 技术是互联网中最重要的技术之一，也是最吸引用户的应用之一，它具有多媒体集成功能，能提供文字、图像、声音、动画、视频等多种格式的信息，通过超链接的技术，可以开启另一片新天地，提供无穷的信息资源，还可以根据个人喜好定制信息服务。

（1）WWW 的工作过程。WWW 采用客户机/服务器工作模式，用户在本地计算机上使用浏览器发出访问请求，服务器根据请求向浏览器返回信息，其工作过程如图 4.3–1 所示。目前常用的浏览器有微软的 IE 浏览器、360 浏览器、火狐 Firefox 浏览器、谷歌 Chrome 浏览器等。

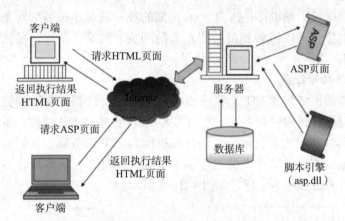

图 4.3–1　WWW 工作过程图

（2）网页和网站。网页是构成网站的基本元素，是在浏览器中所看到的界面，又称为 Web 页面。多个相关的 Web 页组合在一起，就组成了一个 Web 站点。站点的第一个页面称为主页（Home Page），它是一个网站的首页，从主页出发，通过超链接可以访问所有的页面，也可以链接到其他网站。主页的文件名一般为 index. htm 或者 default. htm。放置 Web 站点的计算机被称为 Web 服务器。

HTML 是超文本标记语言，是标准通用标记语言下的一个应用，也是一种规范，一种标准。它通过标记符号来标记要显示的网页中的各个部分。网页的各种显示格式及效果均通过 HTML 来实现。

（3）统一资源定位器（URL）。为了方便用户找到位于整个 Internet 范围内的某个信息资源，WWW 服务使用了统一资源定位器（URL）技术。URL是指向 Web 服务器中某个页面的地址，其形式为字符串。如图 4.3 – 2 所示，URL 的规范结构如下：

　　资源类型. 存放资源的主机域名. 资源文件名

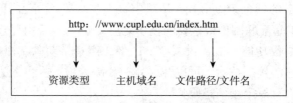

图 4.3 – 2　URL 组成形式图

　　其中，"http:"表示用超文本传输协议访问远程 Web 服务器上的网页；"主机域名"代表网站所在服务器的 IP 地址；"文件路径/文件名"是指网页在 Web 服务器中的位置和文件名。

　　（4）超链接。超链接是指向 Web 页面的统一资源定位器的对象。用户通过单击超链接，可以跳转到链接所指向的网页、网站、图片、视频等各种类型的资源上。

　　2. 文件传输服务

　　文件传输服务依靠 FTP 协议实现将文件从一台计算机传输到另一台计算机上，并且保证传输的可靠性。它采用客户机/服务器工作模式，本地计算机称为 FTP 客户机，远程提供服务的计算机称为 FTP 服务器。从远程服务器上将文件复制到本地计算机上的过程称为下载，而将文件从本地计算机传输到FTP 服务器的过程称为上传，如图 4.3 – 3 所示。

图 4.3 – 3　FTP 工作过程示意图

　　搭建自己的 FTP 服务器也比较简单，可以通过在 Windows 系统中添加组件和服务来实现，或是通过下载安装 FTP 服务器端软件来完成搭建。访问

FTP 服务器的方法有多种，一般是在浏览器的地址栏输入"ftp：// FTP 服务器地址"，或者通过安装 FTP 客户端软件进行访问，后者会更加方便。系统登录时有匿名方式和使用账号、密码两种方式，匿名方式是提供服务的机构在它的 FTP 服务器上设立一个公开账户，无需密码验证，并赋予该账户访问公共目录的权限，以便提供免费服务；使用账号和密码则要通过账号和密码验证用户身份并授予相应的访问权限。

3. 电子邮件服务

电子邮件（Email）是 Internet 用户之间用电子信息的形式进行通信的一种方式，是互联网应用最广泛的服务之一。通过网上电子邮件系统，用户可以以非常快速的方式和非常低廉的价格与世界上任何一个角落的网络用户联系。

Email 的实现依靠邮件服务器及三个重要的协议，在发送邮件时，使用简单邮件传输协议（Simple Mail Transfer Protocol，SMTP）；收邮件时，使用邮局协议（Post Office Protocol-Version 3，POP3）或邮件访问协议（Internet Mail Access Protocol，IMAP）。邮件服务器负责接收用户送来的邮件，并根据收件人地址发送到对方的邮件服务器中；此外，它负责接收由其他邮件服务器发来的邮件，并根据收件人地址分发到相应的电子邮箱中。其工作过程如图4.3－4所示。

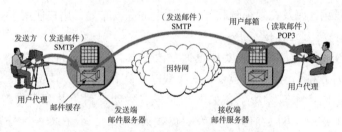

图 4.3 – 4　电子邮件工作过程示意图

使用电子邮件前需要申请电子邮箱，又称电子邮件地址。电子邮箱是电子邮件服务机构为用户在邮件服务器上分配的一个专门用于存放往来邮件的存储区域，这个区域由电子邮件系统管理。电子邮件地址格式为："用户名@邮箱所在的主机域名"，如"007@ 163. com"。

4. 远程登录服务

远程登录是指在网络通信协议 Telnet 的支持下，用户的计算机通过 Internet 成为远程计算机的仿真终端，实现对远程计算机的操作。

远程登录采用客户机/服务器工作模式。使用 Telnet 进行远程登录时，首先要知道对方计算机的域名或 IP 地址，然后根据对方系统的提示，输入正确的用户名和密码，用户验证通过后就可以实时地控制远程计算机，并使用其对外开放的全部资源。

Windows 内置了 Telnet 支持下的远程桌面连接功能，我们可以通过简单设置实现远程登录。

5. 社交网络服务

多媒体技术和计算机网络技术的发展，为社交活动创造了全新的体验，创新了人们交往的方式。社交网络（Social Network Service，SNS）源自网络社交，网络社交的起点是电子邮件，是 Web2.0 体系下的一个技术应用架构，旨在帮助人们建立社会性网络的互联网应用服务。随着互联网应用尤其是移动互联网应用的兴起和快速发展，人们越来越多地使用社交网络平台，并在社交网络平台中建立朋友圈，与朋友分享自己的生活、心情等。目前，国外著名的社交平台有 Facebook、Twitter、Instagram 等，国内应用广泛的社交平台有新浪微博、豆瓣等吸引数以亿计的用户访问社交网站，用户在社交网络中交友、发帖，分享个人信息。根据中国互联网络发展状况统计报告，目前国内互联网应用使用率排名第一的是即时通信，如微信、QQ 等成为国内主流的通信社交工具。微信朋友圈、QQ 空间作为即时通信工具所衍生出来的社交服务，用户使用率分别达 87.3% 和 64.4%。微博作为社交媒体，得益于明星、网红及媒体内容生态的建立与不断强化，以及在短视频和移动直播上的深入布局，用户使用率持续较高。

6. 互联网上的其他应用

基于互联网的各种应用发展迅速，改变着人们传统的生活模式。最近几年，我国大力推行"互联网＋"发展战略，在许多领域都取得很大的进展，在世界范围内产生较大影响，如电子商务、移动支付、共享单车等。电子商务（如网上购物、网上拍卖等）发展得如火如荼，已经在海关、外贸、金融、税收、销售和运输等领域得到了广泛应用。电子商务正向一个更加纵深的方向发展，并且随着社会金融基础及网络安全设施的进一步健全，将在世界上引发一轮新的革命。互联网不提供很多其他的应用，例如远程教育、远程医疗、在线音乐、在线电影和在线游戏等，给人们的工作、生活带来了多种便捷和享受。

4.3.4 互联网接入方式

为了能够享受到互联网上的丰富资源和服务，还必须先接入互联网。互联网服务提供商（Internet Service Provider，ISP）是用户接入互联网的桥梁。当计算机要接入互联网时，它会通过某种方式与 ISP 的某一台服务器连接，然后通过它再接入 Internet。

目前，互联网的接入方式主要有光纤接入、无线接入、ADSL 接入、有线电视接入等。

1. 光纤接入

光纤接入是指以光纤为传输介质接入 Internet。用户通过光纤 Modem 连接到光网络，再通过 ISP 连接到 Internet，属于一种宽带接入方式，是当前主流接入 Internet 的方式，如图 4-5 所示。光纤接入的优点如下：

（1）接入速率快，一般可以达到 100～1000Mbps。

（2）端口带宽独享。

（3）抗干扰性能好。光纤信号不受强电、电磁和雷电的干扰。

（4）安装方便。光纤体积小、重量轻，容易施工。

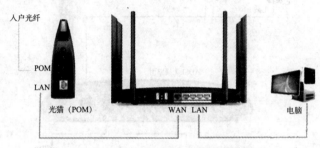

图 4.3-5　光纤接入方式示意图

2. 无线接入

个人计算机或者移动设备可以通过无线局域网 WLAN 连接到 Internet。在校园、机场、饭店等公共场所，大多会部署无线接入点（AP），建立起无线局域网 WLAN，并接入 Internet。带有无线网卡的笔记本电脑、具有 Wi-Fi 功能的移动设备，都可以利用 WLAN 接入 Internet。

3. ADSL 接入

ADSL 即非对称数字用户环路技术，是一种异步传输模式，上行和下行带宽不对称，因此被称为非对称数字用户环路。它采用频分复用技术，把普通电话线分成了电话、上行和下行三个相对独立的信道，从而避免了相互之间的干扰。ADSL 接入具有两大优点：

（1）下载速率高。通常情况下，ADSL 可以提供最高 3.5Mbps 的上行速度和最高 24Mbps 的下行速度，符合多数用户的网络使用习惯和需求。

（2）安装方便。如图 4.3-6 所示，硬件只需要一个 ADSL 无线路由一体机，提供有线与无线连接，线路接入简便，适宜家庭选用。

4. 有线电视接入

有线电视接入利用有线电视网接入到 Internet，它属于一种宽带接入方式。

有线电视接入 Internet 具有以下优点：

（1）带宽上限高。有线电视接入使用的是同轴电缆，能达到的带宽要高于 ADSL。

（2）上网、模拟节目和数字点播兼顾，三者互不干扰。

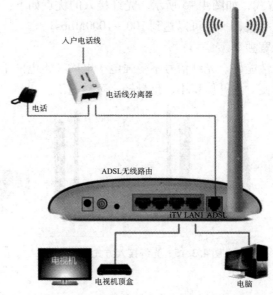

图 4.3 – 6　采用 ADSL 接入方式示意图

本章小结

本章从三个大的方面对网络技术与互联网技术作了较详细的介绍：

（1）对计算机网络技术进行概括性的介绍。首先回顾了网络技术的发展历程，从而归纳出计算机网络的概念，认识了网络的特点、结构、组成、分类等基本内容。

（2）对局域网技术进行了介绍。了解局域网的组成及特点，认识了局域网的标准，对当前主流的局域网技术——以太网及无线局域网作了重点介绍。

（3）对互联网技术作了详细介绍。首先，回顾了互联网的发展史，介绍我国互联网发展现状。其次，认识了互联网中的基本要素——IP 地址、域名及域名系统等基础知识；重点介绍了互联网的功能及应用。最后，对如何接入互联网进行了简单了解。

第 5 章　信息安全

📖 本章学习目标 ♦

1. 了解信息安全的概念和基本属性。
2. 掌握信息安全的关键技术。
3. 了解密码算法在数据加密和认证中的应用。
4. 了解计算机病毒并熟练掌握病毒防治方法。
5. 掌握信息安全法律法规。

　　本章主要介绍信息安全技术及国家网络安全法律法规等内容，主要介绍信息安全基本概念、信息安全相关技术、数据加密和认证算法及应用，计算机病毒知识和防治方法，对《中华人民共和国网络安全法》等法律法规进行介绍。

5.1　信息安全概述

　　随着信息技术的飞速发展和网络技术的广泛应用，信息已经成为支配人类社会发展进程的决定性力量之一。现在人们能够充分享受到信息网络国际化、社会化、开放化、个性化的特点，这使得人们对信息的获取、使用和控制越来越方便；同时，也面临着信息安全（Information Security）的严重问题。计算机病毒的猖狂肆虐、黑客攻击造成的恶劣影响、系统安全漏洞的不断增加、网络欺诈的不断曝光、木马和后门程序的严重危害等，都在不断警告人们，信息安全将不再只是信息专业人员所关注的问题，掌握一定的信息安全知识，提高信息安全与防范意识，将成为每一个计算机用户必须具备的素质。

5.1.1　信息安全概念及现状

1. 信息安全的发展历程

信息安全的认识与技术的发展大致经历了四个阶段：

第一个阶段是通信安全时期，其主要标志是 1949 年香农发表的《保密通信的信息理论》。这个时期的通信技术还不发达，电脑只是零散地位于不同的地点，信息系统的安全仅限于保证电脑的物理安全，以及通过密码解决数据的保密问题，密码技术获得发展，欧美国家有了信息安全产业的萌芽。

第二个阶段为计算机安全时期，以 20 世纪 70 年代和 80 年代可信计算机系统评估准则（TCSEC）为标志。半导体和集成电路技术的飞速发展推动了计算机软、硬件的发展，计算机和网络技术的应用进入了实用化和规模化阶段。人们对安全的关注已经逐渐扩展为以保密性、完整性和可用性为目标，中国信息安全开始起步，关注物理安全、计算机病毒防护。

第三个阶段是在 20 世纪 90 年代兴起的网络时代。由于互联网技术飞速发展，无论是企业内部还是外部，信息具有极大的开放性，而信息安全的焦点已经从传统的保密性、完整性和可用性三个原则升级为诸如可控性、不可否认性、真实性等其他的原则和目标。我国安全企业研发的防火墙、入侵检测系统、安全评估、安全审计、身份认证与管理等产品与服务百花齐放、百家争鸣。

第四个阶段是进入 21 世纪的信息安全保障时代，其主要标志是《信息保障技术框架》（IATF）。我国推行实施了国家网络安全等级保护制度，面向业务的安全防护已经从被动走向主动，安全保障理念从风险承受模式走向安全保障模式。不断出现的安全体系与标准、安全产品与技术带动信息安全行业形成规模，入侵防御、下一代防火墙、APT 攻击检测、MSS/SaaS 服务等新技术、新产品、新模式走上舞台。

2. 信息安全的概念

信息是指音讯、消息、通信系统传输和处理的对象，泛指人类社会传播的一切内容。信息的表现形式也是多种多样的，如声音、符号、文字、图像、动画等，不同的领域对信息的描述也不一样。经济管理学家认为"信息是提供决策的有效数据"，而电子通信科学家则认为"信息是电子线路中传输的信号"。在当前信息化社会大背景下，信息安全是指通过各种计算机网络和通信技术，保证在各种系统、网络中传输、交换、存储的信息的保密性、完整性、可用性和不可否认性。信息安全是一个由信息系统、信息内容、信息系统的所有者和运营者、信息安全规则等多个因素构成的一个多维空间，它涉及计算机科学与技术、网络与通信技术、密码学和信息论等多学科知识。

网络安全是指网络系统的硬件、软件和系统中的数据受到保护，不会由于偶然或恶意的原因而遭到破坏、更改和泄露，从而保证系统能连续、可靠和正常的运行，网络服务不中断。网络安全关注的重点在于网络信息的存储安全，信息的产生、传输和使用过程中的安全。网络安全从其本质上来讲就是网络上的信息安全，所以是信息安全的子集。

计算机安全是指计算机资产安全，即计算机系统和信息资源不受自然和人为因素的威胁和危害。存储数据的安全是其关注的重要方面。

3. 信息安全问题的来源

信息安全问题的出现有其历史原因和必然性。计算机系统本身有着易于受到攻击的各种因素，以互联网为代表的现代网络的松散结构和广泛发展，更是大大加深了信息系统的不安全性。下面将从计算机系统的安全风险、信息系统的物理安全风险、网络的安全风险、计算机软件程序的风险、应用风险和管理风险等几个方面介绍为什么信息安全从一开始就伴随着计算机发展而产生。

（1）计算机系统的安全风险。从安全的角度看，冯·诺伊曼模型是造成安全问题的一个重要因素。二进制编码对识别恶意代码造成很大的困难，其脉冲信号又很容易被探测和截获；面向程序的设计思路使得数据和代码很容易被混淆，而使得病毒等轻易地就可以进入计算机。随着硬件固化、多用户和网络化应用的发展，迫使人们靠加强软件来适应这种情况，导致软件的复杂性呈指数型增加。

（2）信息系统的物理安全风险。计算机硬件和外部设备乃至网络和通信线路面临各种风险，如各种自然灾害、人为破坏、操作失误、设备故障、电磁干扰，以及各种不同类型的不安全因素所导致的物理财产损失、数据资料损失等。

（3）网络的安全风险。现代网络是在 ARPANET 的基础上发展而来的。构建网络的目的就是要实现资源共享，其网络协议和服务所设计的交互机制本身就存在着漏洞，例如，网络协议本身会泄漏口令、密码保密措施不强、从不对用户身份进行校验等。网络本身的开放性也带来了安全隐患。各种应用基于公开的协议远程访问，使得各种攻击无需到现场就能得手。同时，从全球范围来看，互联网的发展几乎是在无组织的自由状态下进行的，网络自然成为一些人"大显身手"的理想空间。

（4）计算机软件程序的风险。由于软件程序的复杂性、编程的多样性和程序设计人员能力的局限性，在信息系统的软件中不可避免地存在安全漏洞。软件程序设计人员为了方便，经常会在开发系统时预留"后门"（从某种程度来说，微软公司的远程管理工具也很像一个"后门"），为软件调试、进一步开发和远程维护提供了方便，但同时也为非法入侵提供了通道。一旦"后门"被外人所知，其造成的后果不堪设想。

（5）应用和管理风险。在信息系统使用过程中，不正确的操作、人为的蓄意破坏等也会带来信息安全上的威胁。此外，由于对信息系统管理不当，也会带来信息安全上的威胁。

5.1.2　信息安全特征

当前信息化社会，信息安全很大程度上体现为网络安全，什么样的网络环境才能保障信息安全呢？至少要具备以下基本属性：

1. 保密性（Confidentially）

保密性是指只有被授权的合法用户才能访问信息和其他资源。信息的使用要根据用户的角色进行授权，访问信息系统的部分或全部信息。用户在其授权范围使用信息的为合法使用，否则为非法使用。

2. 完整性（Integrity）

完整性是指信息不因人为的或偶然的因素所更改或破坏，即要保证网络中传递的信息是双方真实意思的表达，而不是断章取义。一旦信息的完整性受到破坏，它就可能变成无用信息，使正常的工作无法进行，甚至发生灾难。比如互联网法院的证据信息，如果被人恶意修改，会影响法官的正确判断，甚至会造成冤假错案。

3. 可用性（Availability）

可用性是指被授权的用户随时能够使用数据。所获取的信息必须是有用的正确数据，且不能出现对授权用户拒绝服务等情况。

可用性不仅包括信息，也包括网络和相关的设备。网络不通或相关设备的损坏必然导致数据的不可用。黑客对网络系统进行"拒绝服务"的攻击，使得网络系统瘫痪，就是破坏网络系统的可用性。

4. 可控性（Controllability）

可控性是指能够控制与限定网络用户对主机系统、网络服务与网络信息资源的访问和使用，防止非授权用户读取、写入、删除数据。

5. 不可否认性（Non-repudiation）

不可否认性又称不可抵赖性，是指信息的发送者无法否认已发出的信息，信息的接收者无法否认已经接收的信息。不可否认性措施主要有数字签名、可信第三方认证技术等。

总之，计算机系统安全的最终目标集中体现为系统保护和信息保护两大目标，系统保护保证了信息系统的可用性、可控性；信息保护保证了系统信息的保密性、完整性和不可否认性等方面。

5.1.3 基本的信息安全技术

1. 加密技术

加密技术是保证网络与信息安全的核心技术之一，其理论基础是密码学。密码学（Crytology）是研究密码编制、密码破译的一门技术科学。

加密技术的基本思想是"伪装"信息，使非法用户无法理解信息的真正含义。伪装前的原始信息称为明文（Plain Text，记作 P 或 M），经过伪装的信息称为密文（Cipher Text，记作 C），伪装的过程就是加密，去伪装的过程就是解密。如图 5.1－1 所示为加密与解密过程示意图。发送方要通过网络向接收方发送重要信息，不希望有第三者知道这个信息的内容。发送方可以采用加密算法，首先将明文变成密文，然后通过网络传输密文，即使窃听者得到这个密文也很难明白信息的意思。接收方接收到密文后，采用双方共同商议的解密算法与密钥，将密文还原成密文，以实现保密的目的。

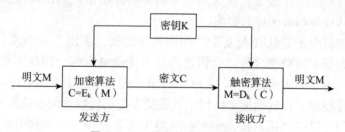

图 5.1－1 信息加密解密示意图

就加密算法的发展来看，经历了古典密码、对称密钥密码、公开密钥密码三个阶段：古典密码是基于字符替换的密码，现在已经很少使用。若加密密钥和解密密钥相同，或者从其中一个可以推导出另一个，这种加密方法就称为对称密钥密码系统，如图 5.1－2 所示。目前常见的有数据加密标准（Data Encryption Standard，DES）算法、国际数据加密算法（International Data Encryption Algorithm，IDEA）等。而在公开密钥（简称公钥）密码系统中，加密、解密功能被分开，因此，用户会有两个密钥：一个是保密的，自己使用，称为私钥；另一个是公开的，供有需要的人使用，称为公钥。公钥密码系统可以实现多个用户加密的消息只被一个用户解密，或者一个用户加密的信息可被多个用户解密的功能。

由于对称密钥加密解密共用同一个密钥，保密性取决于密钥的安全性。所以，在网络通信前，发送方与接收方需要协商所使用的密钥。密钥的分发与传递必须通过安全信道，否则可能导致密钥泄露。密钥泄露意味着通信信息可能被他人破译。对称加密有很多种算法，主要有分组密码和流密码。由于它的算法简单、效率高，多用于大数据量文件的加密。

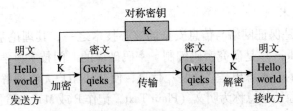

图 5.1 - 2　对称密钥密码系统工作模型

对称密码技术在应用中遇到的最大问题是密钥分配与传递。研究人员针对这个问题开展了很多研究工作。1976 年，Whitfield Diffe 与 Martin Hellman 提出了公钥密码的概念。公钥密码的基本特征是加密密钥与解密密钥不同，并且无法由加密密钥推导出解密密钥。公钥密码的算法是基于数学函数，而不是像对称密码那样基于位模式的简单运算。公钥密码的出现对保密性、密钥分发与认证等都有深远的影响。

公钥加密由于算法较为复杂，加密速度较慢，多用于对小文件的加密。除了提供数据加密功能之外，公钥密码技术还能解决两个问题，密钥交换与数字签名。典型的应用是 RSA 与 ECC 公钥密码技术。图 5.1 - 3 给出了公钥密码的工作模型。在数据加密应用中，发送方使用接收方的公钥对明文加密，接收方使用自己的私钥对密文解密；在数字签名应用中，发送方使用自己的私钥对明文加密，接收方使用发送方的公钥对密文解密。

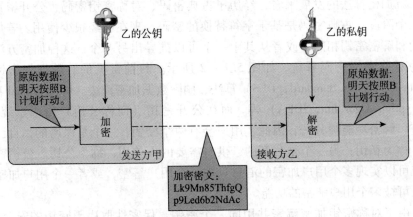

图 5.1 - 3　公钥密码系统工作模型

2. 认证技术

认证技术是密码技术的重要应用，与加密不同，认证的目的包括：验证信息在存储和传输过程中是否被篡改（信息完整性认证），用户身份认证，为防止信息重发和延迟攻击等进行时间性认证。在认证技术中，我们最熟悉的是数字签名技术和身份认证技术。鉴别文件、书信真伪的传统做法是查验签名或签章，而对电子文档进行辨识和验证，则检验数字签名。现在的数字签名技术一般采用公钥技术，将签名和信息绑定在一起，从而防止签名复制，并使任何人都可以验证。

身份认证是指被认证方在没有泄漏自己身份信息的前提下，能够以电子的方式来证明自己的身份。常用的身份认证主要有通行证方式和持证方式。我们熟悉的"用户名＋口令"就是通行证方式；持证方式类似"钥匙"，是一种实物认证方式，如磁卡或智能卡等。

建立在公钥加密技术基础上的公共基础设施（Public Key Infrastructure，PKI）采用证书管理公钥，通过第三方的可信机构（认证中心）把用户的公钥和其他标识信息捆绑在一起，为人们在互联网中验证用户的身份提供技术支持。PKI 是比较成熟、完善的互联网络安全解决方案。

3. 防火墙技术

防火墙技术能很好地保护本地计算机系统或网络免受来自外部网络的安全威胁。防火墙像一个岗哨，处于内部网络与外部网络的连接处，进出内部网络的数据都要经过它，起到网络间互相隔离的作用，限制网络互访，以达到保护内部网络安全的目的，如图 5.1－4 所示。

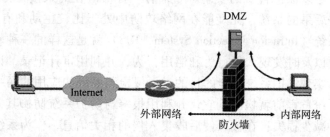

图 5.1－4 防火墙

防火墙应该至少具备以下三个基本特性：内部网络和外部网络之间的所有网络数据流都必须经过防火墙；只有符合安全策略的数据流才能通过防火墙；防火墙自身应该具有非常强的抗攻击免疫能力。

目前存在着多种类型的防火墙，最常用的有：包过滤型防火墙、应用级网关、电路级网关防火墙，它们都有其各自的优、缺点。所有的防火墙都有一个共同的特征，即具有基于源地址基础上的区分或拒绝来自某种访问的能力。但是，必须注意：防火墙技术不是万能的，其使用效果有自身的限制，例如，无法防止来自内部网络的攻击；无法防止病毒感染程序或文件的传播。因此，我们应该认识到，要正确选用、合理配置防火墙；防火墙安装和投入使用后，必须进行跟踪和维护；防火墙软件要及时升级更新。

例如，瑞星防火墙（个人版）为网络用户提供了一整套的技术方案。它具有完备的规则设置，可以有效监控网络连接，定位可疑文件运行进程，跟踪 IP 攻击，过滤不安全的网络访问服务，进行漏洞扫描和木马病毒扫描等，从而保护网络不受黑客的攻击。防火墙的设置对于普通计算机用户来说并不容易，其中最重要、最复杂的应该是系统设置，而系统设置中最重要的是 IP 规则和访问规则部分。在设置瑞星防火墙（个人版）的 IP 规则和访问规则设置界面中，黑名单是禁止与本机通信的计算机列表，可设置这些计算机的名称、地址、来源和生效时间。白名单是完全信任的计算机列表，这些计算机对本机有完全访问权限。端口开关显示当前端口规则中每一项的端口、动作、协议和计算机，可以允许或禁止端口中的通信。IP 规则用来设置 IP 层过滤的规则，例如，允许来自某 IP 范围内机器的 ping 入、ping 出和禁止文件传输等。通过设置网站访问规则，可以自动屏蔽某些网站，如色情、反动网站等，为用户创建一个绿色健康的上网环境。需要仔细配置每条规则的名称、状态、协议，对方端口、本地端口和是否报警等。

4. 入侵检测技术

对于规模较大的网络，由于所受到的各类入侵风险越来越大，仅仅被动防御已经不足以保护自身的安全。如果有一种对潜在的入侵行为作出记录，并预测入侵后果的系统，无疑能在网络攻防中处于比较主动和有利的地位。入侵检测系统（Intrusion Detection System，IDS）就是这样的一种软件。入侵检测技术可以及时发现入侵行为和滥用行为，并利用审计记录，识别并限制这些活动，实现保护系统安全的目的。入侵检测系统的应用使网络管理者在入侵造成系统危害前就检测到它，并利用报警与防护系统防御其入侵；在入侵的过程中减少损失；在被入侵后收集入侵的相关信息，作为系统的知识添入知识库，增强系统的防范能力。入侵检测技术包括安全审计、监视、进攻识别和响应，被认为是继防火墙后的第二道安全闸门。入侵检测技术的实质是在收集尽量多的信息的基础上进行数据分析。有时，一个来源的信息可能看不出疑点，但几个来源的信息不一致，却可能是可疑行为或入侵的最好证据。收集的信息一般来自系统日志、目录及文件的异常变动，程序执行中的异常操作，以及物理形式的入侵信息。

数据分析技术一般采用模式匹配、统计分析和完整性分析的方法：

（1）模式匹配是将收集到的信息与已知的网络入侵和系统误用模式库进行比较，从而发现违背安全策略的行为，这种方式技术成熟、准确性和效率高，但不能检测从未出现过的黑客入侵手段。

（2）统计分析是首先给用户、文件、目录和设备等系统对象创建一个统计描述，统计正常使用时的一些测量属性（如访问次数、操作失败次数和延时等），形成一个平均的正常值范围。当任何观测值超出正常范围时，就认为有入侵发生了。它可以检测到未知的和更为复杂的入侵，但误报、漏报率高，且不适用于用户正常行为的突然改变。

（3）完整性分析主要关注某个文件或对象是否被更改（包括文件和目录的内容及属性）。

现在已经有了应用级别的入侵检测系统。这些系统在不同的方面都有各自的特色，但是和防火墙等技术成熟的产品相比，还存在较多的问题。这些问题大多是目前入侵检测系统的结构所难以克服的。

5. VPN 技术

教职员工可能需要在校外（比如家里）访问校园网的数据和应用系统，这容易带来了一定的安全隐患。虚拟专用网（Virtual Private Network，VPN）技术能很好地解决了这个问题。VPN 是在公用网络上建立的一个虚拟的专用网络，进行加密通讯，如图 5.1 - 5 所示。它们具有专用网的特点，即防止未经授权用户访问，客户端和访问节点同时都在互联网中，二者是通过互联网建立一条安全的 VPN 隧道通信的。VPN 和拨号系统相比，不仅连接速度快，而且费用低，是目前企业客户的主要解决方案。

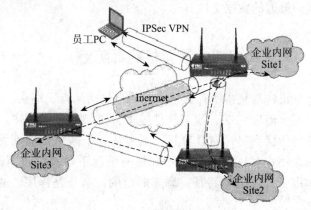

图 5.1 - 5　VPN 通信示意图

6. 备份与恢复

无论是网络管理员，还是普通计算机用户，都应该知道保留数据备份来防止数据丢失的重要性。数据备份和数据恢复就是按计划备份数据，在遇到意外时恢复数据的过程。用户可以通过采取一些步骤来实现一个良好的安全性策略，以保护系统、监视日志文件，但数据备份仍然必不可少。

系统在很多情况下都有可能突然丢失数据，例如，因水灾、火灾、地震和失窃等不可抗力，误将硬盘格式化等操作失误，电子产品的机械故障，有缺陷的软件错误，以及黑客攻击、病毒入侵等。这时，最方便、有效的方法就是恢复系统及数据。因此，需要制定一种备份策略，定期备份关键数据，并照此备份策略执行。

常用的备份方式包括全备份、增量备份和差分备份：

（1）全备份是指对整个系统和数据进行完全备份，直观、易于操作，数据恢复方便，但占用的硬盘空间大，备份时间长。

（2）增量备份是指备份上一次备份后增加和修改过的数据，备份时间明显缩短，也不会有浪费的重复数据，但是恢复数据比较麻烦。

（3）差分备份指的是每过一段时间进行一次全备份，在这段时间内如再需要做备份，只做增量备份。

现在有很多成熟的备份工具，如 LAN – free 和 Ghost 等；此外，当前流行版本的 Windows 自身已经支持了多种备份策略。对于个人用户，比较好的做法是在机器安装完成后对系统做一次全备份；然后等机器使用稳定，软件安装、使用习惯等都设置完毕后，再做一次系统级的全备份；最后，就只需要定期备份用户的重要数据了。这样，一旦机器发生重大问题，就可以迅速地恢复系统并找回最近的数据文件。

5.2 计算机病毒防治

广义的计算机病毒是指所有的恶意代码，包括病毒、蠕虫、特洛伊木马、僵尸网络、后门、流氓软件、勒索软件等多种类型的恶意程序。恶意代码能够从一台计算机传播到另一台计算机，或者从一个网络传播到另一个网络的程序，目的是在用户和网络管理员不知情的情况下对系统进行故意的修改。恶意代码具有以下三个共同特征：恶意的目的，本身是程序，通过执行产生作用。

5.2.1　计算机病毒的发展

从 1986 年第一个可自我复制的病毒出现开始，恶意代码大致经历了如下四个发展阶段：

1. 第一代：DOS 病毒（1986—1995 年）

第一代恶意代码是由 DOS 病毒组成，这类病毒通过磁盘等存储介质传播，感染 PC 的 DOS 操作系统与应用程序。这个阶段出现的 DOS 病毒约有 12 000 种，其中有 150 个感染了全球 95% 的 PC。

2. 第二代：宏病毒（1995—2000 年）

随着 Windows 95 操作系统的出现，恶意代码编写者转向针对 Microsoft Office 的宏语言，随之出现第二代宏病毒。这段时间共出现了上万种宏病毒，真正感染 PC 的总计不到 100 种。但是，它的传播速度是 DOS 病毒的 3~4 倍。

3. 第三代：网络蠕虫（1999—2004 年）

1999 年的 Morris，2000 年的 "I Love You"，2001 年的 "Anna Kournikova"，2003 年的 SoBig，2004 年的 Mydoom，标志着第三代网络蠕虫的兴起。这些病毒具有以下几个特点：冲击力度大，已导致很多部门的网络遭到严重破坏；大量通过垃圾邮件群发，利用系统漏洞快速传播，感染病毒的用户数 1 至 2 小时就增长一倍。

4. 第四代：趋利性恶意代码（2005 年至今）

第四代恶意代码的产生充分表现出趋利性的动机，它们的特点主要表现在以下几个方面：

（1）恶意代码的制造者开始寻找各种获利手段，从制造垃圾邮件、点击广告获得收入，进而发展到窃取个人信用卡、公司商务信息，通过出售信息来获利。

（2）恶意代码制造者通过直接向经济犯罪分子出售恶意代码来获利。

（3）恶意代码的攻击目标转向无线网络。

（4）大规模僵尸网络的出现，使恶意代码的危害性大大增加。

（5）恶意代码传播不再依照传统的病毒与蠕虫传播方式，而是利用 Internet 的各种信息传播渠道与社交网络。

（6）网页挂马是恶意代码传播的一种重要方法。黑客通过漏洞扫描查出注入点，通过注入登录网站后台，上传木马，修改网页，在网页中加入恶意代码网站地址，这个过程叫作"网页挂马"。当用户访问被挂马的网站，就会被自动引向恶意网站。

近年来，恶意代码与网络攻击呈融合的趋势，变种速度快、检测难度增加。同时，恶意代码的传播途径主要集中在：利用操作系统或应用软件的漏洞，通过浏览器传播，以及利用用户的信任关系等。

5.2.2 计算机病毒的概念、特征及分类

计算机病毒（Computer Virus）是指侵入计算机或网络系统中，并具有感染性、潜伏性与破坏性等特征的程序。由此可见，计算机病毒正是由生物学而产生的计算机术语。1983 年，Fred Cohen 设计出一个具有破坏性的程序，它在 30 分钟就能使 UNIX 系统瘫痪，通过实验证明了计算机病毒的存在，并认识到病毒对计算机系统的破坏性。1987 年，C－Brian 是世界公认的第一个算机病毒，编写该病毒的目的是防止商业软件被随意拷贝。

随着计算机病毒的发展与演变，针对计算机病毒的定义一直在进行调整。1994 年，在我国正式颁布的《中华人民共和国计算机信息系统安全保护条例》中，对计算机病毒给出了一个明确的定义：计算机病毒是指在计算机程序中插入的，破坏计算机功能或毁坏数据、影响计算机的使用，并能够自我复制的一组计算机指令或程序。除了与其他程序一样可存储与运行之外，计算机病毒自身具有传染性、潜伏性、可触发性、破坏性与衍生性等特点。

传染性是计算机病毒的一个基本特性。从计算机病毒产生至今，其主要传播途径有两种：可移动存储介质与计算机网络。在计算机网络还没有普及的年代，移动存储介质如软盘、光盘与 U 盘是病毒的主要传染途径。随着计算机网络特别是互联网的快速发展，网络传播逐渐成为病毒的主要传播途径，而且使病毒的传播速度更快，危害范围更广。例如，2005 年出现的"灰鸽子"，2007 年爆发的"熊猫烧香"，2008 年爆发的"震荡波"，这些病毒让人们见识了网络传播病毒的威力。

计算机病毒的生命周期通常分为 4 个阶段：传播、休眠、触发与执行阶段。潜伏性是指病毒在休眠阶段中，并不执行操作，而且用户也不易发现。当等待被某些事件激活，例如到达某个日期、启动某个进程、打开某个文件等，病毒程序会进入执行阶段，这就是可触发性。恶意程序一旦开始运行，就会自动执行预先设定的功能，这些功能可能是无害的行为，也可能是具有破坏性的行为，其破坏性特点显现出来。当病毒暴露后，为应对被杀毒软件清除的后果，通过改头换面的方式躲藏起来，避过风头等待下次机会，这就是病毒具有的衍生性。

病毒有很多，按不同的标准可分很多类型。例如，按病毒的破坏后果不

同，可分为良性病毒和恶性病毒；按传播方式的不同，可分为单机病毒、网络病毒和手机病毒；按寄生方式的不同，可分为系统引导型病毒、文件型病毒、混合型病毒等。

5.2.3　网络中常见的病毒

1. 网络蠕虫病毒

网络蠕虫（Network Worm）是一种无需用户干预、依靠自身复制能力、自动通过网络进行传播的恶意代码。它的最大优势表现在自我复制与大规模传播的能力上。例如，当某个用户感染邮件蠕虫后，蠕虫将向联系人列表中的用户发送恶意邮件，将蠕虫代码通过邮件附件进行传播。在网络蠕虫的发展过程中，主要经历了两个发展阶段。第一个阶段是互联网发展阶段，网络蠕虫主要依靠互联网服务或计算机漏洞来传播。第二个阶段是处于移动互联网发展阶段。通过基于社交网络的欺骗手段，攻击者更容易诱使用户感染蠕虫。同时，随着移动终端的普及，基于移动社交网络传播的蠕虫逐渐流行起来。

蠕虫和病毒之间的区别，主要表现在以下几个方面：

（1）蠕虫是独立的程序，而病毒是寄生到其他程序中的一段代码。

（2）蠕虫是通过漏洞进行传播的，而病毒是通过复制自身到宿主文件来实现传播的。

（3）蠕虫感染计算机，而病毒感染的是文件系统。

（4）蠕虫会造成网络拥塞甚至瘫痪，而病毒破坏计算机的文件系统。

（5）防范蠕虫可通过及时修复漏洞的方法，而防治病毒需要依靠杀毒软件。

2. 特洛伊木马

特洛伊木马（Trojan wooden – horse）通常简称为"木马"，它来源于古希腊神话"木马屠城记"，后来被引用为后门程序的代名词，特指为攻击者打开计算机方便之门的程序。木马是常见的网络攻击或渗透技术之一，在网络攻击过程中具有重要的作用。虽然各种木马程序的功能各有不同，但是它们的基本结构是相似的，本质上都是一种客户机/服务器程序。在网络安全领域中，木马可以被定义为：一种伪装成合法程序或隐藏在合法程序中的恶意代码，这些代码本身可能会执行恶意行为，或者为非授权访问系统的特权功能提供后门。

木马的攻击往往依靠骗取用户的信任来实现。例如，发送者向某个用户发送包含木马的邮件，用户执行邮件附件的同时就安装了一个木马程序，攻击者可通过该程序进入并控制该 用户的计算机。木马使攻击者可远程访问某台计算机，而不会让用户或管理员觉察到其存在。所以，预防木马攻击的有效方法是不要打开来历不明的文件或邮件。

3. 勒索病毒

勒索病毒是一种新型网络病毒，主要以邮件、程序木马、网页挂马的形式进行传播，该病毒利用各种加密算法对文件进行加密，被感染者一般无法解密，必须支付一定的赎金才能得到解密的密钥。2017 年 5 月 12 日，一种名为"想哭"的勒索病毒袭击全球 150 多个国家和地区，影响领域包括政府部门、医疗服务、公共交通、邮政、通信和汽车制造业。英国各地超过 40 家医院遭到大范围网络病毒攻击，导致国家医疗服务系统陷入一片混乱。中国多个高校校园网也集体沦陷，许多准备毕业的学生论文被加密。

4. 僵尸网络

僵尸网络（BotNet）是指利用多种传播途径将僵尸程序植入受害主机中，从而形成控制者与被感染主机之间的一对多的控制网络。在被控主机不知情的情况下，攻击者利用僵尸网络，可以对目标发起大规模的分布式拒绝服务攻击 DDoS。最早的僵尸网络出现在 1993 年，利用 IRC 聊天网络实施控制，之后基于 HTTP 协议和 P2P 协议的僵尸网络出现。

5. 后门

后门一般是指那些可以绕过安全性控制机制，并获取对程序或系统访问权限的程序方法。在软件开发过程中，程序员有时也会内嵌后门，以便修改程序中的缺陷，黑客利用后门可以实施对系统和程序的控制，窃取用户信息，后门可以看作一种体积较小、功能简单的木马程序。

6. Rootkits

攻击者采用 Rootkit 技术隐藏病毒程序，因而成为近年来攻击者的高级技术手段。木马程序中常常会嵌入 Rootkits 程序，使用户难以发现并躲避杀毒软件检测，实现长期潜伏窃取信息的目的。Rootkits 最早是一组用于 UNIX、Linux 操作系统的工具集，现在，在 Windows 操作系统上也已经出现了大量的 Rootkits 工具及使用 Rootkits 技术编写的软件。

5.2.4　计算机病毒防护技术

许多用户都有过被病毒感染的经历，吸取了被病毒攻击的惨痛教训，尤其是因病毒入侵导致文件丢失、系统损坏用户，都会意识到病毒的危害性，也有了防范病毒的安全意识，下面主要介绍计算机病毒防护技术。

1. 定期备份重要数据

数据备份很重要，应当定期备份重要数据，可以将重要数据备份到移动硬盘或云盘。当系统数据因病毒破坏丢失后，通过备份的数据就能很好地恢复数据，这样可以最大限度降低系统因病毒破坏而带来的损失。

2. 安装杀毒软件

应当安装并及时更新杀毒软件和病毒库，定期进行全盘文件扫描。安装杀毒软件是防治病毒最有效和最便捷的办法，它能够很好地将常见的病毒隔离于系统之外。常见的杀毒软件有 360 杀毒软件、瑞星、金山毒霸、诺顿和卡巴斯基软件等，但是，防病毒软件不是万能的，对于部分新出现的病毒，杀毒软件还是不能发现和处理，这时计算机也存在损坏的风险。

3. 及时为系统打补丁

及时为系统打补丁可以阻断病毒通过系统漏洞传播的途径，将病毒拒绝在系统之外，有效地保护系统安全。

4. 慎重点击链接和下载软件

应当慎重点击链接和下载软件，即使是好友通过短信、微信以及 QQ 发送的网站链接也要慎重，确认后再点开。如需要下载软件，请到正规官方网站上下载。

5. 不要访问未经认证和不熟悉的网站

不要访问未经认证和不熟悉的网站，以防止受到网页挂马攻击，利用浏览器或系统漏洞自动下载和安装木马程序。

6. 关闭无用的应用程序和服务

应当关闭无用的应用程序和服务，因为那些程序往往会对系统构成威胁，给攻击者提供更多机会，还会占用内存，降低系统的运行速度。

7. 不要轻易执行 .exe 和 .com 等可执行程序

来历不明的可执行程序，极有可能是计算机病毒或是黑客程序，一旦运行，很可能带来不可预测的结果。对于认识的朋友和陌生人发过来的电子邮件中的可执行程序附件，都必须检查，确定无异后才可打开。

5.3　信息安全法律法规

信息安全是个系统工程，不仅需要超凡的技术，更需要科学的管理。"三分技术，七分管理"便是信息安全管理领域的一条定律。信息安全要通过安全技术、安全法规和安全管理三个方面的密切合作来实现。安全技术是切实维护信息系统安全的基础保障；安全法规以其公正性、权威性、规范性、强制性成为信息安全管理的准绳和依据；技术措施的实施，安全法规的贯彻，都离不开强有力的安全管理。安全管理的关键因素是人。人的安全主要是指用户与管理者的安全意识、法律意识、安全技能等。

5.3.1 我国网络信息安全现状及治理

1. 信息安全现状

我国是网络大国，网民规模达 8.29 亿，互联网普及率达到 60%。近年来，我国大力推进"互联网＋"战略，促进各行各业与互联网融合创新发展，取得显著成效，大量的新业态依托互联网蓬勃发展。与此同时，网络中收集的、处理的、存储的、传输的信息量越来越大，涉及个人信息、财经信息、商业信息、科研信息、军事信息等方方面面，这些有价值的信息自然成为攻击者的目标。信息安全环境日趋复杂、安全形势不容乐观，世界范围内侵害个人隐私、侵犯知识产权、网络犯罪等时有发生，网络监听、网络攻击、网络恐怖主义活动等成为全球公害。

2. 相关立法

面对愈演愈烈的信息安全问题，我国相继颁布相关法律法规，加强网络信息安全的治理。

(1) 1994 年，国务院颁布了《中华人民共和国计算机信息系统安全保护条例》（国务院令 147 号）。标志着我国开启计算机信息安全保护的法治进程。

(2) 1997 年，新修订的《中华人民共和国刑法》增加了涉及计算机犯罪的条款，首次在刑法中有了具体的规范，彰显了我国严厉打击计算机犯罪，保护国家、人民利益的意志。2009 年、2015 年又以《中华人民共和国刑法修正案》的方式增加了保护个人信息、保护计算机信息系统、网络服务提供者履行信息网络安全管理的义务，进一步加强了对公民个人信息的保护，惩治编造和传播虚假信息犯罪等相关条款，加大了对网络信息犯罪的惩罚力度。

(3) 2000 年，全国人大常委会通过了《关于维护互联网安全的决定》，对保障互联网的运行安全，维护国家安全与社会稳定，维护社会主义市场经济秩序和社会管理秩序，保护公民、法人和其他组织的合法权益等各方面进行了较为系统的规范。

(4) 2016 年，全国人大常委会通过《中华人民共和国网络安全法》，进一步界定了关键信息基础设施范围，对攻击、破坏我国关键信息基础设施的境外组织和个人规定相应的惩治措施，增加了惩治网络诈骗等新型网络违法犯罪活动的规定等。

3. 法律体系

通过对网络信息安全相关法律法规的梳理可以看出，伴随着计算机技术与互联网的发展，我国在信息安全领域的立法工作相应跟进，并不断丰富，逐步形成较完整的法律体系。网络信息安全法律体系是指网络空间安全法的内部层次和结构，是由包括《网络安全法》在内的各种法律法规组成的统一的法律整体。它应当是内外协调一致的，对外应与其他法律体系相协调，保证整个法律体系的和谐统一，对内则应是网络信息安全法的各种法律法规之间的协调互补，以发挥网络信息安全法的整体功能，维系网络信息安全法成为相对独立的、有别于其他的法律体系。

（1）法律。在网络信息安全方面，以国家法律形式来进行规范的有：《宪法》第40条规定："中华人民共和国公民的通信自由和通信秘密受法律的保护。"《刑法》第285条规定："违反国家规定，侵入国家事务、国防建设、尖端科学技术领域的计算机信息系统的，处3年以下有期徒刑或者拘役。"还有《网络安全法》《刑事诉讼法》《国家安全法》《保守国家秘密法》《行政处罚法》《行政诉讼法》《治安管理处罚法》《全国人大常委会关于维护互联网安全的决定》等。

（2）法规。政府制定相应的法规、规章及规范性文件，强制性加大对信息安全系统保护的力度。其中，以国务院令发布的有《计算机信息系统安全保护条例》《计算机信息网络国际联网管理暂行规定》《商用密码管理条例》《互联网信息服务管理办法》《互联网上网服务营业场所管理条例》《电信条例》等；以公安部令发布的有《计算机信息网络国际联网安全保护管理办法》《计算机病毒防治管理办法》《信息安全等级保护管理办法》等；以工信部令发布的有《通信网络安全防护管理办法》。

（3）行业技术标准。发布了多个行业技术标准，并且强制性执行，如《计算机信息系统安全保护等级划分准则》等。

4. 网络信息系统安全保护法律规范的法律地位

（1）信息系统安全立法的必要性和紧迫性。在当前信息化社会，网络安全已经影响到政治安全、军事安全和经济安全。在综合国力竞争十分激烈、国际局势瞬息万变的形势下，一个国家支配信息资源能力越强，就越有战略主动权，而一旦丧失了对信息的控制权和保护权，就很难把握自己的命运，就没有国家主权可言。作为信息战的战场，国家之间、地区之间、竞争对手之间通过网络攻击对方的信息系统，窃取机密情报、实施破坏。信息安全的保障能力是 21 世纪综合国力、经济竞争实力和生存发展能力的重要组成部分，应将其上升到国家和民族利益的高度，作为一项基本国策加以重视。

（2）信息系统安全保护法律规范的作用具体包括：

①指引作用：法律作为一种行为规范，为人们提供某种行为模式，指引人们正确的网上行为。

②评价作用：法律具有判断、衡量他人行为是否合法或违法以及违法性质和程度的作用。

③预测作用：当事人可以根据法律预先估计到某行为在法律上的后果。

④教育作用：通过法律的实施对一般人今后的行为所产生的影响。

⑤强制作用：法律对违法行为人具有制裁、惩罚的作用。

5.3.2 《网络安全法》的立法定位、框架和制度设计

习近平总书记指出，"没有网络安全就没有国家安全，没有信息化就没有现代化"。《网络安全法》的出台，意味着建设网络强国的制度保障迈出坚实的一步，将已有的网络安全实践上升为法律制度，通过立法织牢网络安全网，为网络强国战略提供制度保障。国家网络空间的治理能力在法律的框架下大幅度提升，营造出良好和谐的互联网环境，更为"互联网＋"战略的长远发展保驾护航。《网络安全法》开启了依法治网的崭新局面，成为依法治国顶层设计下一项共建共享的路径实践。

作为国家实施网络空间管辖的第一部法律，《网络安全法》属于国家基本法律，是网络安全法制体系的重要基础。2016 年 11 月《网络安全法》的出台从根本上填补了我国综合性网络信息安全基本大法、核心的网络信息安全法和专门法律的三大空白。

1. 立法定位：网络安全管理的基础性"保障法"

科学的立法定位是搭建立法框架与设计立法制度的前提条件。立法定位对于法的结构确定起着引导作用，为法的具体制度设计提供法理上的判断依据。

（1）《网络安全法》是网络安全管理的法律。《网络安全法》与《国家安全法》《反恐怖主义法》《刑法》《保密法》《治安管理处罚法》《关于加强网络信息保护的决定》《关于维护互联网安全的决定》《计算机信息系统安全保护条例》《互联网信息服务管理办法》等法律法规共同组成我国网络安全管理

的法律体系。因此，需做好网络安全法与不同法律之间的衔接，在网络安全管理之外的领域也应尽量减少立法交叉与重复。

（2）《网络安全法》是基础性法律。基础性法律的功能更多注重的不是解决问题，而是为问题的解决提供具体指导思路，问题的解决要依靠相配套的法律法规，这样的定位决定了不可避免地会出现法律表述上的原则性，相关主体只能判断出网络安全管理对相关问题的解决思路，具体的解决办法有待进一步细化。

（3）《网络安全法》是安全保障法。面对网络空间安全的综合复杂性，特别是国家关键信息基础设施面临日益严重的传统安全与非传统安全的"极端"威胁，网络空间安全风险"不可逆"的特征进一步凸显。在开放、交互和跨界的网络环境中，实时性能力和态势感知能力成为新的网络安全核心内容。

2. 立法架构："防御、控制与惩治"三位一体

《网络安全法》界定了国家、企业、行业组织和个人等主体在网络安全保护方面的责任，设专章规定了国家网络安全监测预警、信息通报和应急制度，并在第 5 条明确规定："国家采取措施，监测、防御、处置来源于中华人民共和国境内外的网络安全风险和威胁，保护关键信息基础设施免受攻击、入侵、干扰和破坏，依法惩治网络违法犯罪活动，维护网络空间安全和秩序。"已开始摆脱传统上将风险预防寄托于事后惩治的立法理念，构建兼具防御、控制与惩治功能的立法架构。

3. 制度设计：网络安全的关键控制节点

《网络安全法》关注的安全类型是网络运行安全和网络信息安全。网络运行安全分别从系统安全、产品和服务安全、数据安全以及网络安全监测评估等方面设立制度。网络信息安全规定了个人信息保护制度和违法有害信息的发现处置制度。法律制度设计基本能够涵盖网络安全中的关键控制节点，体系较为完备。除了网络安全等级保护、个人信息保护、违法有害信息处置等成熟的制度规定外，产品和服务强制检测认证制度、关键信息基础设施保护制度、国家安全审查制度等都具有相当的前瞻性，成为《网络安全法》的亮点。从制度具体内容来看，部分规范性内容较为细化，打破了传统"原则性思路"的束缚，具有较强的可操作性。

《网络安全法》规定了网络安全等级保护、关键信息基础设施安全保护、网络安全监测预警和信息通报、用户信息保护、网络信息安全投诉举报等制度，以及网络关键设备和网络安全专用产品认证、关键信息基础设施运营者

网络产品和服务采购的安全审查、关键信息基础设施运营者数据境内存储、关键信息基础设施运营者数据境外提供安全评估、关键信息基础设施运营者年度风险检测评估、网络可信身份管理、建设运营网络或服务的网络安全保障、网络安全事件应急预案及处置、漏洞等网络安全信息发布、网络信息内容管理、网络安全人员背景审查和从业禁止、网络安全教育和培训、数据留存和协助执法等制度。

5.3.3 《网络安全法》的解读

《网络安全法》的调整范围包括了网络空间主权，关键信息基础设施保护，网络运营者、网络产品和服务提供者义务等内容，各条款覆盖全面，规定明晰，显示了较高的立法水平。

1. 法律架构

《网络安全法》全文共 7 章 79 条，包括总则、网络安全支持与促进、网络运行安全、网络信息安全、监测预警与应急处置、法律责任以及附则。除法律责任及附则外，根据适用对象，可将各条款分为六大类：

第一类是国家承担的责任和义务，共计 13 条，主要条款包括第 3 条"网络安全保护的原则和方针"、第 4 条"顶层设计"、第 21 条"网络安全等级保护制度"等。

第二类是有关部门和各级政府职责划分，共计 11 条，主要条款包括第 8 条"网络安全监管职责划分"、第 16 条"加大网络安全技术投入和扶持"等。

第三类是网络运营者责任与义务，共计 12 条，主要条款包括第 9、24、25、28、42、47、56 条"网络运营者承担的义务"，第 40 条"用户信息保护"，第 44 条"禁止非法获取及出售个人信息"等。

第四类是网络产品和服务提供者责任与义务，共计 5 条，主要条款包括第 22、27 条"网络产品和服务提供者的义务"，第 23 条"网络安全产品的检测与认证"等。

第五类是关键信息基础设施网络安全相关条款，共计 9 条，主要条款包括第 33 条"三同步原则"、第 34 条"关键信息基础设施运营者安全义务"、第 35 条"网络产品和服务的国家安全审查"、第 37 条"个人信息和重要数据境内存储"等。

第六类包括其他内容，共计 8 条，包括第 1 条"立法目的"、第 2 条"适用范围"、第 46 条"打击网络犯罪"等。

2. 重点关切

《网络安全法》内容主要涵盖关键信息基础设施保护、网络数据和用户信息保护、网络安全应急与监测等领域，与网络空间国内形势、行业发展和社会民生紧密的主要有以下几点内容：

（1）确立了网络空间主权原则，将网络安全顶层设计法制化。网络空间主权是一国开展网络空间治理、维护网络安全的核心基石，离开了网络空间主权，维护公民、组织等在网络空间的合法利益将沦为一纸空谈。《网络安全法》第1条明确提出要"维护网络空间主权"，为网络空间主权提供了基本法律依据。此外，在"总则"部分，还规定了国家网络安全工作的基本原则、主要任务和重大指导思想、理念，厘清了部门职责划分，在顶层设计层面体现了依法行政、依法治国的基本要求。

（2）对关键信息基础设施实行重点保护，将关键信息基础设施安全保护制度确立为国家网络空间基本制度。当前，关键信息基础设施已成为网络攻击、网络威慑乃至网络战的首要打击目标，我国对关键信息基础设施安全保护已上升至前所未有的高度。《网络安全法》第三章第二节"关键信息基础设施的运行安全"中用大量篇幅规定了关键信息基础设施保护的具体要求，解决了关键信息基础设施范畴、保护职责划分等重大问题，为不同行业、领域关键信息基础设施应对网络安全风险提供了支撑和指导。此外，《网络安全法》提出建立关键信息基础设施运营者采购网络产品、服务的安全审查制度，与国家安全审查制度相互呼应，为提高我国关键信息基础设施安全可控水平提出了法律依据。

（3）加强个人信息保护要求，加大对网络诈骗等不法行为的打击力度。近年来，公民上法制化个人信息数据泄露日趋严重，"徐玉玉案"等一系列的电信网络诈骗案引发社会焦点关注。《网络安全法》在如何更好地对个人信息进行保护这一问题上有了相当大的突破。它确立了网络运营者在收集、使用个人信息过程中的合法、正当、必要原则。在形式上，进一步要求通过公开收集和使用规则，说明收集、使用信息的目的、方式和范围，经被收集者同意后方可收集和使用数据。此外，《网络安全法》加大了对网络诈骗等不法行为的打击力度，特别对网络诈骗严厉打击的相关内容，切中了个人信息泄露乱象的要害，充分体现了保护公民合法权利的立法原则。

（4）实名认证制度。《网络安全法》规定了网络服务经营者、提供者及其他主体在与用户签订协议或者确认提供服务时应当采取实名认证制度，包括但不限于网络接入、域名注册、入网手续办理、为用户提供信息发布、即时通讯等服务。在实务中，这一制度的灵活性及可操作性较强，可采取前台匿名、后台实名的方式进行。但是，实名认证的工作必须落实到位，若不实行网络实名制，则最高可对平台处以 50 万元的罚款。

（5）重要数据强制本地存储制度和境外数据传输审查评估制度。该制度主要调整的是关键信息基础设施运营者在搜集个人信息重要数据的合法性问题，规定了需要强制在本地进行数据存储。本地存储的数据，若确属需要数据转移出境的，需要同时满足以下条件：①经过安全评估认为不会危害国家安全和社会公共利益的；②经个人信息主体同意的。另外，该制度还规定了一些法律拟制的情况，比如拨打国际电话、发送国际电子邮件、通过互联网跨境购物以及其他个人主动行为，均可视为已经取得了个人信息主体的同意。

（6）网络通信管制制度。网络通信管制制度的确立，目的是在发生重大事件的情况下，通过赋予政府行政介入的权力，牺牲部分通信自由权，来维护国家安全和社会公共秩序的制度。该做法是国际通行做法，例如，在发生暴恐事件中，可切断不法分子的通信网络，避免事态进一步恶化，保护人民的生命财产安全，维护社会稳定。但是，这种管制影响是比较大的，因此，《网络安全法》严谨地规定，实施临时网络管制需要经过国务院决定或者批准。

5.3.4　计算机系统安全评价标准

《网络安全法》是一部基础性法律，在执行时还需要许多相应的技术标准和规范来支撑。

1. 可信计算机系统评价准则（TCSEC）——美国标准

第一个有关信息技术的安全评价标准是在 1970 年由美国国防科学委员会提出的"可信计算机系统评价准则（TCSEC）"，1985 年由美国国防部正式颁布。

TCSEC 将计算机系统的安全分为 A、B、C、D 4 个等级 8 个级别。其中，A 类安全等级最高，仅包含 A1 一个安全级别，A1 系统的显著特征是：系统的设计者必须按照一个正式的设计规范来分析系统，运用验证核对技术确保系统符合设计规范。B 类安全等级分为 B1、B2、B3 三个安全级别，B 类系统具有高强制性保护功能，如果用户不符合安全等级要求，系统拒绝用户访问系统中的对象。C 类安全等级能够提供基本的保护，为用户的行动和责任提供审计，C 类安全等级包含 C1、C2 两个安全级别。D 类安全等级仅包含 D1 一个级别，安全等级最低，D1 系统仅为文件和用户提供安全保护，D1 系统最普通的例子是本地操作系统。

此后，在 TCSEC 的基础上，引入保护轮廓（PP）的思想，每个保护轮廓都包括 3 个部分，即功能、开放保证和评价，美国又推出了新的标准——美国联邦准则（FC），在美国的政府、商业和个人使用中已经得到广泛应用。

2. 国际通用准则（CC）

CC 是国际标准化组织颁布的国际标准，是国际标准化组织给出的最全面的评测准则。ISO 于 1996 年 6 月发布 CC1.0，接着在 1998 年 5 月发布 CC2.0，1999 年 10 月发布 CC2.1。CC 的主要思想和框架都取自 FC 和 ITSEC，并且充分体现了保护轮廓（PP）的思想。CC 将评估过程分为功能和保证两部分。评估等级分为 EAL1～EAL7 共 7 个等级。每一个等级均需要评估 7 个功能类，这 7 个功能类分别是：配置管理；分发和操作；开发过程；指导文献；生存时间；技术支持；测试和脆弱性评估。

3. 我国制定的信息安全相关评估标准

1999 年 9 月，国家质量技术监督局批准发布《计算机信息系统安全保护等级划分准则》，将计算机安全保护划分为以下 5 个级别：用户自主、系统审计、安全标记、结构化保护、访问验证。

第 1 级为用户自主保护级（GB1 安全级），它的安全保护机制使用户具备自主安全保护的能力，保护用户的信息免受非法的读写破坏。

第 2 级为系统审计保护级（GB2 安全级），除具备第一级所有的安全保护功能外，要求创建和维护访问的审计跟踪记录，使所有的用户对自己的行为的合法性负责。

第 3 级为安全标记保护级（GB3 安全级），除继承前一个级别的安全功能外，还要求以访问对象标记的安全级别限制访问者的访问权限，实现对访问对象的强制保护。

第 4 级为结构化保护级（GB4 安全级），在继承前面安全级别安全功能的基础上，将安全保护机制划分为关键部分和非关键部分，对关键部分直接控制访问者对访问对象的存取，从而加强系统的抗渗透能力。

第 5 级为访问验证保护级（GB5 安全级），这一个级别特别增设了访问验证功能，负责仲裁访问者对访问对象的所有访问活动。

我国是国际标准化组织的成员国，信息安全标准化工作在各方面的努力下正在积极开展之中。从 20 世纪 80 年代中期开始，自主制定和采用了一批相应的信息安全标准。但是，应该承认，标准的制定需要较为广泛的应用经验和较为深入的研究背景。这两方面的差距，使我国的信息安全标准化工作与国际已有的工作相比，覆盖的范围还不够大，宏观和微观的指导作用也有待进一步提高。

本章小结 ○--

本章从三个大的方面对信息安全做了介绍：

（1）信息安全的特点及技术。首先，认识了信息安全的基本概念、基本特点、安全风险产生的原因。其次，对主要的信息安全技术进行了详细的介绍，包括加密技术、认证技术、入侵检测技术、防火墙技术、VPN 技术等。

（2）计算机及网络病毒的认识与防治。首先，了解了计算机病毒的概念、起源、特点及危害。其次，对当前流行了病毒进行了详细介绍。最后，给出基本的防控方法。

（3）介绍了与信息安全相关的法律法规及标准。信息安全的保障在于"三分技术，七分管理"，管理需要法律和标准。所以，第 5.3 节首先梳理了我国信息安全相关的法律法规，总结了我国信息安全治理的法律体系，接着重点介绍了我国第一部关于网络信息安全的法律——《网络安全法》，以及相关的行业技术标准。

附录：标准 ASCII 字符集

八进制	十六进制	十进制	字符	八进制	十六进制	十进制	字符
00	00	0	nul	100	40	64	@
01	01	1	soh	101	41	65	A
02	02	2	stx	102	42	66	B
03	03	3	etx	103	43	67	C
04	04	4	eot	104	44	68	D
05	05	5	enq	105	45	69	E
06	06	6	ack	106	46	70	F
07	07	7	bel	107	47	71	G
10	08	8	bs	110	48	72	H
11	09	9	ht	111	49	73	I
12	0a	10	nl	112	4a	74	J
13	0b	11	vt	113	4b	75	K
14	0c	12	ff	114	4c	76	L
15	0d	13	er	115	4d	77	M
16	0e	14	so	116	4e	78	N
17	0f	15	si	117	4f	79	O
20	10	16	dle	120	50	80	P
21	11	17	dc1	121	51	81	Q

八进制	十六进制	十进制	字符	八进制	十六进制	十进制	字符
22	12	18	dc2	122	52	82	R
23	13	19	dc3	123	53	83	S
24	14	20	dc4	124	54	84	T
25	15	21	nak	125	55	85	U
26	16	22	syn	126	56	86	V
27	17	23	etb	127	57	87	W
30	18	24	can	130	58	88	X
31	19	25	em	131	59	89	Y
32	1a	26	sub	132	5a	90	Z
33	1b	27	esc	133	5b	91	[
34	1c	28	fs	134	5c	92	\
35	1d	29	gs	135	5d	93	]
36	1e	30	re	136	5e	94	^
37	1f	31	us	137	5f	95	_
40	20	32	sp	140	60	96	'
41	21	33	!	141	61	97	a
42	22	34	"	142	62	98	b
43	23	35	#	143	63	99	c
44	24	36	$	144	64	100	d
45	25	37	%	145	65	101	e
46	26	38	&	146	66	102	f
47	27	39	`	147	67	103	g
50	28	40	(	150	68	104	h
51	29	41	)	151	69	105	i
52	2a	42	*	152	6a	106	j
53	2b	43	+	153	6b	107	k
54	2c	44	,	154	6c	108	l

续表

八进制	十六进制	十进制	字符	八进制	十六进制	十进制	字符
55	2d	45	–	155	6d	109	m
56	2e	46	.	156	6e	110	n
57	2f	47	/	157	6f	111	o
60	30	48	0	160	70	112	p
61	31	49	1	161	71	113	q
62	32	50	2	162	72	114	r
63	33	51	3	163	73	115	s
64	34	52	4	164	74	116	t
65	35	53	5	165	75	117	u
66	36	54	6	166	76	118	v
67	37	55	7	167	77	119	w
70	38	56	8	170	78	120	x
71	39	57	9	171	79	121	y
72	3a	58	:	172	7a	122	z
73	3b	59	;	173	7b	123	{
74	3c	60	<	174	7c	124	|
75	3d	61	=	175	7d	125	}
76	3e	62	>	176	7e	126	~
77	3f	63	?	177	7f	127	DEL

参考文献

1. ［美］Ron White：《计算机奥秘》，杨洪涛等译，清华大学出版社2003年版。

2. ［美］June Jamrich Parsons：《计算机文化》，朱海滨等译，机械工业出版社2000年版。

3. ［美］NellDale，John Lewis：《计算机科学概论》，机械工业出版社2015年版。

4. ［美］Behrouz A. Forouzan：《计算机科学导论》，刘艺等译，机械工业出版社2015年版。

5. ［美］戴维·A. 帕特森（David A. Patterson）、约翰·L. 亨尼斯（John L. Hennessy）：《计算机组成与设计：硬件/软件接口》，陈微译，机械工业出版社2015年版。

6. 李暾：《计算思维导论》，清华大学出版社2016年版。

7. ［美］兰德尔·E. 布莱恩特（Randal E. Bryant）、大卫·R. 奥哈拉伦（David R. O'Hallaron）：《深入理解计算机系统》，龚奕利、贺莲译，机械工业出版社2016年版。

8. ［美］J. Glenn Brookshear，Dennis Brylow：《计算机科学概论》，刘艺等译，人民邮电出版社2017年版。

9. ［美］John Walkenbach：《中文版 Excel 2003 宝典》，陈缅等译，电子工业出版社2004年版。

10. ［美］John Walkenbach：《中文版 Excel 2016 宝典（第9版）》，赵利通译，清华大学出版社2016年版。

11. ［韩］Gilbut R&D：《Excel 应用宝典》，李学权译，人民邮电出版社2016年版。

12. 凤凰高新教育编著：《EXCEL 2016 完全自学教程》，北京大学出版社2017年版。

13. Excel Home 编著：《Excel 2016 函数与公式应用大全》，北京大学出版社 2018 年版。

14. 恒盛杰资讯编著：《Excel 公式、函数与图表案例实战从入门到精通》，机械工业出版社 2019 年版。

15. Excel 精英部落编著：《Excel 应用技巧速查宝典》，中国水利水电出版社 2019 年版。

16. 龚沛曾、杨志强：《大学计算机》，高等教育出版社 2017 年版。

17. 翟萍等：《大学计算机基础》，清华大学出版社 2018 年版。

18. 刘春茂等：《Windows 10 + Office 2016 高效办公》，清华大学出版社 2018 年版。

19. 刘畅编著：《Office 2016 办公应用从入门到精通》，中国铁道出版社 2016 年版。

20. 曹金璇主编：《大学计算机基础》，清华大学出版社 2018 年版。

21. 王达：《深入理解计算机网络》，中国水利水电出版社 2017 年版。

22. 吕廷杰等编著：《信息技术简史》，电子工业出版社 2018 年版。

23. 张建忠等：《计算机网络》，高等教育出版社 2019 年版。